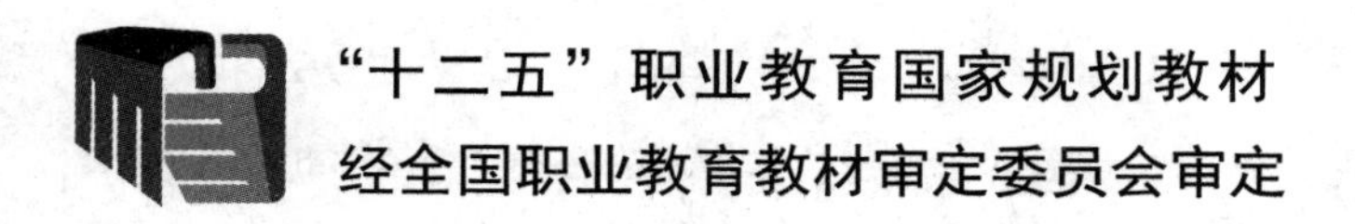

网络设备安装与调试——神码版（第2版）

戴金辉　张文库　王　龙◎主　编

電子工業出版社
Publishing House of Electronics Industry
北京 · BEIJING

内 容 简 介

本书根据教育部颁布的《中等职业学校专业教学标准（试行）信息技术类（第一辑）》中的相关教学内容和要求编写，从满足经济发展对高素质劳动者和技能型人才的需求出发，在课程结构、教学内容和教学方法等方面进行了探索与改革，以便学生更好地掌握本书的内容和相关的操作技能。

本书以知识“必需、够用”为原则，从职业岗位入手并展开教学，强化技能训练和培养职业素养，在训练中巩固所学知识。本书以神州数码公司的网络设备为基础，系统地介绍了 IP 地址规划、交换技术配置、路由技术配置、路由协议配置、网络安全技术配置、广域网技术配置、中小型企业网络工程案例 7 个项目以完成技能训练。

本书既可以作为计算机网络技术专业的一体化教材，也可以作为相关培训机构的教材，还可以作为计算机网络技能比赛训练及网络工程技术人员的技术参考书。本书配备了 PPT 课件和完整的教案，详见前言。

图书在版编目（CIP）数据

网络设备安装与调试：神码版 / 戴金辉，张文库，王龙主编. —2 版. —北京：电子工业出版社，2022.10

ISBN 978-7-121-44404-3

Ⅰ. ①网… Ⅱ. ①戴… ②张… ③王… Ⅲ. ①计算机网络－通信设备－设备安装－中等专业学校－教材 ②计算机网络－通信设备－调试方法－中等专业学校－教材Ⅳ. ①TN915.05

中国版本图书馆 CIP 数据核字（2022）第 189436 号

责任编辑：柴　灿　　　　特约编辑：田学清
印　　刷：涿州市京南印刷厂
装　　订：涿州市京南印刷厂
出版发行：电子工业出版社
　　　　　北京市海淀区万寿路 173 信箱　　　邮编：100036
开　　本：880×1230　1/16　印张：14.5　字数：316 千字
版　　次：2018 年 8 月第 1 版
　　　　　2022 年 10 月第 2 版
印　　次：2023 年 12 月第 3 次印刷
定　　价：42.80 元

凡所购买电子工业出版社图书有缺损问题，请向购买书店调换。若书店售缺，请与本社发行部联系，联系及邮购电话：（010）88254888，88258888。

质量投诉请发邮件至 zlts@phei.com.cn，盗版侵权举报请发邮件至 dbqq@phei.com.cn。

本书咨询联系方式：（010）88254550，zhengxy@phei.com.cn。

前言

为建立健全教育质量保障体系，提高职业教育质量，教育部于2014年颁布了《中等职业学校专业教学标准》（以下简称《专业教学标准》）。《专业教学标准》是指导和管理中等职业学校教学工作的基本依据，是保证教育教学质量和人才培养规格的纲领性教学文件。在“教育部办公厅关于公布首批《中等职业学校专业教学标准（试行）》目录的通知”（教职成厅函〔2014〕11 号）中，强调“专业教学标准是开展专业教学的基本文件，是明确培养目标和规格、组织实施教学、规范教学管理、加强专业建设、开发教材和学习资源的基本依据，是评估教育教学质量的主要标尺，同时也是社会用人单位选用中等职业学校毕业生的重要参考”。

1．本书特色

本书根据教育部颁布的《中等职业学校专业教学标准（试行）信息技术类（第一辑）》中的相关教学内容和要求编写。

“网络设备安装与调试”是一门中等职业学校计算机网络技术专业学生必修的专业课，实践性非常强，动手实践是学好这门课程最好的方法之一。本书以知识“必需、够用”为原则，从职业岗位入手并展开教学，强化技能训练和培养职业素养，在训练中巩固所学知识。本书总结了编者多年来在计算机网络技术专业中的实践及教学经验，根据实际工作所需的知识技能提炼出若干个教学项目。本书先提出任务情境，然后介绍完成该情境所必须掌握的操作技能及相关理论知识；部分项目还有知识拓展，供学有余力的学生课外学习；同时安排了学习小结，供学生对本项目的知识点进行总结；在项目的最后还安排了项目实训，供学生课后练习。每个项目都以要实现的任务为核心，任务又细分成学习活动，形成了“项目-任务-活动”的结构体系，通过学习活动让学生掌握相关知识和技能。每个学习活动又可以按照“任务情境-情境分析-任务实施-任务验收-任务资讯-学习小结”的结构细分，从工作需求与应用实践中引入教学项目，使学生在完成工作任务的过程中培养解决问题的能力。

2．课时分配

本书参考课时为 120 个，可以根据学生的接受能力与专业需求灵活调整，具体课时可以参考下面的表格。

课时参考分配表

项　　目	项　目　名	课　时　分　配		
		讲授/课时	实训/课时	合计/课时
1	IP地址规划	4	8	12
2	交换技术配置	8	24	32
3	路由技术配置	4	8	12
4	路由协议配置	6	12	18
5	网络安全技术配置	6	12	18
6	广域网技术配置	6	8	14
7	中小型企业网络工程案例	6	8	14

3．教学资源

为了提高学习效率和增强教学效果，以及方便教师教学，本书配备了 PPT 课件和完整的教案等教学资源。请有此需求的读者登录华信教育资源网免费注册后进行下载，有问题时请在网站留言板留言或与电子工业出版社联系（E-mail：hxedu@phei.com.cn）。

4．本书编者

本书由戴金辉、张文库和王龙担任主编，周玫娜、蔡伟和肖振华担任副主编，具体的编写分工如下：周玫娜负责编写项目 1，张文库负责编写项目 2，戴金辉负责编写项目 3 和项目 4，王龙负责编写项目 5，蔡伟负责编写项目 6，肖振华负责编写项目 7。全书由戴金辉、张文库和王龙负责统稿。

由于编者水平所限，加之编写时间有限，书中难免存在疏漏和不足之处，恳请读者们批评指正。

编　者

2022 年 5 月

目 录

项目 1

IP 地址规划

项目描述

随着信息化的高速发展，人们把越来越多的事务转移到了网络平台上。小到一个家庭，大到一个学校、企业，为了提高工作效率、共享信息资源，都需要构建一个局域网络，合理地规划和使用 IP 地址。要构建简单的局域网络，需要掌握配置 IP 地址参数等基本的知识与技能。

本项目重点学习部门间 IP 地址规划和合理使用 IP 地址的方法。

知识目标

1. 了解 IP 地址的表示和分类。
2. 掌握 IP 地址的子网划分。

能力目标

1. 能理解 IP 地址的分类。
2. 能合理规划和使用 IP 地址。

素质目标

1. 具有团队合作精神和写作能力，培养协同创新能力。
2. 具有良好的沟通能力，培养清晰的逻辑思维。
3. 具有良好的信息素养和学习能力，能够运用正确的方法和技巧掌握新知识、新技能。
4. 具有独立思考的能力和创新能力，能够掌握任务资讯并完成项目任务。

素养目标

1. 崇尚宪法、遵纪守法，奠定专业基础，提高自主学习能力。
2. 具有合理规划和使用 IP 地址的能力，做到不浪费 IP 地址。

思维导图

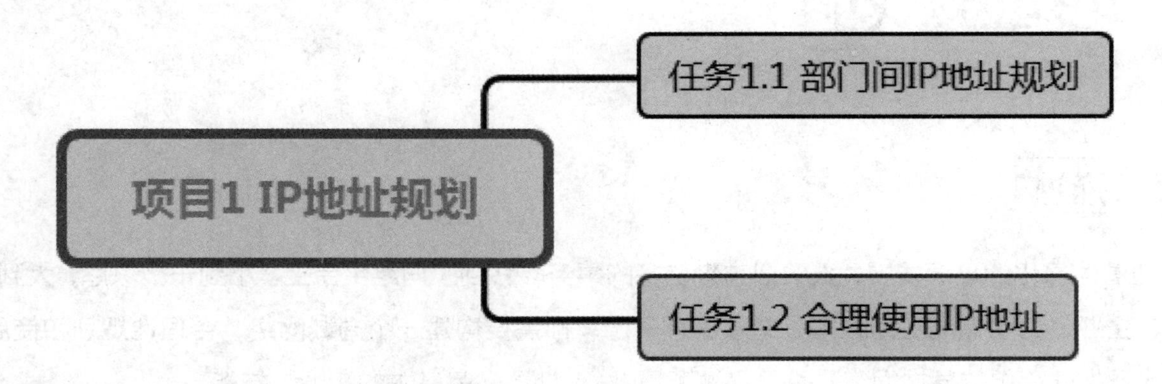

任务 1.1　部门间 IP 地址规划

任务情境

某公司设有技术部、学术部、销售部 3 个部门，每个部门均有 20 台计算机，且 ISP 已将地址段 192.168.10.0/24 分配给该公司使用，请充分考虑网络的性能及管理效率等因素，对该网络的 IP 地址进行规划。

情境分析

从任务描述中可知，公司的 3 个部门拥有的计算机均为 20 台，且从 ISP 获得了一个 C 类 IP 地址段。从网络性能的角度考虑，应尽量缩减网络流量，把部门内部的通信业务尽量“圈定”在部门内部进行；从日常管理的角度考虑，把一个较大的网络分成相对较小的网络有利于隔离和排除故障。因此，可以考虑通过合理的子网划分来解决问题。

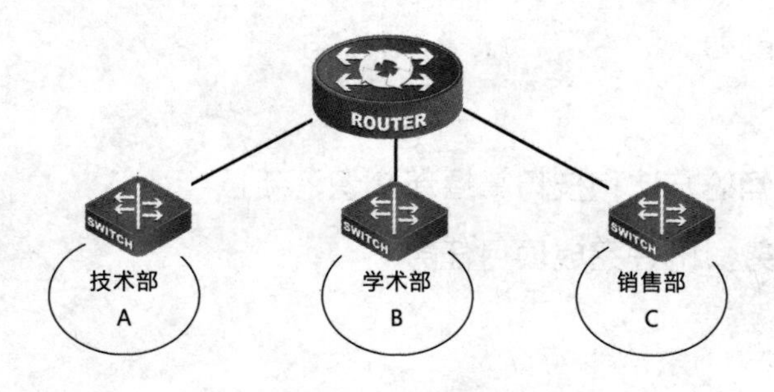

图 1.1.1　公司网络拓扑结构

公司网络拓扑结构如图 1.1.1 所示。

具体要求如下。

（1）确定各子网的主机数量：每台 TCP/IP 主

机都至少需要一个 IP 地址，路由器的每个接口都需要一个 IP 地址。

（2）确定每个子网的大小。

（3）基于任务的需要，创建以下内容：为整个网络设定一个子网掩码；为每个物理网段设定一个子网 ID；为每个子网确定主机的合法 IP 地址范围。

任务实施

步骤 1：确定各子网的主机数量。IPv4 中的地址是由 32 位二进制数组成的，且分为网络位和主机位两部分，如图 1.1.2 所示。

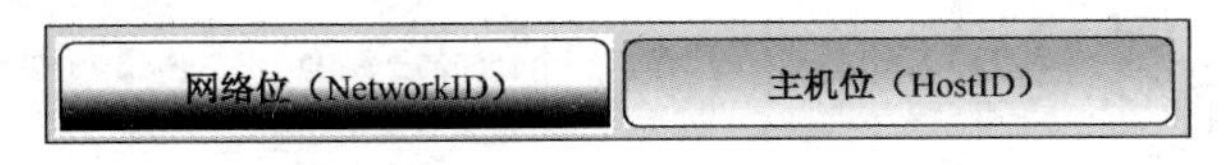

图 1.1.2　IP 地址结构

分析前文可知，每个部门都需要 21 个 IP 地址，其中 20 个给计算机使用，1 个给路由器端口使用。

步骤 2：确定每个子网的大小。十进制数 21 至少需要用 5 位二进制数表示，于是我们可以确定子网的大小为 2^5=32。子网大小示例如图 1.1.3 所示。

步骤 3：创建子网掩码、子网 ID、合法 IP 地址范围。

（1）为整个网络设定一个子网掩码。将图 1.1.3 中的网络位的二进制数全部设置为 1，主机位的二进制数全部设置为 0，即可得到划分子网后的子网掩码。计算过程如图 1.1.4 所示。

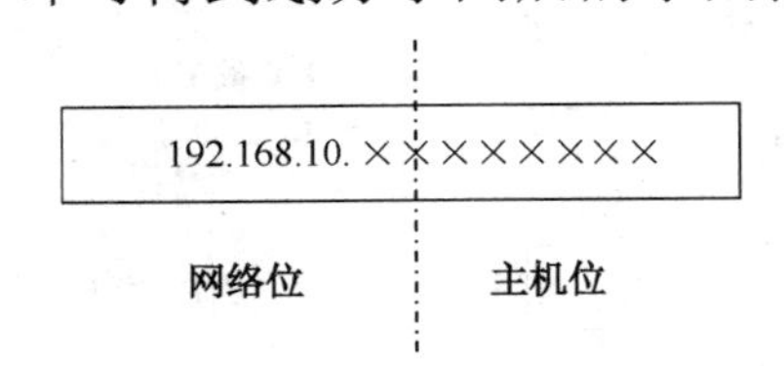

图 1.1.3　子网大小示例

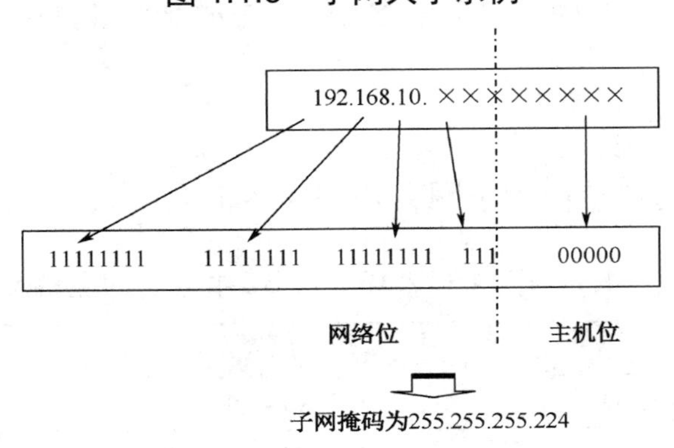

图 1.1.4　子网掩码的计算过程

（2）为每个物理网段设定一个子网 ID。RFC 标准规定，子网的网络 ID 不能全为“0”或全为“1”。合法的子网ID如图1.1.5所示。

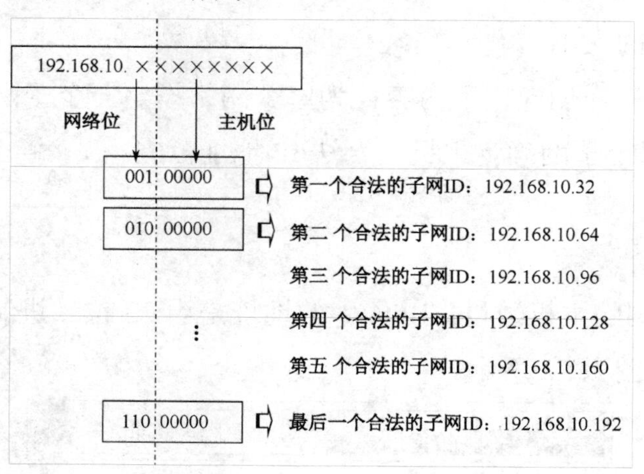

图1.1.5　合法的子网ID

（3）为每个子网确定主机的合法IP地址范围。RFC标准规定，主机ID不能全为“0”或全为“1”。下面以第一个合法的子网ID为例，说明子网中合法的主机ID的计算过程，如图1.1.6所示。

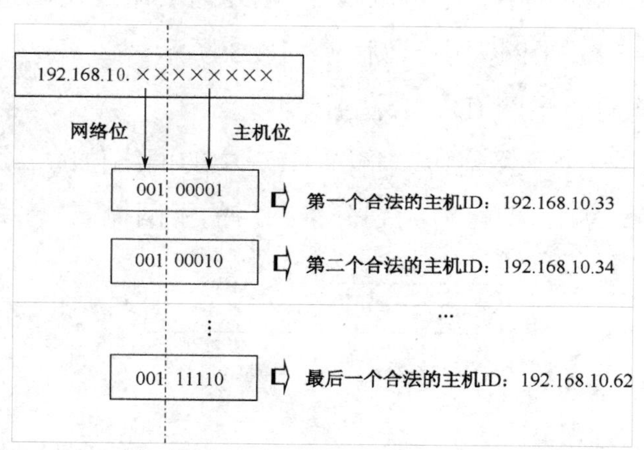

图1.1.6　子网中合法的主机ID的计算过程

任务验收

经以上计算，3个部门拟使用的子网中合法的主机ID如表1.1.1～表1.1.3所示。

表1.1.1　子网192.168.10.32中合法的主机ID

子　网	主　机	意　义
192.168.10.32/24	192.168.10.32	子网的网络地址
	192.168.10.33	子网中第一个合法的主机ID
	192.168.10.62	子网中最后一个合法的主机ID
	192.168.10.63	子网的广播地址

表 1.1.2　子网 192.168.10.64 中合法的主机 ID

子　网	主　机	意　义
192.168.10.64	192.168.10.64	子网的网络地址
	192.168.10.65	子网中第一个合法的主机 ID
	192.168.10.94	子网中最后一个合法的主机 ID
	192.168.10.95	子网的广播地址

表 1.1.3　子网 192.168.10.96 中合法的主机 ID

子　网	主　机	意　义
192.168.10.96	192.168.10.96	子网的网络地址
	192.168.10.97	子网中第一个合法的主机 ID
	192.168.10.126	子网中最后一个合法的主机 ID
	192.168.10.127	子网的广播地址

该公司的 3 个部门的 IP 地址规划如图 1.1.7 所示。

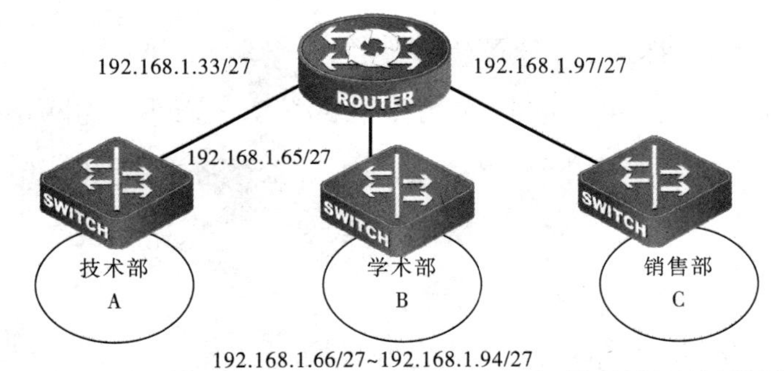

图 1.1.7　公司各部门的 IP 地址规划

任务资讯

1．子网掩码的分类

子网掩码共分为两类：一类是默认子网掩码，另一类是自定义子网掩码。默认子网掩码即未划分子网，对应的网络号的位都设置为 1，主机号的位都设置为 0。

A 类网络默认子网掩码：255.0.0.0。

B 类网络默认子网掩码：255.255.0.0。

C 类网络默认子网掩码：255.255.255.0。

自定义子网掩码将一个网络划分为几个子网，每一段都需要使用不同的网络号或子网号。实际上，可以将其理解为将主机号分为了两部分：子网号、子网主机号。其形式如下。

未做子网划分的 IP 地址：网络号＋主机号。

做子网划分后的 IP 地址：网络号＋子网号＋子网主机号。

也就是说，IP 地址在划分子网后，将主机号的一部分给了子网号，余下的部分给了子网主机号。子网掩码是由 32 位二进制数组成的，它的子网主机标识部分全为“0”。利用子网掩码可以判断两台主机是否在同一个子网中，若两台主机的 IP 地址分别与它们的子网掩码相“与”后的结果相同，则说明这两台主机在同一个子网中。

2．子网掩码的表示方法

子网掩码通常有以下两种表示方法：通过与 IP 地址格式相同的点分十进制表示，如 255.0.0.0 或 255.255.255.128；在 IP 地址后加上“/”符号以及 1～32 的数字，其中 1～32 的数字表示子网掩码中的网络标识位的长度，如 192.168.10.1/24 的子网掩码也可以表示为 255.255.255.0。

3．子网划分的捷径

（1）确定所选择的子网掩码将会产生多少个子网。

N=2x−2（x 代表掩码位，即二进制数为 1 的部分），在现在的网络中已经不需要−2 了，可以全部使用，不过需要加上相应的配置命令，如 Cisco 路由器加上 ip subnet zero 命令就可以全部使用。

（2）每个子网能有多少台主机。

M=2y−2（y 代表主机位，即二进制数为 0 的部分）。

（3）计算有效子网 ID。

① 计算出地址的分段基数（分段大小）。分段基数=256−十进制的子网掩码。

② 有效子网 ID=n×分段基数，（n=1,2,…），如子网掩码为 255.255.255.224，则分段基数为 256−224=32，第一个有效子网 ID 为 192.168.10.32，第二个有效子网 ID 为 192.168.10.64（2×32=64），以此类推。

（4）每个子网的广播地址：广播地址=下一个子网号−1。

（5）每个子网的有效主机。

忽略子网内全为 0 和全为 1 的地址，剩下的就是有效主机地址，有效主机地址=下一个子网号−2（广播地址−1）。

早期的互联网使用的路由产品不支持全为 0 或者全为 1 的 IP 地址，但是新的路由产品都支持，这样就涉及兼容性的问题。如果能够确定在网络中没有陈旧的路由产品（包括路由器、交换机、操作系统）存在，则可以抛开 RFC 950 和 RFC 1122 标准，遵守 RFC 1812 标准，使用全为 0 或者全为 1 的 IP 地址。

学习小结

本任务介绍了部门间 IP 地址的规划。通过对 IP 地址的规划，把较大的网络进行隔离，有利于排除故障，同时节省 IP 地址的数量。IP 地址的规划在企业中使用得较多，需要熟练掌握。

任务 1.2　合理使用 IP 地址

任务情境

某跨国公司下设“珠海总公司”“广州分公司”和“西雅图分公司”。珠海总公司拥有计算机 80 台，广州分公司拥有计算机 23 台，西雅图分公司拥有计算机 50 台，且 ISP 已将地址段 192.168.1.0/24 分配给该公司使用，请充分考虑网络的性能及管理效率等因素，对该网络的 IP 地址进行规划。

情境分析

从任务描述中可知，该公司的 3 个办公地点的计算机数量差异较大。珠海总公司所需的主机数量最多，至少应该划分一个大小为 96 的地址块供其使用，如果依据划分子网的方法（定长子网划分），则所需的 IP 地址的数量为 96×3=288 个，但 ISP 只提供了一个 C 类 IP 地址段，IP 地址数量为 255 个。由 255<288 可知，定长子网划分无法胜任本任务，可以考虑通过变长子网划分来解决这个问题。公司网络拓扑结构如图 1.2.1 所示。

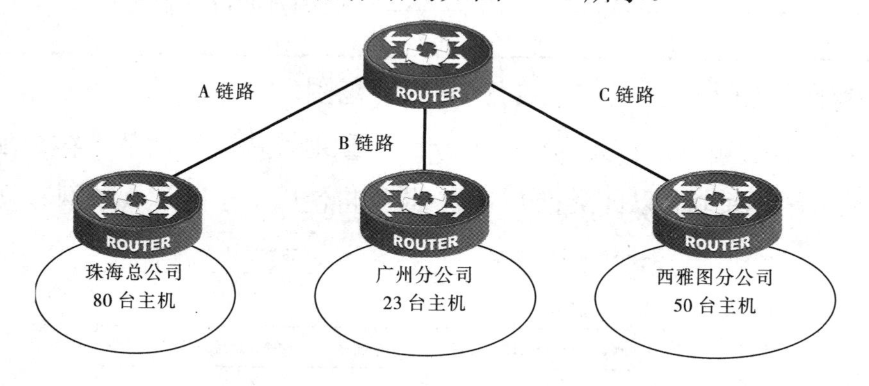

图 1.2.1　公司网络拓扑结构

具体要求如下。

（1）确定各子网的主机数量：每台 TCP/IP 主机至少需要一个 IP 地址，路由器的每个接口都需要一个 IP 地址。

（2）确定每个子网的大小。

（3）基于任务的需要，创建以下内容：为每个子网设定一个子网掩码；为每个物理网段设定一个子网 ID；为每个子网确定主机的合法 IP 地址范围。

任务实施

步骤 1：确定各子网的主机数量，如表 1.2.1 所示。

表 1.2.1　主机数量

子　　网	主机数量/台	备　　注
珠海总公司	81	其中一个 IP 地址分配给路由器的接口
广州分公司	24	
西雅图分公司	51	
A 链路	2	
B 链路	2	
C 链路	2	

步骤 2：确定每个子网的大小，如表 1.2.2 所示。

表 1.2.2　子网大小

子　　网	主机数量/台	子网大小	备　　注
珠海总公司	81	128	
广州分公司	24	32	
西雅图分公司	51	64	
A 链路	2	4	子网中至少需要 4 个主机 ID，否则除了网络 ID 和广播地址外无 IP 地址可用
B 链路	2	4	
C 链路	2	4	

步骤 3：创建子网掩码、子网 ID、合法 IP 地址范围。

变长子网划分的思路如下：首先为较大的子网分配地址块，然后从未被分配的地址块中为剩下的较大的子网分配地址块，以此类推（注意，此处将使用 1 子网和 0 子网），如图 1.2.2 所示。

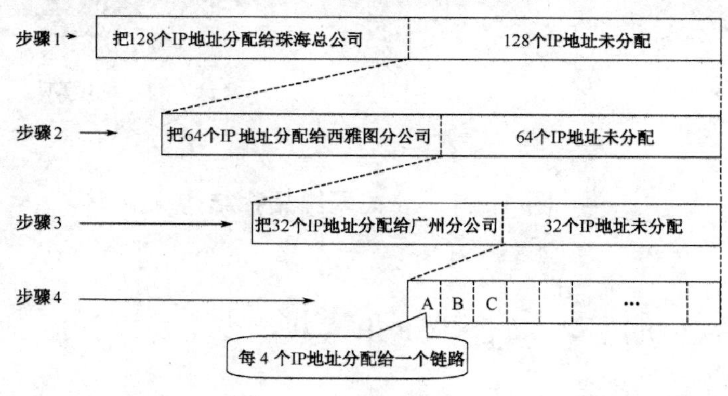

图 1.2.2　变长子网划分的思路

（1）为每个子网设定一个子网掩码。

① 珠海总公司所需的地址块的大小为 128，即需要 7 位二进制数，故子网位为 1 位二进制数，子网掩码的计算过程如图 1.2.3 所示。

② 西雅图分公司所需的地址块的大小为 64，即需要 6 位二进制数，故子网位为 2 位二进制数，子网掩码的计算过程如图 1.2.4 所示。

192.168.1.× × × × × × × ×
11111111　11111111　11111111　1　0000000
网络位
主机位
珠海总公司子网掩码为255.255.255.128

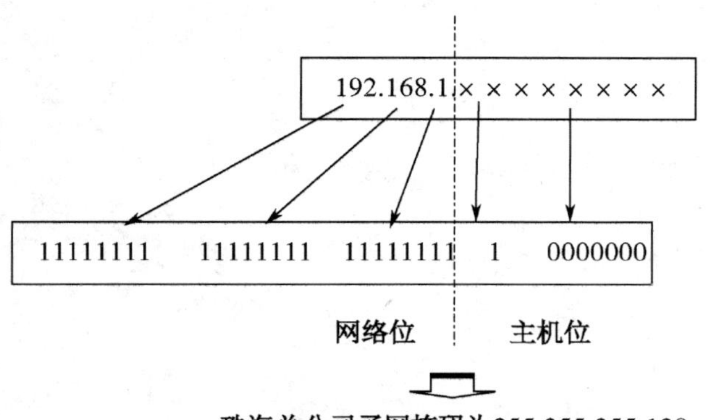

图 1.2.3　珠海总公司子网掩码的计算过程

192.168.1.× × × × × × × ×
11111111　11111111　11111111　1 1　000000
网络位
主机位
西雅图分公司子网掩码为255.255.255.192

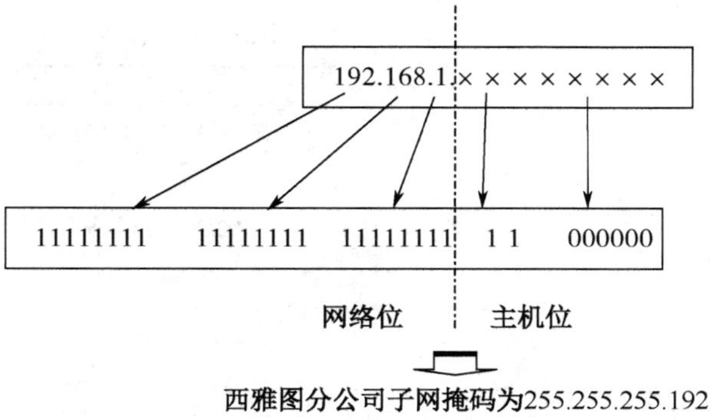

图 1.2.4　西雅图分公司子网掩码的计算过程

③ 广州分公司所需的地址块的大小为 32，即需要 5 位二进制数，故子网位为 3 位二进制数，子网掩码的计算过程如图 1.2.5 所示。

④ A、B、C 各链路所需的地址块的大小为 4，即需要 2 位二进制数，故子网位为 6 位二进制数，子网掩码的计算过程如图 1.2.6 所示。

192.168.1.× × × × × × × ×
11111111　11111111　11111111　1 1 1　00000
网络位
主机位
广州分公司子网掩码为255.255.255.224

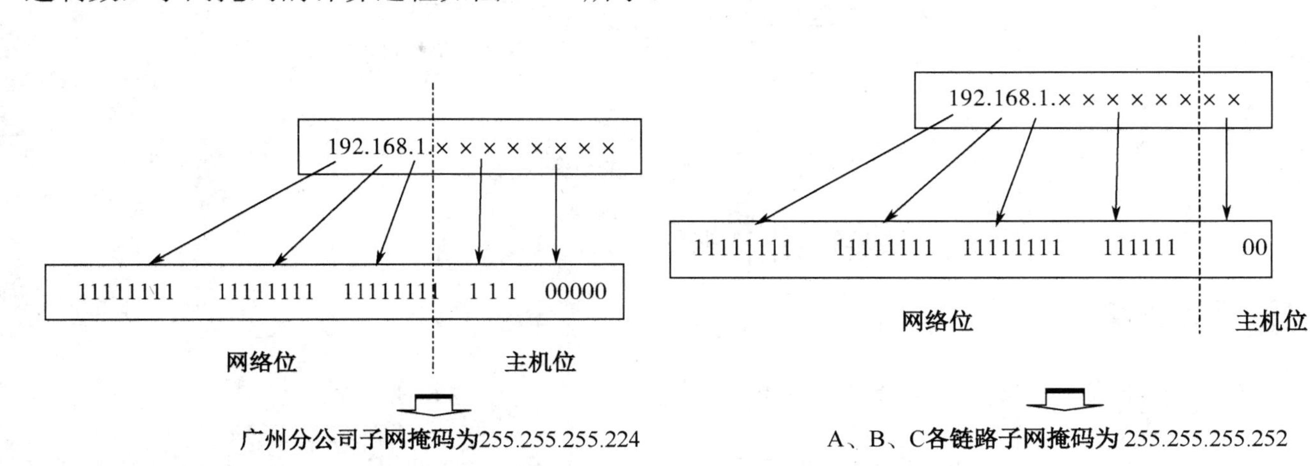

图 1.2.5　广州分公司子网掩码的计算过程

192.168.1.× × × × × × × ×
11111111　11111111　11111111　111111　00
网络位
主机位
A、B、C各链路子网掩码为 255.255.255.252

图 1.2.6　A、B、C 各链路子网掩码的计算过程

（2）为每个物理网段设定一个子网 ID，计算过程如图 1.2.7 所示。

步骤1：把192.168.1.0/24地址块划分成大小为128的两个子网

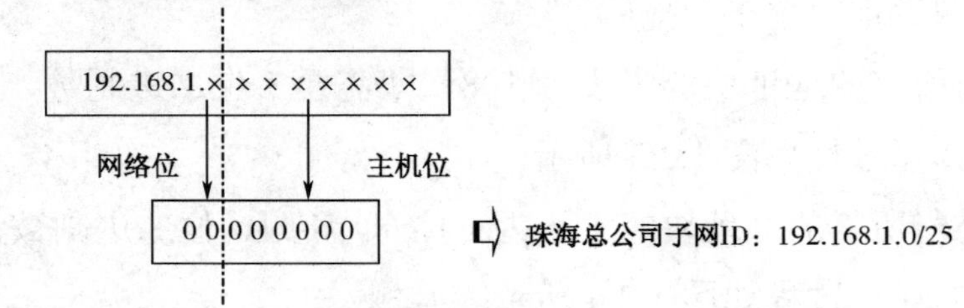

步骤2：把192.168.1.1/25子网（128个未分配的IP地址）继续划分大小为64的子网

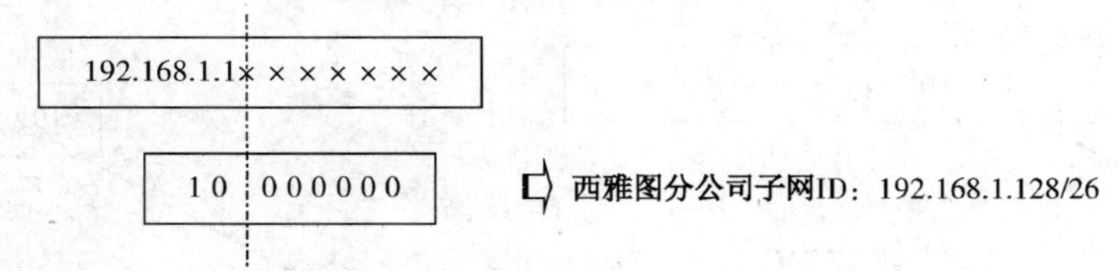

步骤3：把192.168.1.192/26（64个未分配的IP地址）继续划分成大小为32的子网

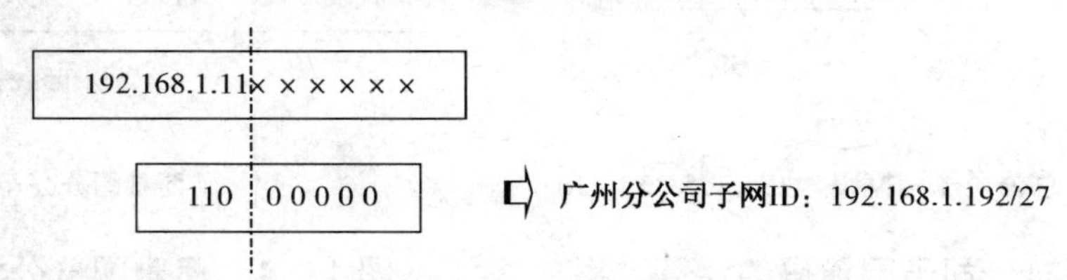

步骤4：把192.168.1.224/26（32个未分配的IP地址）继续划分成大小为4的子网

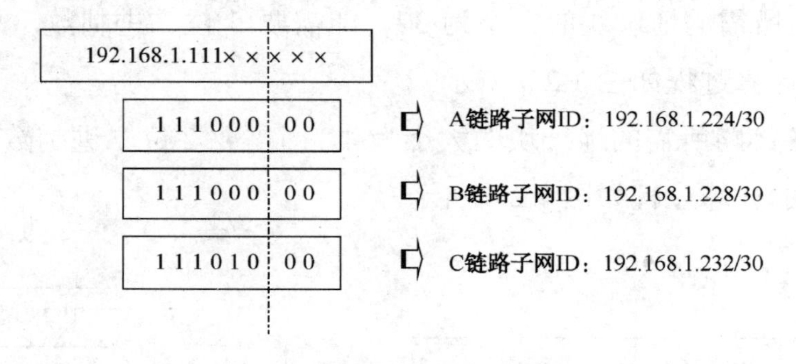

图 1.2.7　子网 ID 的计算过程

（3）为每个子网确定主机的合法 IP 地址范围。

任务验收

经以上计算，6 个子网中合法的主机 ID 如表 1.2.3～表 1.2.6 所示。

表 1.2.3　子网 192.168.1.0/25 中合法的主机 ID

子　网	部　门	主　机	意　义
192.168.1.0/25	珠海总公司	192.168.1.0/25	子网的网络地址
		192.168.1.1/25	子网中第一个合法的主机 ID
		192.168.1.126/25	子网中最后一个合法的主机 ID
		192.168.1.127/25	子网的广播地址

表 1.2.4 子网 192.168.1.128/26 中合法的主机 ID

子　网	部　门	主　机	意　义
192.168.1.128/26	西雅图分公司	192.168.1.128/26	子网的网络地址
		192.168.1.129/26	子网中第一个合法的主机 ID
		192.168.1.190/26	子网中最后一个合法的主机 ID
		192.168.1.191/26	子网的广播地址

表 1.2.5 子网 192.168.1.192/27 中合法的主机 ID

子　网	部　门	主　机	意　义
192.168.1.192/27	广州分公司	192.168.1.192/27	子网的网络地址
		192.168.1.193/27	子网中第一个合法的主机 ID
		192.168.1.222/27	子网中最后一个合法的主机 ID
		192.168.1.223/27	子网的广播地址

表 1.2.6 链路子网 A～C 中合法的主机 ID

子　网	部　门	主　机	意　义
192.168.1.224/30	链路子网 A	192.168.1.224/30	子网的网络地址
		192.168.1.225/30	子网中第一个合法的主机 ID
		192.168.1.226/30	子网中最后一个合法的主机 ID
		192.168.1.227/30	子网的广播地址
192.168.1.228/30	链路子网 B	192.168.1.228/30	子网的网络地址
		192.168.1.229/30	子网中第一个合法的主机 ID
		192.168.1.230/30	子网中最后一个合法的主机 ID
		192.168.1.231/30	子网的广播地址
192.168.1.232/30	链路子网 C	192.168.1.232/30	子网的网络地址
		192.168.1.233/30	子网中第一个合法的主机 ID
		192.168.1.234/30	子网中最后一个合法的主机 ID
		192.168.1.235/30	子网的广播地址

该公司网络 IP 地址规划如图 1.2.8 所示。

任务资讯

VLSM 即可变长子网掩码，是为了解决在同一个网络中使用多种层次子网化 IP 地址产生的问题而发展起来的。这种策略只能在所用的路由协议都支持的情况下使用，如开放最短路径优先（OSPF）协议和增强内部网关路由协议（EIGRP）。由于 RIP 版本 1 出现早于 VLSM，因此无法支持 VLSM，但 RIP 版本 2 可以支持 VLSM。

VLSM 允许一个组织在同一个网络地址空间中使用多个子网掩码。利用 VLSM 可以实现

“把子网继续划分为子网”的功能，使寻址效率达到最高。

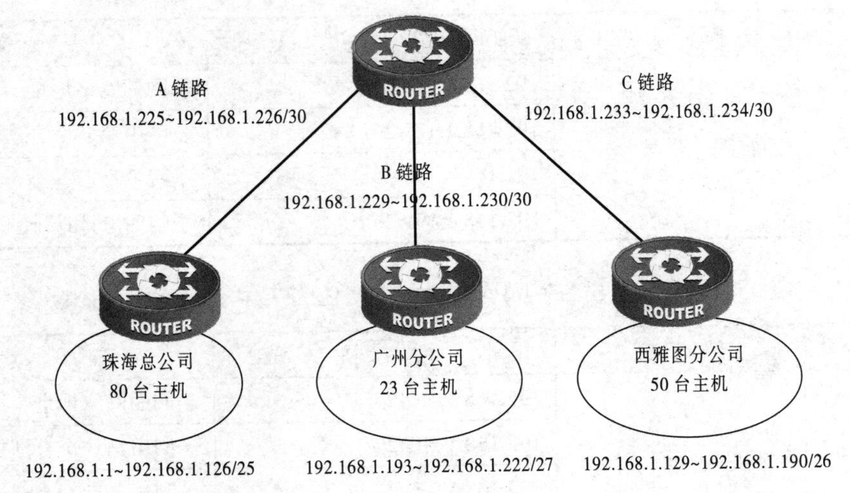

图 1.2.8　公司网络 IP 地址规划

学习小结

本任务介绍了如何合理使用 IP 地址。通过 VLSM 对子网进行划分，使寻址效率达到最高，提高了网络性能和管理效率，在企业中应用较多，需要熟练掌握。

项目实训　某公司基础网络建设

❖ 项目描述

某公司拟新建办公网络，从 ISP 获得了一个 C 类地址段 192.168.10.0/24，试根据图 1.2.9 描述的信息对该公司网络地址进行适当的规划。制作网线连接子网 A 中的 PC1 和 PC2，安装适当的协议，配置相应的 IP 地址信息，进行必要的测试，使 PC1 能访问 PC2 中的共享文件夹。

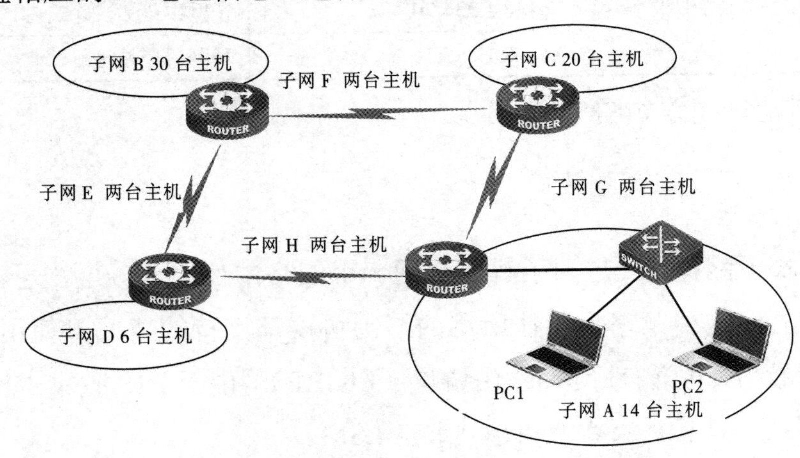

图 1.2.9　网络拓扑结构

❖ 项目要求

根据拓扑结构完成各子网的IP地址计算与子网划分。完成所需网线的制作，并按拓扑结构连接网络设备。某公司IP地址规划如表1.2.7所示。

表1.2.7 某公司IP地址规划

子网	网络地址	有效IP	广播地址
A子网	192.168.10.16/28		
B子网	192.168.10.32/27		
C子网	192.168.10.64/27		
D子网	192.168.10.8/29		
E子网	192.168.10.96/30		
F子网	192.168.10.100/30		
G子网	192.168.10.104/30		
H子网	192.168.10.108/30		

❖ 项目评价

根据实际情况填写项目实训评价表。

项目实训评价表

	内容		评价（等级）		
	学习目标	评价项目	5	4	3
职业能力	网线制作	能够掌握T568A/T568B标准线序			
		水晶头安装正确、牢固			
		能够独立完成网线测试			
	网卡安装	能够进行硬件安装			
		能够进行驱动程序安装			
	TCP/IP相关设置	能够安装TCP/IP			
		能够设置IP地址等信息			
		能够使用命令初步排查链接故障			
	IP子网规划	二进制与十进制转换			
		确定各子网的主机数量			
		确定每个子网的大小			
		子网掩码计算			
		确定子网ID			
		计算每个子网ID，确定主机的合法地址范围			

续表

	内　　容		评　　价（等级）		
	学 习 目 标	评 价 项 目	5	4	3
通用能力	交流表达的能力				
	与人合作的能力				
	沟通能力				
	组织能力				
	活动能力				
	解决问题的能力				
	自我提高的能力				
	创新能力				
综 合 评 价					

项目 2

交换技术配置

项目描述

交换技术在现代高速网络中担任着举足轻重的角色，企业网络依赖交换机分隔网段并实现高速连接。交换机是适应性极强的第二层设备，在简单场景中，可以替代集线器作为多台主机的中心连接点；在复杂应用中，可以连接一台或多台其他交换机，从而建立、管理和维护冗余链路及 VLAN 连通性。对网络学习者而言，交换机的配置和管理是必备的知识和技能。

本项目重点学习交换机的基本配置、VLAN 配置及常用技术。

知识目标

1. 了解交换机的工作原理和作用。
2. 理解 VLAN 的原理和作用。
3. 理解交换机的生成树算法。
4. 理解链路聚合的作用。
5. 理解 DHCP 技术的原理和作用。
6. 理解 VRRP 技术的原理和作用。

能力目标

1. 熟悉交换机的各种配置模式。
2. 熟练配置交换机的各项网络参数及接口状态。
3. 学会交换机的 VLAN 划分方法。
4. 学会配置交换机间相同 VLAN 通信的方法。
5. 学会配置三层交换机，实现不同 VLAN 间通信的方法。

素质目标

1. 具有团队合作精神和写作能力，能够协调分工并完成任务。
2. 具有良好的沟通能力，培养清晰的逻辑思维。
3. 具有良好的信息素养和学习能力，能够运用正确的方法和技巧掌握新知识、新技能。
4. 具有独立思考的能力和创新能力，能够掌握任务资讯并完成项目任务。

素养目标

1. 培养严谨的逻辑思维，能够正确地处理交换机网络中的问题。
2. 培养诚信、务实和严谨的职业素养。

思维导图

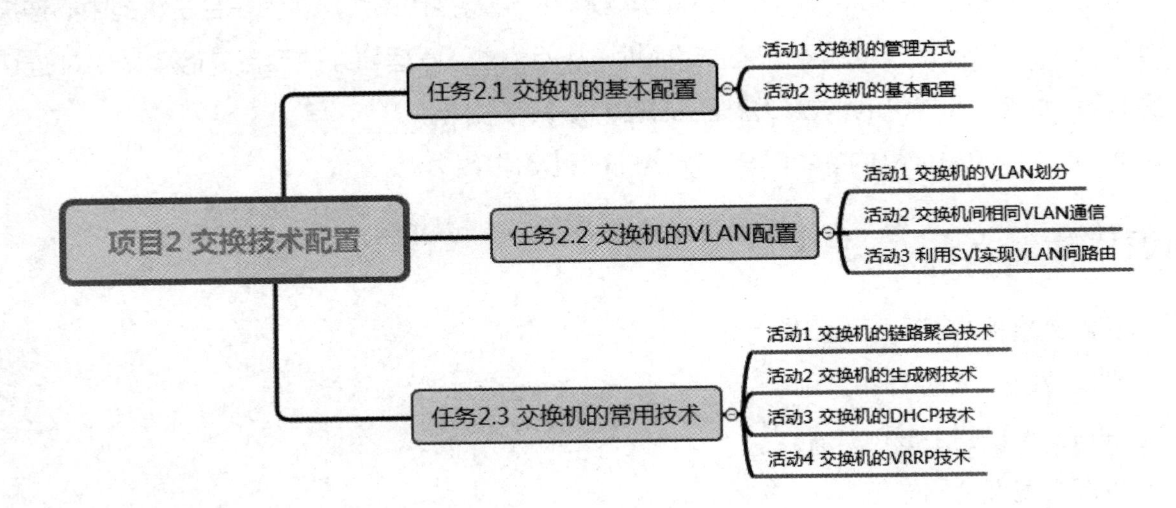

任务 2.1　交换机的基本配置

交换机的基本配置主要包括设备命名、登录信息、特权密码、VTY 密码和端口配置等。本任务通过以下两个活动展开介绍。

活动 1　交换机的管理方式

活动 2　交换机的基本配置

活动 1　交换机的管理方式

交换机的管理方式可以分为带内管理与带外管理。通过交换机的 Console 接口管理交换机的方式属于带外管理，特点是无须占用交换机的网络接口，但其使用的线缆特殊，配置距离短。带内管理方式主要分为 Telnet、Web 与 SNMP。

任务情境

某公司因业务发展的需要购买了一台交换机，用于扩展现有网络。根据公司的网络拓扑结构，网络管理员将刚买回来的新交换机配置完成后，将其投入使用。

情境分析

管理员在拿到新的交换机时，可以通过交换机的 Console 接口对出厂的交换机进行第一次配置。在交换机上有一个 Console 接口，可以从交换机端口标识中看到，之后可以通过出厂自带的配置线进行连接和配置。交换机的管理方式拓扑结构如图 2.1.1 所示。

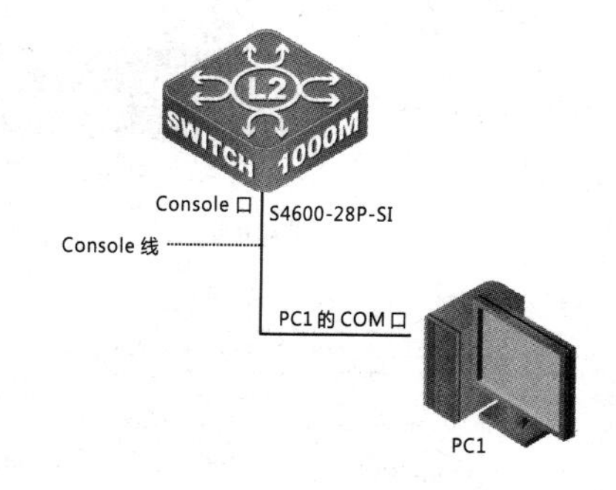

图 2.1.1　交换机的管理方式拓扑结构

具体要求如下。

（1）根据图 2.1.1 所示的拓扑结构，连接计算机和交换机。

（2）下载、安装和配置 SecureCRT 软件。

（3）通过 SecureCRT 软件进入交换机，使用 CLI 方式管理交换机设备。

任务实施

步骤 1：安装 SecureCRT 软件。

因为 Windows7 系统没有自带的超级终端，且企业的网络工程师更喜欢使用 SecureCRT 软件配置网络设备，所以这里使用 SecureCRT 软件。SecureCRT 软件可以从官方网站下载，下载时需要填写邮箱等相关信息，软件有 30 天的试用期，无须注册。

（1）双击下载好的 scrt_sfx-x64.8.7.1.2171.exe 安装文件，进入 SecureCRT 欢迎安装界面，单击“Next”按钮，如图 2.1.2 所示。

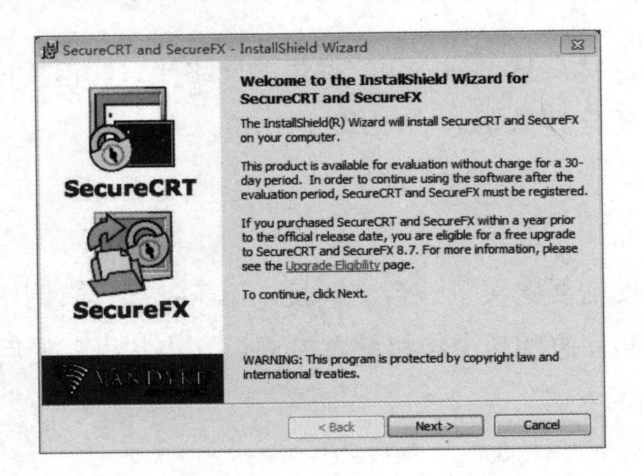

图 2.1.2　SecureCRT 欢迎安装界面

（2）进入“License Agreement”界面，选中“I accept the terms in the license agreement”单选按钮，接受安装许可协议，单击“Next”按钮，如图 2.1.3 所示。

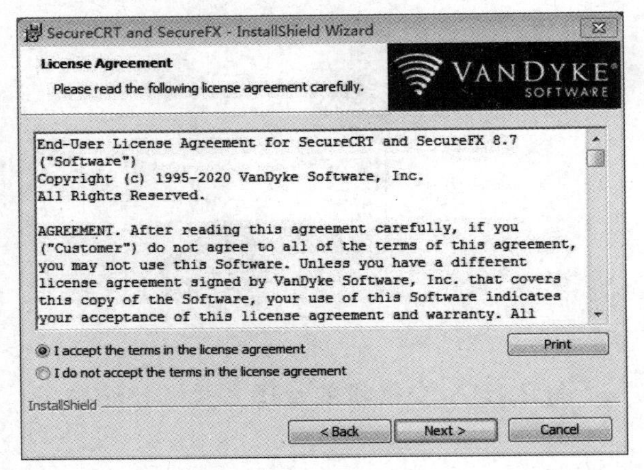

图 2.1.3　“License Agreement”界面

（3）进入“Select Profile Options”界面，选中“Common profile（affects all users）”单选按钮，单击“Next”按钮，如图 2.1.4 所示。

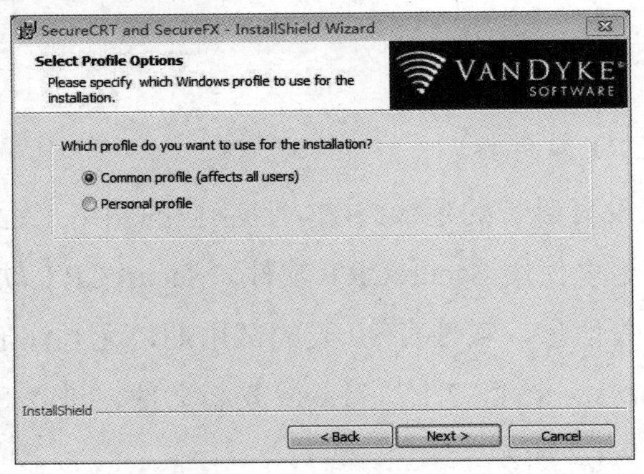

图 2.1.4　“Select Profile Options”界面

（4）进入“Setup Type”界面，选中“Complete”单选按钮，单击“Next”按钮，如图 2.1.5 所示。

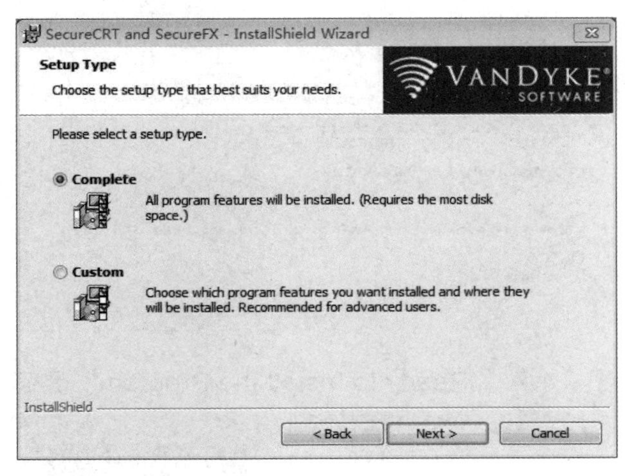

图 2.1.5　“Setup Type”界面

（5）进入“Select Application Icon Options”界面，将两个复选框都勾选，单击“Next”按钮，如图 2.1.6 所示。

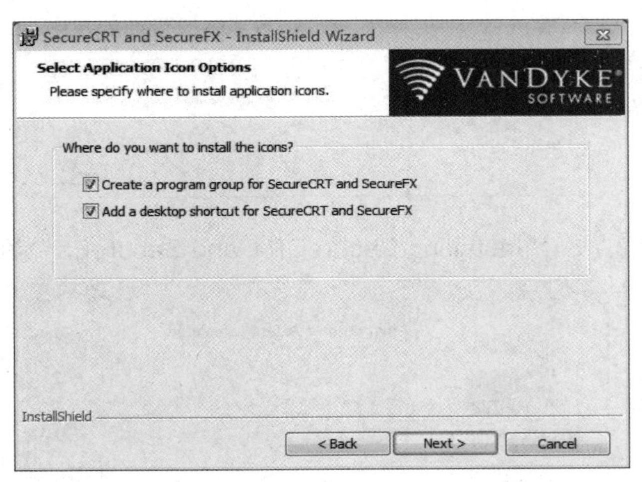

图 2.1.6　“Select Application Icon Options”界面

（6）进入“Ready to Install the Program”界面，使用默认安装路径进行安装，默认安装路径为“C:\Program Files\VanDyke Software\Clients\”，如图 2.1.7 所示。单击“Next”按钮，直到进入“Installing SecureCRT and SecureFX”界面。

（7）进入“Installing SecureCRT and SecureFX”界面，提示安装程序正在安装，如图 2.1.8 所示。

（8）安装完成后会弹出“InstallShield Wizard Completed”界面，单击“Finish”按钮，如图 2.1.9 所示。

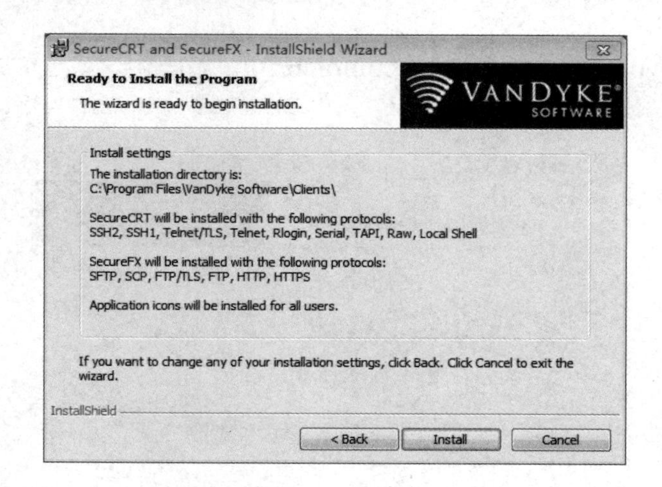

图 2.1.7 “Ready to Install the Program”界面

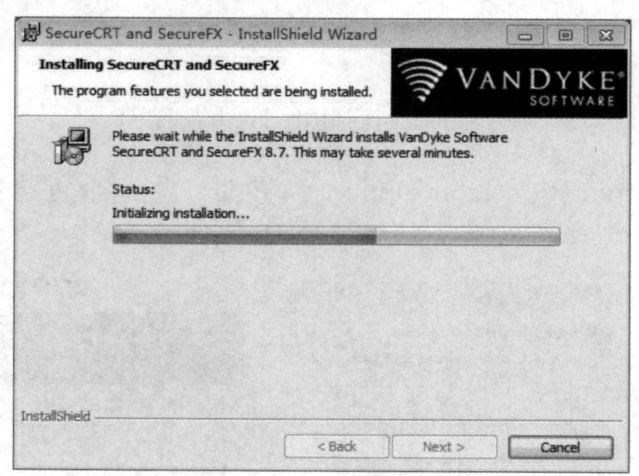

图 2.1.8 “Installing SecureCRT and SecureFX”界面

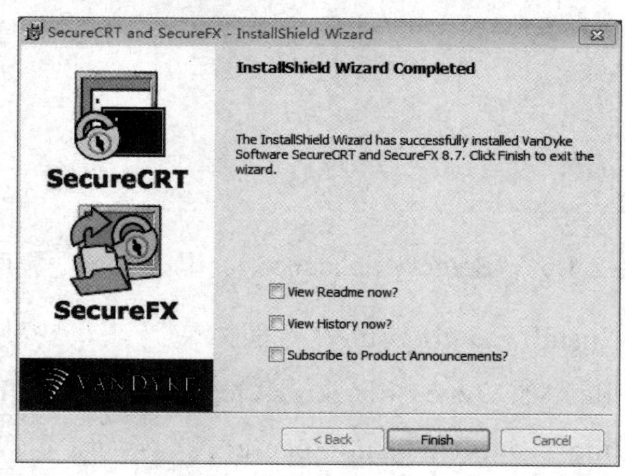

图 2.1.9 “InstallShield Wizard Completed”界面

步骤 2：连接 Console 接口。

查看系统使用的端口号。默认连接在“COM1”接口上，如果通过 USB 转 COM 进行连接，那么还需要在“设备管理器”界面上，通过端口（COM 和 LPT）查看是哪一个 COM 接口，如图 2.1.10 所示。

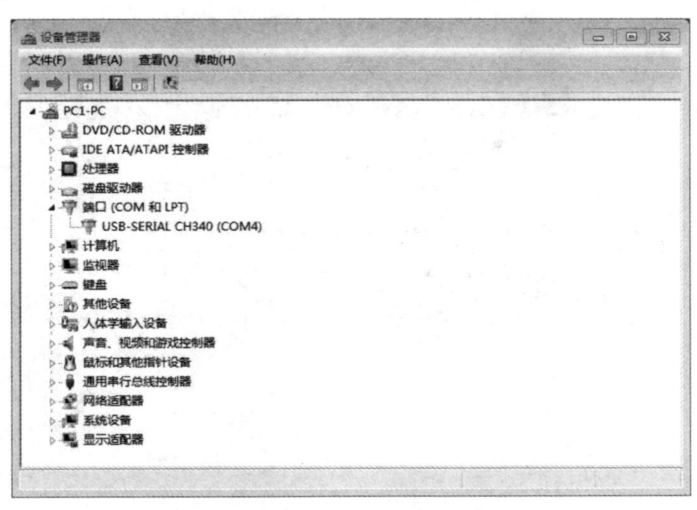

图 2.1.10　“设备管理器”界面

小贴士

在拔插 Console 线缆时要注意保护交换机的 Console 接口和 PC 的串口，最好不要带电拔插。

步骤 3：使用 SecureCRT 进入交换机。

（1）双击桌面上的“SecureFX8.7”图标，进入 SecureCRT 的注册界面，单击“I Agree”按钮，接受安装许可协议和 30 天的试用，如图 2.1.11 所示。

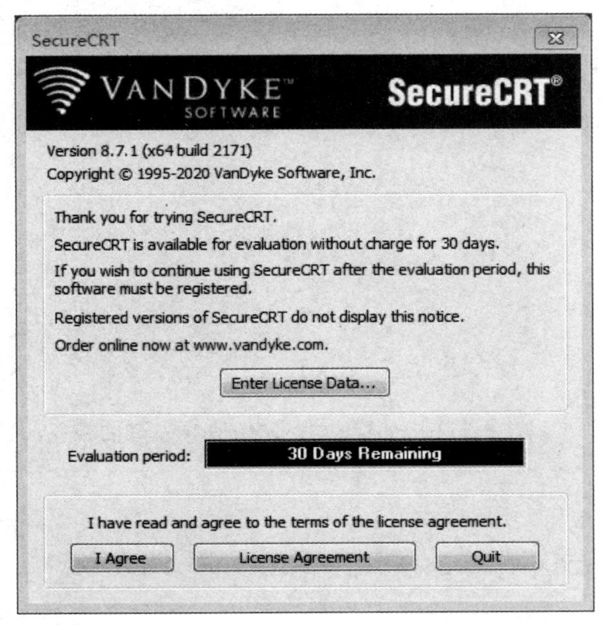

图 2.1.11　SecureCRT 的注册界面

（2）进入“Create SecureCRT Passphrase”界面，选中“Without a configuration passphrase”

单选按钮，单击“OK”按钮进入“Quick Connect”对话框，如图2.1.12所示。

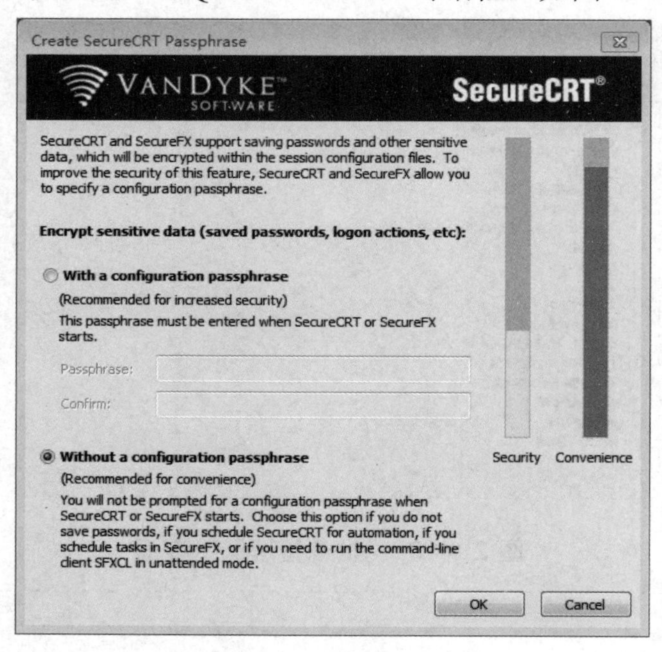

图2.1.12 “Create SecureCRT Passphrase”界面

（3）在“Quick Connect”对话框中设置端口属性。设置“Baud rate”（波特率）为“9600”，“Data bits”（数据位）为“8”，“Parity”（奇偶校验）为“None”，“Stop bits”（停止位）为“1”，“Flow Control”（数据流控制）为“XON/XOFF”，如图2.1.13所示。

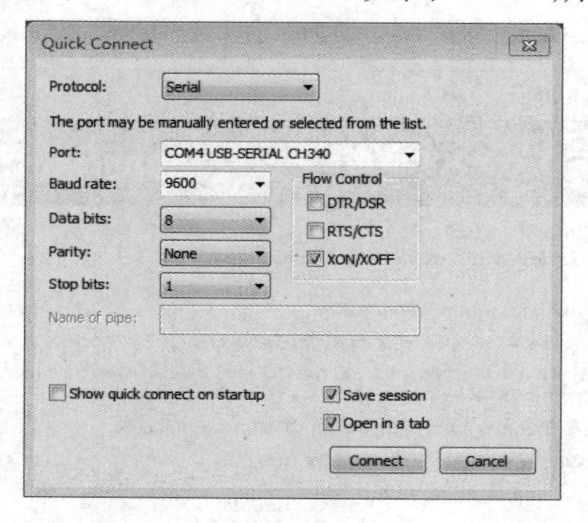

图2.1.13 “Quick Connect”对话框

小贴士

如果是型号为CS6200-28X-EI的交换机，那么波特率为115200。

（4）如果PC机的串口与交换机的Console接口连接正确，那么只要在超级终端中按“Enter”键，就会弹出如图2.1.14所示的交换机命令行界面（CLI），表示已经进入了交换机，可以对交换机输入 CLI 命令进行查看。

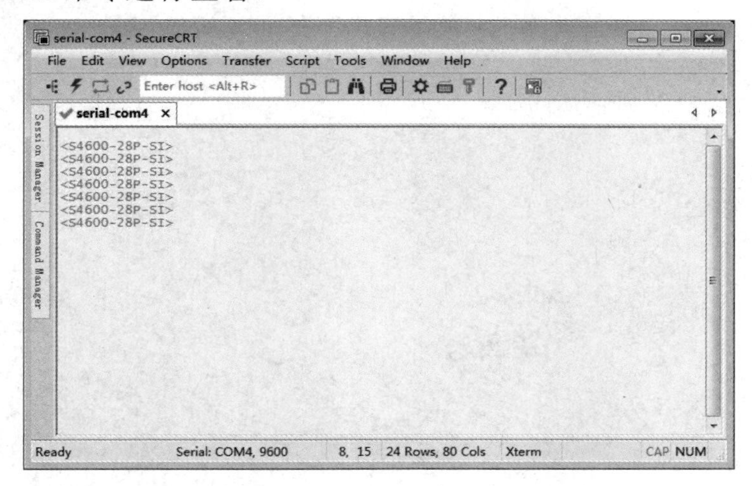

图 2.1.14 交换机命令行界面

（5）此时，用户已经成功进入了交换机的配置界面，可以对交换机进行必要的配置。使用 show version 命令查看交换机的软件和硬件的版本信息，如图 2.1.15 所示。

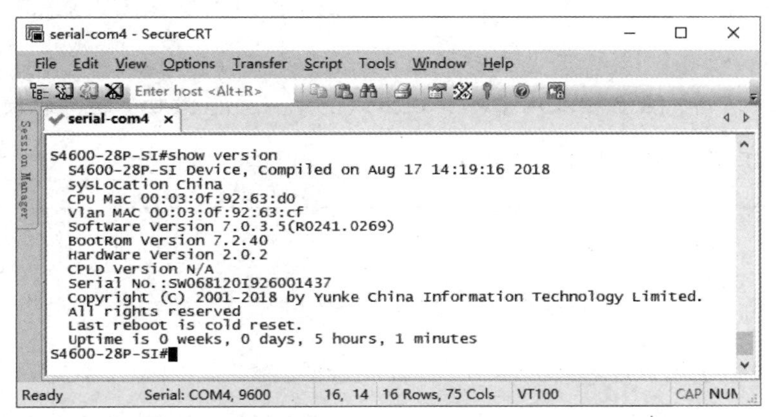

图 2.1.15 使用 show version 命令查看交换机软件和硬件的版本信息

任务验收

使用 show running-config 命令查看当前配置。

```
S4600-28P-SI>enable                          //进入特权配置模式
S4600-28P-SI#show running-config             //显示交换机的配置信息
current configuration
no service password-encryption
!
hostname S4600-28P-SI
sysLocation China
sysContact 400-810-9119
!
```

```
!
hostname S4600-28P-SI
!
!
vlan 1
!
!
interface ethernet1/0/1
!
interface ethernet1/0/2
!
interface ethernet1/0/3
!
...
```

小贴士

在首次进入交换机时，除了可以用带外管理方式的Console接口，还可以使用带内管理方式的Telnet、Web、SNMP来管理交换机。

任务资讯

1．交换机的管理方式

用户对网络设备的管理操作称为网络管理，简称网管。按照用户的配置管理方式，常见的网管方式分为 CLI 方式和 Web 方式。其中，通过 CLI 方式管理网络设备是指用户使用 Console 接口（串口）、Telnet 或 STelnet 方式登录设备，使用设备提供的命令行对设备进行管理和配置。

通过 Console 接口进行本地登录是最基本的登录方式，属于带外管理方式，是其他登录方式的基础。在默认情况下，用户可以直接通过 Console 接口进行本地登录。该方式仅限于本地登录，通常在以下 3 种场景下应用。

（1）当对设备进行第一次配置时，可以通过 Console 接口登录设备进行配置。

（2）当用户无法远程登录设备时，可以通过 Console 接口进行本地登录。

（3）当设备无法启动时，可以通过 Console 接口进入 BootLoader 进行诊断或系统升级。

2. Console 接口登录管理

所有的网管交换机上都有一个 Console 接口，专门用于对交换机进行配置和管理。通过连接计算机的 COM 接口和交换机的 Console 接口，可以配置和管理网管交换机。Console 接口绝大多数采用 RJ-45 接口，需要通过专门的 Console 线缆连接到配置计算机的 COM 接口上，从而使配置计算机成为超级终端。

使用同样的方法，将 Baud rate 设置为 9600 或 115200，Data bits 设置为 8，Parity 设置为 None，Stop bits 设置为 1，Flow Control 设置为 XON/XOFF。

3. 基本命令

- show vers：查看交换机的版本信息。
- show running-config：查看交换机的配置信息。
- write 或 copy running-config startup-config：保存配置信息。

学习小结

本活动介绍了交换机的管理方式。需要注意的是，管理方式有 Console、Telnet、Web 等，在初始化交换机时一般使用 Console 方式，在对交换机进行了相关的配置后，就可以使用 Telnet 或 Web 方式进行管理了，但有些交换机不支持 Web 方式。

活动 2　交换机的基本配置

交换机的基本配置是指对新购置的交换机进行的常用设置，包括交换机的设备命名、时间设置、密码设置、IP 地址配置、默认网关和设备信息查看等。

任务情境

为了组建局域网，某公司新购置了一批神州数码的以太网交换机，网络管理员通过 Console 接口进入交换机之后，准备对交换机进行基本配置。

情境分析

网络管理员需要通过交换机的 Console 接口对交接机进行第一次配置。在交换机上有一个 Console 接口，可以从交换机接口标识中看到。使用交换机出厂时随机配置的专用控制线，连接交换机的 Console 接口与计算机的 COM1 接口，此时交换机为出厂配置，使用交换机命令行界面进行操作。交换机的基本配置拓扑结构如图 2.1.16 所示。

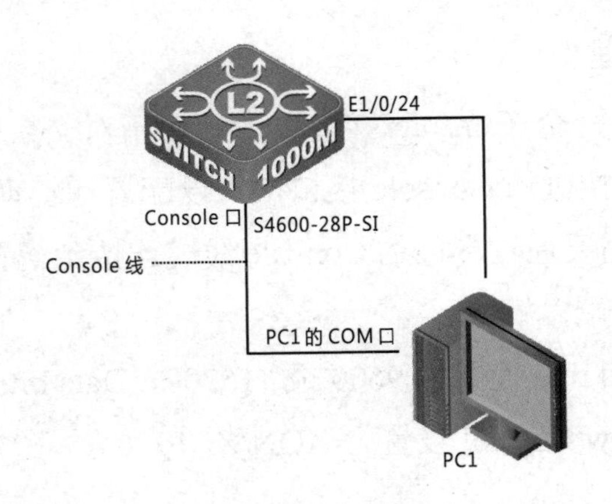

图 2.1.16　交换机的基本配置拓扑结构

具体要求如下。

（1）根据图 2.1.16 所示的拓扑结构，使用直连线连接，一端连接在交换机的端口 24 上，另一端连接在计算机的网卡接口上，并设置计算机的 IP 地址和子网掩码。

（2）恢复交换机的出厂设置。

（3）将交换机的名称设置为 S1。

（4）将交换机的系统时间设置为 2021 年 9 月 22 日 12:00:00。

（5）将交换机的语言模式设置为中文。

（6）将交换机的远程管理 IP 地址配置为 192.168.1.1/24，默认网关为 192.168.1.254。

（7）查看交换机的配置文件。

（8）配置交换机的特权密码并加密所有密码。

（9）配置交换机的接口带宽限制和双工模式。

（10）保存交换机配置。

任务实施

步骤 1：恢复交换机的出厂设置。

```
S4600-28P-SI>enable                          //进入特权配置模式
S4600-28P-SI#set default                     //恢复出厂设置
Are you sure?[Y/N] = y                       //输入“y”
S4600-28P-SI#write                           //保存当前设置
S4600-28P-SI#reload                          //重启交换机
Process with reboot? [Y/N]y                  //输入“y”
```

步骤 2：设置交换机的名称为 S1。

在全局配置模式下，可以使用 hostname 命令将交换机的主机名设置为 S1。

```
S4600-28P-SI(config)#hostname S1             //配置交换机名称
```

步骤 3：设置交换机的系统时间。

交换机在网络中工作时需要给设备设置准确的系统时间，才能与其他设备保持一致。设置系统时间应在交换机的特权配置模式下进行。配置交换机的系统时间为 2021 年 9 月 22 日 12:00:00。

```
S1#clock set ?                                          //使用“?”查询命令格式
HH:MM:SS  Hour:Minute:Second
S1#clock set 12:00:00                                   //配置当前时间
Current time is Sun Jan 01 12:00:00 2006 [UTC]          //设置完即可显示时间
S1#clock set 12:00:00 ?                                 //使用“?”查询，原来命令没有结束
YYYY.MM.DD  Year.Month.Day(Valid time is between 2001.1.1 and 2037.12.31)
S1#clock set 12:00:00 2021.09.22
Current time is Wed Sep 22 12:00:00 2021 [UTC]
```

步骤 4：设置交换机的语言模式为中文。

```
S1#language ?                                           //使用“?”查询帮助信息的语言模式
chinese          -- Chinese
english          -- English
S1#language chinese                                     //设置帮助信息的语言模式为中文
S1#language ?                                           //验证查询帮助信息的语言模式
  chinese  设置语言为中文
  english  设置语言为英语
```

步骤 5：配置交换机的远程管理 IP 地址和默认网关。

交换机接口 IP 地址的配置在全局配置模式下进行。在默认情况下，二层交换机只有一个 VLAN 1 接口，要配置交换机的接口 IP 地址，可以直接对 VLAN 1 进行 IP 地址配置。

```
S1#config terminal
S1(config)#interface vlan 1                             //进入 VLAN 1 的接口
S1(Config-if-vlan1)#ip address 192.168.1.11 255.255.255.0//配置 VLAN 1 的 IP 地址
S1(Config-if-vlan1)#no shutdown                         //开启该接口
S1(Config-if-vlan1)#exit
S1(config)#ip default-gateway 192.168.1.254
//配置交换机的默认网关，以便与不同网段的主机通信
```

小贴士

no shutdown 命令用于开启交换机的某个接口，当配置了接口，还需要启用接口才能生效，与之对应的关闭接口的命令为 shutdown。

步骤6：为交换机配置特权密码。

```
S1>enable
S1#config                                      //进入全局配置模式
S1(config)#enable password dcn123              //配置特权密码
```

步骤7：加密所有密码。

如果需要对系统的所有密码进行加密存储，可以使用全局配置命令 service password-encryption。

```
S1(config)#service password-encryption         //将明文密码变为密文
S1(config)#exit
```

步骤8：使用 show flash 命令查看交换机的配置文件。

```
S1#show flash
total  12427K
-rw-       12.1M          nos.img
-rw-       1.0K           startup.cfg

Drive : flash:
Size:30.0M  Used:13.2M  Avaliable:16.8M  Use:44%
```

步骤9：配置交换机的接口带宽限制和双工模式。

```
S1(config)#interface ethernet 1/0/1
S1(Config-If-Ethernet1/0/1)#speed-duplex  ?
  auto              自协商
  force10-full     10兆全双工
  force10-half     10兆半双工
  force100-full    100兆全双工
  force100-half    100兆半双工
  force1g-full     1000兆全双工
  force1g-half     1000兆半双工
S1(Config-If-Ethernet1/0/1)#speed-duplex  force1g-full   //千兆全双工模式
```

步骤10：保存交换机配置。

以上所做的配置默认保存在交换机的运行配置文件 running-config 中，如果交换机关机或掉电，则配置失效，可以把运行配置文件的内容保存到开机配置文件 startup-config 中，以便永久有效。此操作在特权配置模式下进行，命令如下。

```
S1#copy running-config startup-config          //复制运行配置文件到开机配置文件中
```

或

```
S1#write                                       //保存
```

任务验收

步骤 1：测试计算机与交换机的连通性。

首先设置好交换机接口 IP 地址，再设置计算机的 IP 地址为与交换机接口 IP 地址同网段的 IP 地址，如 192.168.1.2，并用计算机来测试其与交换机的连通性。设置 PC1 的网关地址为 192.168.1.254，和交换机的网关地址相同，不用设置 DNS；在输入完成后单击“确定”按钮即可，如图 2.1.17 所示。

在设置完 PC1 的 IP 地址参数后，选择“开始”→“运行”菜单命令，弹出“运行”对话框，在“打开”文本框中输入“cmd”后，在命令行界面中输入“ping 192.168.1.11”进行测试，按 Enter 键，如图 2.1.18 所示。

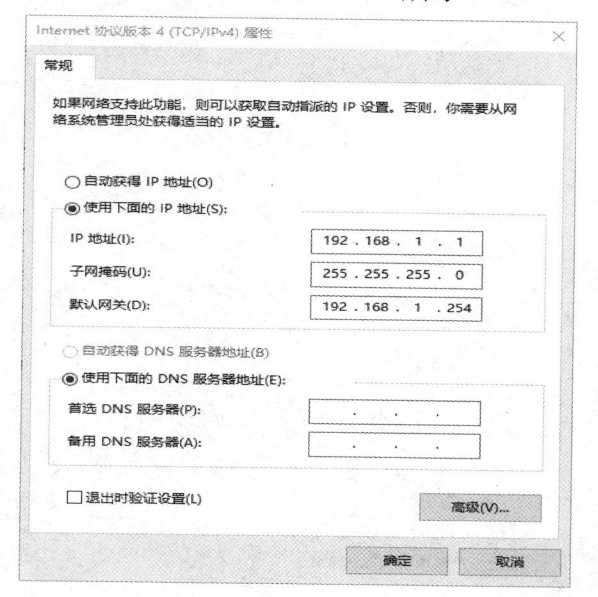

图 2.1.17　PC1 的 IP 地址设置

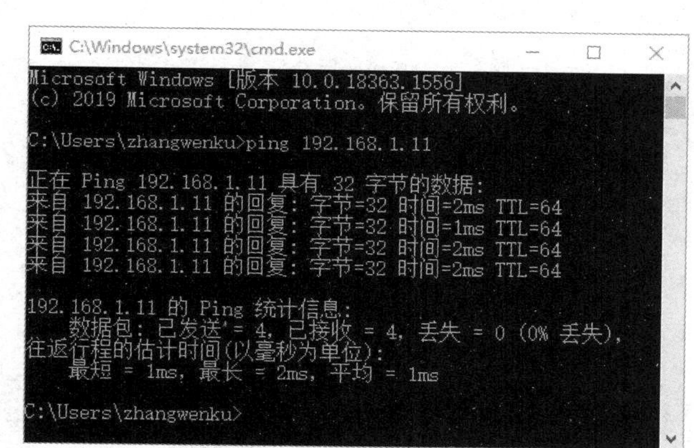

图 2.1.18　测试计算机与交换机的连通性

步骤 2：验证密码。

退出交换机的工作模式，在重新进入特权配置模式时，系统会要求用户输入正确的密码。用户有 3 次输入密码的机会，如果输入正确，则直接进入特权配置模式，如图 2.1.19 所示。

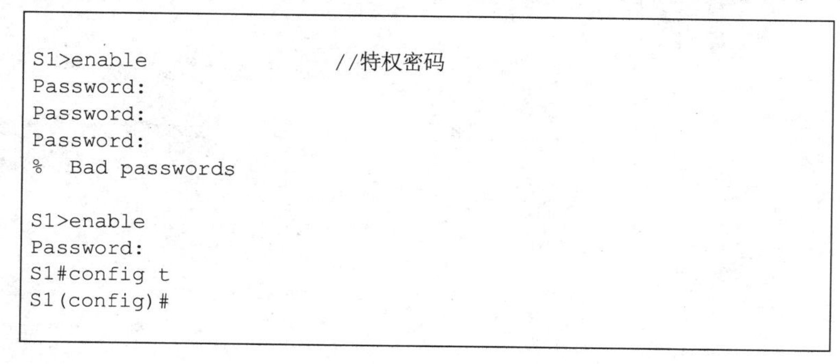

```
S1>enable                    //特权密码
Password:
Password:
Password:
%  Bad passwords

S1>enable
Password:
S1#config t
S1(config)#
```

图 2.1.19　密码验证

小贴士

在输入密码时不会显示任何内容。

步骤3：查看交换机的配置文件。

在特权配置模式下输入“show running-config”命令，也可以简写为“show run”，即可查看运行配置文件，验证配置是否正确。

```
S1#show  running-config
S1#show running-config
!
service password-encryption
!
hostname S1                                            //主机名
sysLocation China
sysContact 400-810-9119
!
enable password level 15 7 305a925c7a8af0a4e9e058231400c5a9
//特权密码为明文，已被 service password-encryption 加密

!
username admin privilege 15 password 7 21232f297a57a5a743894a0e4a801fc3
!
!
!
!
vlan 1
!
Interface Ethernet1/0/1
 speed-duplex force1g-full                             //千兆全双工
!
Interface Ethernet1/0/2
!
…                                                    //物理端口部分无配置，略去显示信息
!
Interface Ethernet1/0/27
!
Interface Ethernet1/0/28
!
interface Vlan1
```

```
ip address 192.168.1.11 255.255.255.0            //VLAN 1 接口地址
!
ip default-gateway 192.168.1.254                 //交换机默认网关
!
no login
!
captive-portal
!
end
```

任务资讯

1．交换机初次启动

在交换机出厂后初次启动时，用户可以进入“Setup Configuration”界面，选择输入“y”进入 Setup 模式或者输入“n”跳过 Setup 模式。

在进入主菜单之前，系统会提示用户选择配置界面的语言模式，对英文不是很熟悉的用户可以选择“1”，进入中文的配置界面；选择“0”则进入英文的配置界面。

```
Please select language
[0]:English
[1]:中文
Selection(0|1) [0]:
```

中文的配置界面体现了神州数码网络产品本土化的重要特色。

2．交换机配置模式

1）用户配置模式

用户在交换机命令行界面中首先进入的是用户配置模式，提示符为“switch>”，符号“>”为用户配置模式的提示符。当用户在特权配置模式下使用 exit 命令时，可以回到用户配置模式。用户在用户配置模式下不能对交换机进行任何配置，只能查看交换机的基本信息。

2）特权配置模式

在用户配置模式下使用 enable 命令，如果已经配置了进入特权配置模式的密码，则输入相应的密码，即可进入特权配置模式，提示符为“switch#”。当用户在全局配置模式下使用 exit 命令时，可以回到特权配置模式。

在特权配置模式下，用户可以查看交换机的配置信息、各个端口的连接情况、收发数据统计等，还可以使用全局配置模式对交换机的各项配置进行修改，因此进入特权配置模式必须设置特权用户密码，防止非特权用户的非法使用和对交换机配置进行的恶意修改，避免造成不必要的损失。

3）全局配置模式

在进入特权配置模式后，只需使用 config 命令即可进入全局配置模式，提示符为“switch(config)#”。当用户在其他配置模式（如接口配置模式、VLAN 配置模式下）时，可以使用 exit 命令回到全局配置模式。

交换机配置模式切换命令如表 2.1.1 所示。

表 2.1.1　交换机配置模式切换命令

操　作	命　令
从用户配置模式进入特权配置模式	enable 命令
从特权配置模式返回用户配置模式	exit 命令
从特权配置模式进入全局配置模式	config 命令
从全局配置模式进入接口（VLAN）模式	interface 命令

3．交换机 CLI 的其他使用方式

1）CLI 快捷键

按“Backspace”键删除光标所在位置的前一个字符；按向上箭头键“↑”显示上一个输入命令，最多可以显示最近输入的 10 个命令；按向下箭头键“↓”显示下一个输入命令，当使用向上箭头键回溯以前输入的命令时，也可以使用向下箭头键后退；按向左箭头键“←”为光标向左移动一个位置；按向右箭头键“→”为光标向右移动一个位置，配合使用左右箭头键可以对已输入的命令做覆盖修改。

（1）按“Ctrl+Z”组合键从其他配置模式（一般用户配置模式除外）直接退回特权配置模式。

（2）按“Ctrl+C”组合键打断交换机 ping 或其他正在执行的命令进程。

（3）当输入的字符串可以无冲突地表示命令或关键字时，可以使用“Tab”键将其补充成完整的命令或关键字。

2）CLI 帮助功能

在任意命令模式下输入“?”都可以获取该命令模式下的所有命令及其简单描述。在命令的关键字后输入以空格分隔的“?”，若该位置是参数，则会输出该参数的类型、范围等描述；若该位置是关键字，则会列出该关键字的集合及其简单描述。若输出“<cr>”，则表示该命令已输入完整，按“Enter”键即可。在字符串后输入“?”，会列出以该字符串开头的所有命令。

3）CLI 对输入的检查

通过键盘输入的所有命令都要经过 Shell 检查，正确地输入命令且执行成功则不会显示任何信息。

4）常见的错误返回信息

```
Unrecognized command or illegal parameter!
```

表示命令不存在，或者参数的范围、类型、格式有错误。

```
Ambiguous command
```

表示根据已有输入可以产生至少两种不同的解释。

```
Invalid command or parameter
```

表示命令解析成功，但没有任何有效的参数记录。

```
This command is not exist in current  mode
```

表示命令可解析，但在当前模式下不能配置该命令。

5）CLI 支持不完全匹配

绝大部分交换机的 Shell 支持不完全匹配的搜索命令和关键字，当输入无冲突的命令或关键字时，Shell 就会正确地解析。

例如，对特权配置命令 show interface ethernet 1，输入“sh in e 1”即可。

4．配置端口带宽限制

交换机是基于端口运行和工作的网络设备。通常，交换机拥有许多端口，有些端口用来接入公网，有些端口用来接入内网。

交换机的端口可以进行带宽和工作模式的限制，一般有 force10-full、force10-half、force100-full、force100-half、forcelg-full、forcelg-half 和 Auto（自协商）。设置的方法很简单，使用 speed-duplex 命令即可实现。

```
S4600-28P-SI(Config-If-Ethernet1/0/1)#speed-duplex  ?
  auto              自协商
  force10-full     10 兆全双工
  force10-half     10 兆半双工
  force100-full    100 兆全双工
  force100-half    100 兆半双工
  force1g-full     1000 兆全双工
  force1g-half     1000 兆半双工
S4600-28P-SI(Config-If-Ethernet1/0/1)#speed-duplex  force1g-full
S4600-28P-SI(Config-If-Ethernet1/0/1)#exit
```

学习小结

本活动介绍了交换机的基本配置。需要注意的是，交换机的接口 IP 地址通过配置 VLAN 的 IP 地址来实现，交换机的帮助信息的语言模式可以设置为中文。交换机端口的带宽和工作模式一般不设置，使用 Auto 模式即可。

任务 2.2 交换机的 VLAN 配置

VLAN（Virtual Local Area Network，虚拟局域网）技术在局域网互联时得到了广泛的推广和应用。VLAN 是在物理网络上根据用途、工作组、应用等进行逻辑划分的局域网，是一个广播域，与用户的物理位置没有关系。在交换网络内，通过 VLAN 可以灵活地进行分组和组织。VLAN 基于逻辑进行连接，而不是基于物理进行连接。它使用逻辑连接对 LAN 内的设备进行分组。将设备根据逻辑分组到 VLAN 中，能够增强安全性、提升网络性能、降低成本，并且帮助 IT 员工更有效地管理网络用户。

VLAN 允许管理员根据功能、项目组或应用程序等因素划分网络，而不必考虑用户或设备的物理位置。虽然 VLAN 中的设备与其他 VLAN 共享通用基础设施，但是 VLAN 中的设备的运行与在自己的独立网络上运行一样。所有的交换机接口都可以同属于一个 VLAN，并且单播、广播和组播数据包仅转发并泛洪至数据包源 VLAN 中的终端。每个 VLAN 都被视为一个独立的逻辑网络。不属于 VLAN 站点的数据包必须通过支持路由的设备转发。

VLAN 创建逻辑广播域，可以跨越多个物理 LAN 网段，并通过将大型广播域细分为较小的网段来提高网络性能。如果一个 VLAN 中的设备发送广播以太网帧，那么该 VLAN 中的所有设备都会接收到该帧，但是其他 VLAN 中的设备接收不到。

本任务通过以下三个活动展开介绍。

活动 1　交换机的 VLAN 划分

活动 2　交换机间相同 VLAN 通信

活动 3　利用 SVI 实现 VLAN 间路由

活动 1　交换机的 VLAN 划分

从逻辑上把网络资源和网络用户按照一定的原则划分出来，把一个物理网络划分成多个小的逻辑网络，这些逻辑网络就是 VLAN。接入层交换机上的 VLAN 划分，可以把一个交换机划分成多个 VLAN，从而保证各部门间的安全通信。

任务情境

某公司的局域网已经搭建完成，为了提高网络的性能和服务质量，财务部和市场部需要使用不同的网段以相互隔离，让网络管理员想办法解决。

情境分析

为了保证两个部门的相对独立，就需要划分对应的 VLAN，使交换机的某些端口属于财务部，某些端口属于市场部，这样就能保证它们之间的数据互不干扰，也不影响各自的通信效率。

下面通过一个实验来验证交换机的 VLAN 功能，其拓扑结构如图 2.2.1 所示。

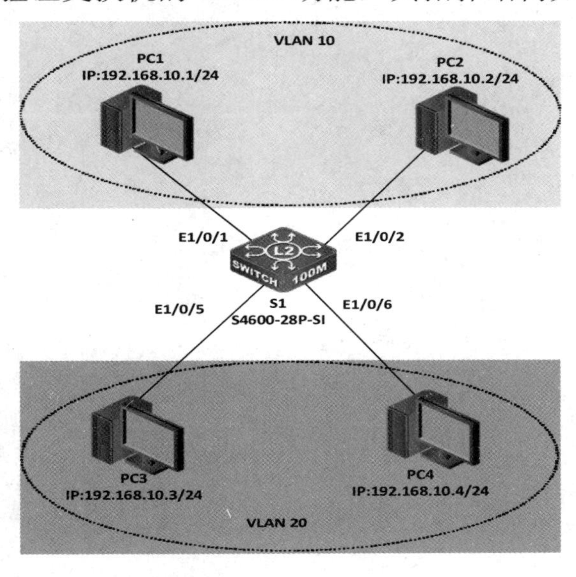

图 2.2.1　交换机的 VLAN 划分拓扑结构

具体要求如下。

（1）根据图 2.2.1 所示的拓扑结构，使用直通线连接好所有的计算机，并为每台计算机设置好相应的 IP 地址和子网掩码。

（2）交换机 VLAN 划分及接口分配情况如表 2.2.1 所示。

表 2.2.1　交换机 VLAN 划分及接口分配情况

VLAN 编号	VLAN 名称	接 口 范 围	连接的计算机
10	Finance	E1/0/1～E1/0/4	PC1、PC2
20	Market	E1/0/5～E1/0/8	PC3、PC4

（3）验证接入相同 VLAN 的计算机是否能互相通信，而接入不同 VLAN 的计算机是否不能互相通信。

小贴士

在二层交换机中，相同 VLAN 中的端口能互相通信，不同 VLAN 中的端口不能互相通信，因为二层交换机不具备路由功能。

而在三层交换机中，不同 VLAN 中的端口能互相通信，因为三层交换机具备路由功能。

任务实施

步骤1：恢复交换机的出厂设置，此处略。

步骤2：设置交换机的名称和IP地址。

```
S4600-28P-SI>enable
S4600-28P-SI#config
S4600-28P-SI(config)#hostname S1                    //设置名称为S1
S1(config)#interface vlan 1                         //进入VLAN 1的接口
S1(Config-if-vlan1)#ip address 192.168.10.11  255.255.255.0
                                                    //配置VLAN 1的IP地址
S1(Config-if-vlan1)#no shutdown                     //开启该端口
```

步骤3：在交换机上创建VLAN 10和VLAN 20，并将端口E1/0/1～E1/0/4放入VLAN 10，将端口E1/0/5～E1/0/8放入VLAN 20。

```
S1(config)#vlan 10                                  //创建VLAN 10
S1(config-vlan10)#name Finance
S1(config-vlan10)#switchport interface e1/0/1-4
Set the port Ethernet1/0/1 access vlan 10 successfully
Set the port Ethernet1/0/2 access vlan 10 successfully
Set the port Ethernet1/0/3 access vlan 10 successfully
Set the port Ethernet1/0/4 access vlan 10 successfully
S1(Config-vlan10)#exit
S1(config)#vlan 20                                  //创建VLAN 20
S1(config-vlan20)#name Market
S1(config-vlan20)#switchport interface e1/0/5-8
Set the port Ethernet1/0/5 access vlan 20 successfully
Set the port Ethernet1/0/6 access vlan 20 successfully
Set the port Ethernet1/0/7 access vlan 20 successfully
Set the port Ethernet1/0/8 access vlan 20 successfully
```

步骤4：查看交换机的VLAN划分情况。

```
S1#show vlan
VLAN Name         Type       Media     Ports
---- ------------ ---------- --------- ----------------------------------------
1    default      Static     ENET      Ethernet1/0/9       Ethernet1/0/10
                                       Ethernet1/0/11      Ethernet1/0/12
                                       Ethernet1/0/13      Ethernet1/0/14
                                       Ethernet1/0/15      Ethernet1/0/16
                                       Ethernet1/0/17      Ethernet1/0/18
                                       Ethernet1/0/19      Ethernet1/0/20
```

```
                                           Ethernet1/0/21      Ethernet1/0/22
                                           Ethernet1/0/23      Ethernet1/0/24
                                           Ethernet1/0/25      Ethernet1/0/26
                                           Ethernet1/0/27      Ethernet1/0/28
10    Finance     Static     ENET          Ethernet1/0/1       Ethernet1/0/2
                                           Ethernet1/0/3       Ethernet1/0/4
20    Market      Static     ENET          Ethernet1/0/5       Ethernet1/0/6
                                           Ethernet1/0/7       Ethernet1/0/8
```

任务验收

步骤 1：确认计算机已经正确连接到对应的 VLAN 上，如 PC1、PC2 接入的是 VLAN 10，只能接入交换机的 E0/0/1～E0/0/4 接口。

步骤 2：测试网络的连通性。分别使用相同和不同 VLAN 中的计算机进行连通性测试。下面分别用 PC1 和 PC2、PC1 和 PC3 进行连通性测试。

（1）在 PC1 上 ping PC2 的 IP 地址 192.168.10.2，可以连通，说明相同 VLAN 中的计算机能互相通信，如图 2.2.2 所示。

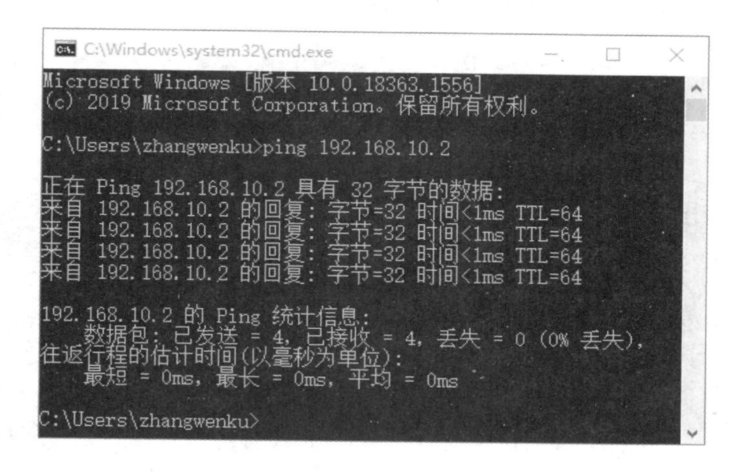

图 2.2.2　连通性测试结果（1）

（2）在 PC1 上 ping PC3 的 IP 地址 192.168.10.3，无法连通，说明不同 VLAN 中的计算机不能互相通信，如图 2.2.3 所示。

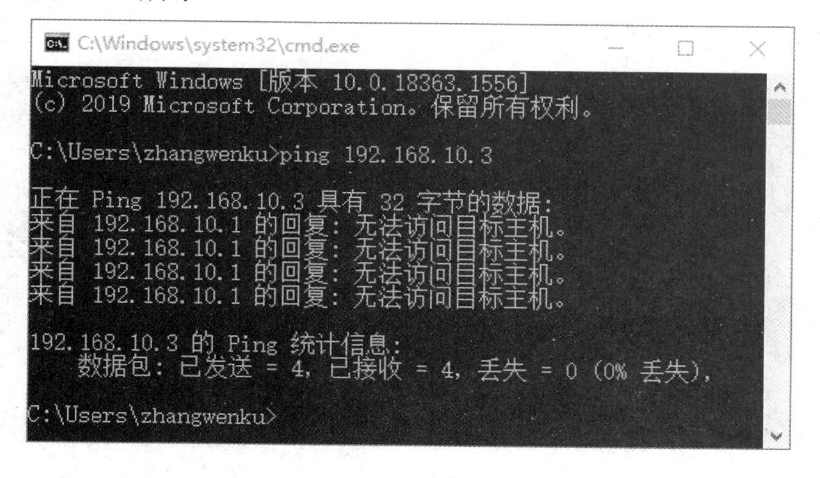

图 2.2.3　连通性测试结果（2）

小贴士

（1）在默认情况下，交换机所有的端口都属于VLAN 1，因此我们通常把VLAN 1作为交换机的管理VLAN，VLAN 1接口的IP地址就是交换机的管理地址。

（2）在S4600-28P-SI中，一个普通端口只属于一个VLAN。

（3）基于端口划分VLAN，就是按交换机端口定义VLAN成员，一个交换机端口属于一个VLAN，由网络管理员静态指定，这些连接端口会维持指定的VLAN配置，直到网络管理员重新改变它。这种方法又称静态VLAN划分，是一种通用的VLAN划分方法。

（4）基于MAC地址划分VLAN，就是按每个连接到交换机的设备的MAC地址定义VLAN成员。由于它可以按终端用户划分VLAN，所以又常把它称为基于用户的VLAN划分方法。这种划分方法通常需要一个能保存VLAN管理数据库的VLAN配置服务器，动态地设定连接端口和对应的VLAN配置。在动态VLAN划分中，交换机端口可以自动配置VLAN。在基于MAC地址划分VLAN时，一个交换机端口可能属于多个VLAN。

任务资讯

1. 什么是VLAN技术

在理解什么是VLAN技术前，我们需要明白广播域和冲突域这两个概念。广播域是设备在局域网中发送广播帧的区域，即一台计算机发送广播帧的最远范围。广播存在于所有的局域网中，如果不进行适当的控制，则会充斥整个网络，产生较大的网络通信流量，从而消耗带宽。但广播是不可避免的，交换机会对所有的广播进行转发，而路由器不会。图2.2.4所示为交换机广播域的形成。一个局域网中的所有设备都连接在一个共享的物理介质上，当两个接入网络的设备同时向该物理介质发送数据时，就会发生冲突，所有设备发生冲突的最大范围就是冲突域，图2.2.5所示为交换机冲突域的形成。

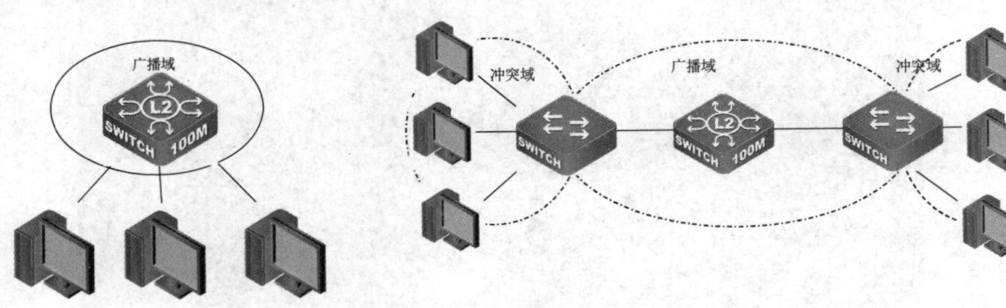

图2.2.4　交换机广播域的形成　　　　图2.2.5　交换机冲突域的形成

交换机提供了将大冲突域划分为小冲突域的技术：VLAN技术。VLAN是在一个物理网络上划分出来的逻辑网络。VLAN技术根据功能、应用等因素，将用户从逻辑上划分成一个个功能相对独立的工作组，网络中的每台计算机都连接在一台交换机的端口上，并属于一个 VLAN。VLAN 的划分不受连接设备的物理位置的限制，如果一台计算机想要与不同 VLAN 中的计算机通信，则必须使用三层设备，即 IP 地址。这就意味着不同 VLAN 中的设备之间的通信需要通过路由器或者三层设备来实现。总之，VLAN 技术提高了网络连接的灵活性，加强了对网络上的广播控制，增强了网络的安全性。

2. VLAN 操作的基本命令详解

1）VLAN 的创建与删除

```
vlan <vlan-id>
no vlan <vlan-id>
```

功能：创建 VLAN 并且进入 VLAN 配置模式。在 VLAN 配置模式中，用户可以配置 VLAN 名称并为该 VLAN 分配交换机端口。该命令的 no 操作可以删除指定的 VLAN。

参数：<vlan-id>为要创建与删除的 VLAN 的 ID，取值为 1～4094。

命令模式：全局配置模式。

默认情况：交换机默认只有 VLAN 1。

使用指南：VLAN 1 为交换机的默认 VLAN，用户不能配置或删除 VLAN 1。允许配置 VLAN 的总数为 4094 个。

举例：创建 VLAN 100，并且进入 VLAN 100 的配置模式。

```
switch(config)#vlan 100
switch(Config-Vlan100)#
```

2）为 VLAN 分配交换机端口

```
switchport interface [ethernet|portchannel] <interface-name|interface-list>]
no switchport interface [ethernet|portchannel] <interface-name|interface-list>]
```

功能：为 VLAN 分配以太网端口。该命令的 no 操作可以删除指定 VLAN 内的一个或一组端口。

参数：ethernet 为要添加的以太网端口。portchannel 为要添加的链路聚合端口。interface-name 为端口名称，如 E0/0/1，若选择端口名称则不用选择 ethernet 或 portchannel。<interface-list>为要添加或者删除的以太网端口的列表，支持“;”和“-”，如 ethernet0/0/1;3;4-7;8，也可以为要添加或者删除的端口进行链路聚合，如 port-channel 1。

命令模式：VLAN 配置模式。

默认情况：新创建的 VLAN 默认不包含任何端口。

使用指南：Access 端口为普通端口，可以加入 VLAN，但只允许加入一个 VLAN。

举例：为 VLAN 100 分配百兆以太网端口 1，3，4～7，8。

```
switch(Config-vlan100)#switchport interface ethernet 0/0/1;3;4-7;8
```

3. 交换机端口模式

交换机的端口有两种模式，分别为 Access（普通模式）和 Trunk（中继模式）。在 Access 模式下，端口用于连接计算机；在 Trunk 模式下，端口用于交换机间的连接。如果交换机划分了多个 VLAN，那么 Access 模式的端口只能在某个 VLAN 中通信，而 Trunk 模式的端口在任何一个 VLAN 中都能通信。

1）设置交换机端口模式

```
switchport mode {trunk|access}
```

功能：设置交换机的端口为 Access 模式或者 Trunk 模式。

参数：trunk 表示端口允许通过多个 VLAN 的流量。access 表示端口只能属于一个 VLAN。

命令模式：端口配置模式。

默认情况：端口默认为 Access 模式。

使用指南：工作在 Trunk 模式下的端口被称为 Trunk 端口，可以通过多个 VLAN 的流量。通过 Trunk 端口之间的连接，可以实现不同交换机上的相同 VLAN 的互通。工作在 Access 模式下的端口被称为 Access 端口，可以分配给一个 VLAN，而且只能分配给一个 VLAN。

举例：将端口 5 设置为 Trunk 模式，端口 8 设置为 Access 模式。

```
switch(config)#interface ethernet 0/0/5
switch(Config-If-Ethernet0/0/5)#switchport mode trunk
switch(config)#interface ethernet 0/0/8
switch(Config-If-Ethernet0/0/8)#switchport mode access
```

2）设置 Trunk 端口

```
switchport trunk allowed vlan {<vlan-list>|all}
no switchport trunk allowed vlan
```

功能：设置 Trunk 端口为允许通过 VLAN。该命令的 no 操作可以恢复默认情况。

参数：<vlan-list>为允许在该 Trunk 端口上通过的 VLAN 列表。all 关键字表示允许该 Trunk 端口通过所有 VLAN 的流量。

命令模式：端口配置模式。

默认情况：Trunk 端口默认允许通过所有 VLAN 的流量。

使用指南：用户可以通过该命令设置允许哪些 VLAN 的流量通过 Trunk 端口，其他 VLAN 的流量则被禁止。

举例：设置 Trunk 端口为允许通过 VLAN 1，3，5～20 的流量。

```
switch(config)#interface ethernet 0/0/5
```

```
switch(Config-If-Ethernet0/0/5)#switchport mode trunk
switch(Config-If-Ethernet0/0/5)#switchport trunk allowed vlan 1;3;5-20
```

3）设置 Access 端口

```
switchport access vlan <vlan-id>
no switchport access vlan
```

功能：将当前的 Access 端口加入到指定的 VLAN 中。该命令的 no 操作可以将当前端口从 VLAN 中删除。

参数：<vlan-id>为当前端口要加入的 VLAN 的 ID，取值为 1～4094。

命令模式：端口配置模式。

默认情况：所有的端口都默认属于 VLAN 1。

使用指南：只有属于 Access 模式的端口才能加入到指定的 VLAN 中，而且 Access 端口只能加入到一个 VLAN 中。

举例：将某 Access 端口加入到 VLAN 100 中。

```
switch(config)#interface ethernet 0/0/8
switch(Config-If-Ethernet0/0/8)#switchport mode access
switch(Config-If-Ethernet0/0/8)#switchport access vlan 100
```

学习小结

本活动介绍了交换机的 VLAN 划分。初学者要多加练习，在练习时应多利用“Tab”键和中文的帮助信息。

活动 2 交换机间相同 VLAN 通信

同一台交换机上的相同 VLAN 中的计算机可以通信，不同 VLAN 中的计算机会被隔离。但随着网络规模的增大和地域限制的增多，相同 VLAN 中的用户可能跨接在不同的交换机上，因此需要配置跨交换机链路实现交换机之间的相同 VLAN 的通信。

任务情境

某公司有销售部、财务部等部门，在不同楼层内都有销售部和财务部的员工的计算机。为了使公司的管理更加安全与便捷，公司的领导想让网络管理员组建公司局域网，使各个部门内部的计算机可以进行业务往来和通信。但基于安全方面的考虑，禁止不同部门的计算机之间互相访问。

情境分析

通过划分 VLAN，销售部和财务部之间不可以互相访问，但部门内部的计算机分布在不同楼层的交换机上，它们又要能够互相访问，这就要使用 dot1q 进行跨交换机的相同部门的访问，即在两个交换机之间开启 Trunk 模式进行通信。

下面通过实验来实现和验证跨交换机的相同 VLAN 的计算机通信，其拓扑结构如图 2.2.6 所示。

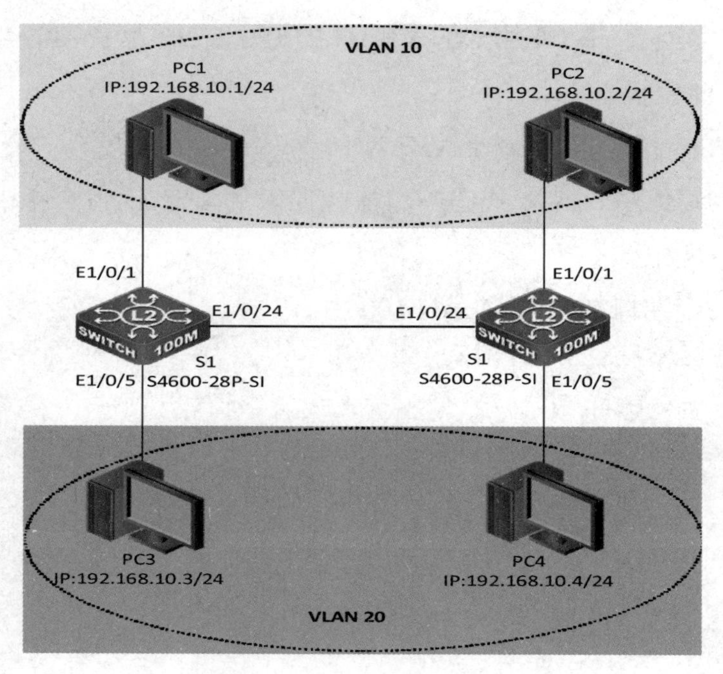

图 2.2.6　跨交换机的相同 VLAN 通信拓扑结构

具体要求如下。

（1）根据图 2.2.6 所示的拓扑结构，使用双绞线连接计算机和交换机，并设置每台计算机的 IP 地址和子网掩码。

（2）在 S1 和 S2 交换机上划分 VLAN 及接口分配情况如表 2.2.2 所示。

表 2.2.2　交换机 VLAN 划分及接口分配情况

设　备	VLAN 编号	VLAN 名称	接 口 范 围	IP 地址/接口模式	连接的计算机
S1	10	Finance	E1/0/1～E1/0/4	Access	PC1
	20	Market	E1/0/5～E1/0/8	Access	PC3
			E1/0/24	Trunk	
S2	10	Finance	E1/0/1～E1/0/4	Access	PC2
	20	Market	E1/0/5～E1/0/8	Access	PC4
			E1/0/24	Trunk	

（3）实现交换机间相同 VLAN 的计算机之间的互相通信（PC1 与 PC3 互相通信，PC2 与 PC4 互相通信，其他组合不能通信）。

任务实施

步骤 1：恢复交换机的出厂设置，此处略。

步骤 2：给交换机 S1 设置名称和 IP 地址。

```
S4600-28P-SI(config)#hostname S1                        //交换机命名为 S1
S1(config)#interface vlan 1                             //进入 VLAN 1 的接口
S1(Config-if-vlan1)#ip address 192.168.10.253  255.255.255.0
                                                        //配置 VLAN 1 的 IP 地址
S1(Config-if-vlan1)#no shutdown                         //开启该端口
S1(Config-if-vlan1)#exit
```

步骤 3：给交换机 S2 设置名称和 IP 地址。

```
S4600-28P-SI(config)#hostname S2                        //交换机命名为 S2
S2(config)#interface vlan 1                             //进入 VLAN 1 的接口
S2(Config-if-vlan1)#ip address 192.168.10.254  255.255.255.0
                                                        //配置 VLAN 1 的 IP 地址
S2(Config-if-vlan1)#no shutdown                         //开启该端口
S2(Config-if-vlan1)#exit
```

步骤 4：在 S1 中创建 VLAN 10 和 VLAN 20，并添加接口。

```
S1(config)#vlan 10                                      //创建 VLAN 10
S1(config-vlan10)#name Finance                          //VLAN 10 属于 Finance
S1(config-vlan10)#switchport interface e1/0/1-4   //将 E1/0/1～E1/0/4 端口加入 VLAN 10
Set the port Ethernet1/0/1 access vlan 10 successfully
Set the port Ethernet1/0/2 access vlan 10 successfully
Set the port Ethernet1/0/3 access vlan 10 successfully
Set the port Ethernet1/0/4 access vlan 10 successfully
S1(config-vlan10)#exit
S1(config)#vlan 20                                      //创建 VLAN 20
S1(config-vlan20)#name Market                           //VLAN 20 属于 Market
S1(config-vlan20)#switchport interface e1/0/5-8   //将 E1/0/5～E1/0/8 端口加入 VLAN 20
Set the port Ethernet1/0/5 access vlan 20 successfully
Set the port Ethernet1/0/6 access vlan 20 successfully
Set the port Ethernet1/0/7 access vlan 20 successfully
Set the port Ethernet1/0/8 access vlan 20 successfully
```

```
S1(config-vlan20)#exit
```

同理，可以在S2中创建VLAN 10和VLAN 20，并添加端口，参照S1的配置过程。

小贴士

上述命令“1/0/1-4”中的第一个“1”表示交换机的第一个模块，第一个“0”表示交换机的第一个插槽，“1-4”表示从接口1到接口4。

步骤5：验证S1的VLAN配置。

```
S1#show vlan
VLAN Name         Type      Media    Ports
---- ---------- -------- -------- ----------------------------------
1    default     Static    ENET     Ethernet1/0/9       Ethernet1/0/10
                                    Ethernet1/0/11      Ethernet1/0/12
                                    Ethernet1/0/13      Ethernet1/0/14
                                    Ethernet1/0/15      Ethernet1/0/16
                                    Ethernet1/0/17      Ethernet1/0/18
                                    Ethernet1/0/19      Ethernet1/0/20
                                    Ethernet1/0/21      Ethernet1/0/22
                                    Ethernet1/0/23      Ethernet1/0/24
                                    Ethernet1/0/25      Ethernet1/0/26
                                    Ethernet1/0/27      Ethernet1/0/28
10  Finance     Static    ENET      Ethernet1/0/1       Ethernet1/0/2
                                    Ethernet1/0/3       Ethernet1/0/4
20  Market      Static    ENET      Ethernet1/0/5       Ethernet1/0/6
                                    Ethernet1/0/7       Ethernet1/0/8
```

当两台交换机都按照上面的命令配置完成后，进行测试可以发现4台计算机都不能互相通信。经过分析可知，交换机通过E1/0/24进行连接，而E1/0/24并不在VLAN 10和VLAN 20中。可以尝试把与交换机互连的接口改为E1/0/2（VLAN 10的接口），再次进行测试可以发现PC1和PC2能互相访问，而PC3和PC4仍然不能互相访问。同样，把接到VLAN 20的接口进行连接，进行测试可以发现PC3和PC4能互相访问，而PC1和PC2不能互相访问。

步骤6：将E1/0/24端口设置为Trunk端口。

要解决上述难题，仍然采用与E1/0/24接口相连的两台交换机，可以将E1/0/24接口设置为Trunk模式，再通过Trunk链路配置允许单个、多个或交换机上划分的所有VLAN进行通信。

```
S1(config)#interface ethernet 1/0/24            //进入端口 24
S1(Config-If-Ethernet1/0/24)# switchport mode trunk
Set the port Ethernet 1/0/24 mode TRUNK successfully
                                                //将该端口设置成 Trunk 模式
S1(Config-If-Ethernet1/0/24)# switchport trunk allowed vlan all
Set the port Ethernet 1/0/24 allowed vlan successfully
                                                //允许所有 VLAN 通过 Trunk 链路
S1(Config-If-Ethernet1/0/24)#exit
```

同理，可以将 S2 的 E1/0/24 接口设置为 Trunk 模式，并配置允许 VLAN 10 和 VLAN 20 进行通信。至此，本实验配置完成，这时两台交换机的相同 VLAN 中的计算机已经可以互相通信了。

步骤 7：验证 S1 的配置，可以看到 E1/0/24 端口为 Trunk 端口。

```
S1#show vlan
VLAN Name       Type     Media    Ports
---- ---------- -------- -------- ------------------------------------
1    default    Static   ENET     Ethernet1/0/9        Ethernet1/0/10
                                  Ethernet1/0/11       Ethernet1/0/12
                                  Ethernet1/0/13       Ethernet1/0/14
                                  Ethernet1/0/15       Ethernet1/0/16
                                  Ethernet1/0/17       Ethernet1/0/18
                                  Ethernet1/0/19       Ethernet1/0/20
                                  Ethernet1/0/21       Ethernet1/0/22
                                  Ethernet1/0/23       Ethernet1/0/24
                                  Ethernet1/0/25       Ethernet1/0/26
10   Finance    Static   ENET     Ethernet1/0/1        Ethernet1/0/2
                                  Ethernet1/0/3        Ethernet1/0/4
                                  Ethernet1/0/24(T)    //已经为 Trunk 端口
20   Market     Static   ENET     Ethernet1/0/5        Ethernet1/0/6
                                  Ethernet1/0/7        Ethernet1/0/8
                                  Ethernet1/0/24(T)    //已经为 Trunk 端口
```

任务验收

测试网络的连通性。

在 PC1 上 ping PC3 的 IP 地址 192.168.10.3，网络连通，表明交换机间的 Trunk 链路已经被成功创建，如图 2.2.7 所示。

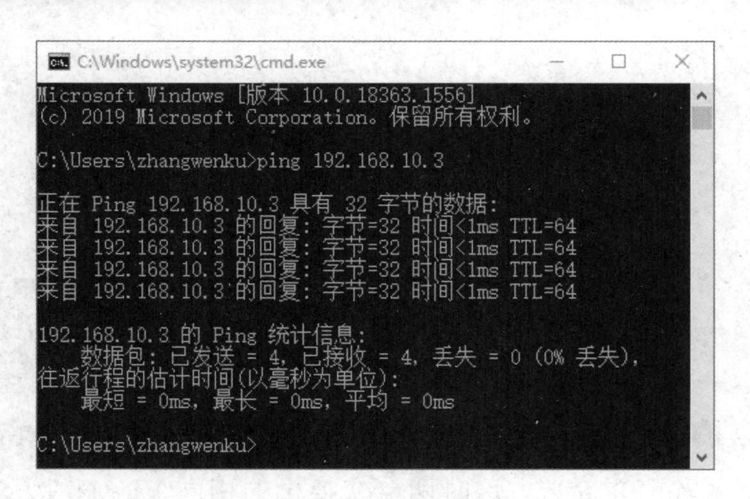

图 2.2.7　连通性测试结果

任务资讯

当网络中存在两台或两台以上的交换机，且每个交换机上均划分了相同的 VLAN 时，可以使交换机间相同 VLAN 中的计算机通过交换机互连的端口进行通信。

在以太网中，可以通过划分 VLAN 来隔离广播域和增强网络通信的安全性。以太网通常由多台交换机组成，为了使 VLAN 的数据帧能跨越多台交换机进行传递，需要将交换机之间互连的链路配置为干道链路（Trunk Link）。和接入链路不同，干道链路是用来在不同的设备之间（如交换机和路由器之间、交换机和交换机之间）承载多个不同的 VLAN 数据的，它不属于任何一个具体的 VLAN，既可以承载所有的 VLAN 数据，又可以通过配置来传输指定的 VLAN 数据。

Trunk 端口一般用于交换机之间的连接，可以属于多个 VLAN，并且接收和发送多个 VLAN 的报文。配置时要明确允许通过的 VLAN，实现对 VLAN 流量传输的控制。

当 Trunk 端口接收数据帧时，如果该数据帧不包含 802.1Q 的 VLAN 标签，则会被打上该 Trunk 端口的 PVID；如果该数据帧包含 802.1Q 的 VLAN 标签，则保持不变。

当 Trunk 端口发送数据帧时，如果该数据帧的 VLANID 与接口的 PVID 不同，则检查是否允许该 VLAN 通过，若允许则直接透传，若不允许则直接丢弃；如果该数据帧的 VLANID 与接口的 PVID 相同，则在剥离 VLAN 标签之后转发。

取消 VLAN 可以使用 no vlan 命令。取消 VLAN 的某个端口可以在 VLAN 模式下使用 no switchport interface ethernet1/0/X 命令。在使用 switchport trunk allowed vlan all 命令之后创建的所有 VLAN 都会自动添加 Trunk 端口为成员端口。

学习小结

本活动介绍了跨交换机的相同 VLAN 的通信。需要注意 Access 端口和 Trunk 端口的区别，将两个交换机互连的端口同时配置为 Trunk 模式，可以保证交换机间相同 VLAN 的通信，Trunk 端口默认允许所有的 VLAN 通过。

活动 3　利用 SVI 实现 VLAN 间路由

通过在三层交换机上为各 VLAN 配置 SVI（Switch Virtual Interface，交换机虚拟接口），可以利用三层交换机的路由功能实现 VLAN 间的路由。

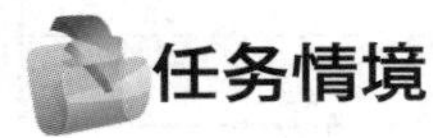

任务情境

某公司的内部办公系统需要控制不同业务部门之间的访问。该公司准备用一台神州数码 C6200-28X-EI 交换机作为路由设备来实现不同部门之间的互访需求。

情境分析

现在的财务部和市场部属于不同的 VLAN，既能保证两个部门之间的数据互不干扰，又能不影响各自的通信效率。但要使两个部门能互相通信，就要求使用 802.1Q 进行跨交换机的相同部门的访问，即在两台交换机之间开启 Trunk 进行通信。

下面使用三层交换机搭建网络环境，验证三层交换机的路由功能，三层交换机的 VLAN 路由拓扑结构如图 2.2.8 所示。

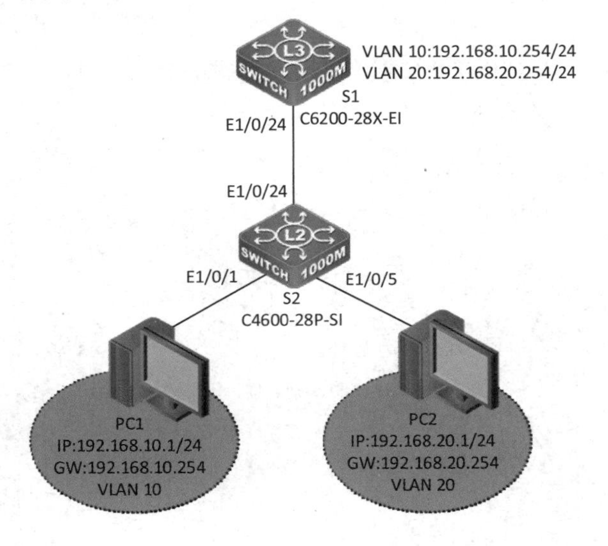

图 2.2.8　三层交换机的 VLAN 路由拓扑结构

具体要求如下。

（1）根据图2.2.8所示的拓扑结构，使用双绞线连接计算机和交换机，并设置每台计算机的IP地址、子网掩码和默认网关。

（2）在S1和S2交换机上VLAN划分及接口分配情况如表2.2.3所示。

表2.2.3　交换机VLAN划分及接口分配情况

设　备	VLAN编号	VLAN名称	接口范围	IP地址/接口模式	连接的计算机
S1	10	Finance	E1/0/1～E1/0/4	Access	PC1
	20	Market	E1/0/5～E1/0/8	Access	PC2
			E1/0/24	Trunk	
S2	10	Finance		192.168.10.254/24	
	20	Market		192.168.20.254/24	
			E1/0/24	Trunk	

（3）通过三层交换机实现不同VLAN的计算机互相通信。

任务实施

步骤1：恢复交换机的出厂设置，此处略。

步骤2：为交换机S2设置主机名称和IP地址。

```
S4600-28P-SI(config)#hostname S2                  //将交换机命名为S2
S2(config)#interface vlan 1                       //进入VLAN 1的接口
S2(config-if-vlan1)#ip address 192.168.10.11 255.255.255.0
                                                  //配置VLAN 1的IP地址
S2(config-if-vlan1)#no shutdown                   //开启该端口
S2(config-if-vlan1)#exit
```

步骤3：在交换机S2中创建VLAN 10和VLAN 20，并添加端口。

```
S2(config)#vlan 10
S2(config-vlan10)#name Finance
S2(config-vlan10)#switchport interface ethernet 1/0/1-4
                                                  //将E1/0/1~E1/0/4端口加入VLAN 10
Set the port Ethernet1/0/1 access vlan 10 successfully
Set the port Ethernet1/0/2 access vlan 10 successfully
Set the port Ethernet1/0/3 access vlan 10 successfully
Set the port Ethernet1/0/4 access vlan 10 successfully
S2(config-vlan10)# exit
S2(config)#vlan 20
S2(config-vlan20)#name Market
S2(config-vlan20)#switchport interface ethernet 1/0/5-8
```

```
                                        //将 E1/0/5~E1/0/8 端口加入 VLAN 20
Set the port Ethernet1/0/5 access vlan 20 successfully
Set the port Ethernet1/0/6 access vlan 20 successfully
Set the port Ethernet1/0/7 access vlan 20 successfully
Set the port Ethernet1/0/8 access vlan 20 successfully
```

步骤 4：查看交换机 S2 的 VLAN 配置情况。

```
S2#show vlan
VLAN Name         Type     Media    Ports
---- ---------- -------- -------- ------------------------------------
1    default      Static   ENET     Ethernet1/0/9       Ethernet1/0/10
                                    Ethernet1/0/11      Ethernet1/0/12
                                    Ethernet1/0/13      Ethernet1/0/14
                                    Ethernet1/0/15      Ethernet1/0/16
                                    Ethernet1/0/17      Ethernet1/0/18
                                    Ethernet1/0/19      Ethernet1/0/20
                                    Ethernet1/0/21      Ethernet1/0/22
                                    Ethernet1/0/23      Ethernet1/0/24
                                    Ethernet1/0/25      Ethernet1/0/26
                                    Ethernet1/0/27      Ethernet1/0/28
10   Finance      Static   ENET     Ethernet1/0/1       Ethernet1/0/2
                                    Ethernet1/0/3       Ethernet1/0/4
20   Market       Static   ENET     Ethernet1/0/5       Ethernet1/0/6
                                    Ethernet1/0/7       Ethernet1/0/8
```

步骤 5：划分交换机 S1 上的 VLAN，设置每个 VLAN 的接口 IP 地址。

```
CS6200-28X-EI#config
CS6200-28X-EI(config)#hostname S1
S1(config)#vlan 10
S1(config-vlan10)#exit
S1(config)#vlan 20
S1(config-vlan20)#exit
S1(config)#interface vlan 10                  //进入 VLAN 10 的接口
S1(config-if-vlan10)#ip address  192.168.10.254  255.255.255.0
                                              //配置 VLAN 10 的 IP 地址
S1(config-if-vlan10)#no shutdown              //开启该端口
S1(config-if-vlan100)#exit
S1(config)#interface vlan 20                  //进入 VLAN 20 的接口
S1(config-if-vlan20)#ip address  192.168.20.254  255.255.255.0
                                              //配置 VLAN 20 的 IP 地址
```

```
S1(config-if-vlan20)#no shutdown          //开启该端口
S1(config-if-vlan20)#exit
```

步骤6：查看交换机S1的VLAN的IP地址配置。

```
S1#show ip int brief
Index    Interface        IP-Address        Protocol
1154     Ethernet0        unassigned        down
11010    Vlan10           192.168.10.254    up
11020    Vlan20           192.168.20.254    up
17500    Loopback         127.0.0.1         up
```

步骤7：配置交换机的Trunk链路。

在交换机S1上配置Trunk链路。

```
S1#config
S1(config)#interface ethernet 1/0/24
S1(config-if-ethernet1/0/24)#media-type copper
S1(config-if-ethernet1/0/24)#switchport mode trunk
Set the port Ethernet1/0/24 mode Trunk successfully
```

在交换机S2上配置Trunk链路。

```
S2#config
S2(config)#interface ethernet 1/0/24
S2(config-if-ethernet1/0/24)#switchport mode trunk
Set the port Ethernet1/0/24 mode Trunk successfully
```

步骤8：设置计算机的网关，实现不同VLAN之间和不同网络之间的通信。

在实现计算机之间跨网络互联时，必须通过网关进行路由转发，因此要实现交换机VLAN之间的路由，还要为每台计算机设置网关。

在设置计算机的网关时，应该选择该计算机的上连设备的接口IP地址，又称下一跳IP地址。对于本活动的实验拓扑结构，PC1的上连设备为S1的VLAN 10，而VLAN 10的接口IP地址为192.168.10.254，则VLAN 10的接口IP地址为PC1的下一跳地址。因此，PC1的网关应该设置为192.168.10.254。同理，PC2的网关应该设置为VLAN 20的接口IP地址，即192.168.20.254。

在设置好交换机的接口IP地址之后，再设置计算机的IP为与交换机接口IP同网段的IP地址，如192.168.10.1，并用计算机测试其与交换机的连通性。按照图2.2.9所示设置PC1的默认网关地址和交换机的网关地址同为192.168.10.254，DNS不用设置；在输入完成之后，单击“确定“按钮即可。

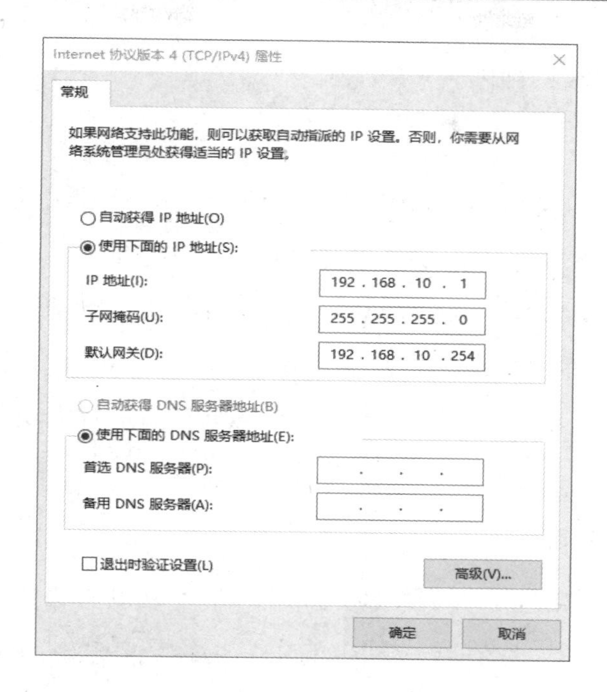

图 2.2.9　设置 PC1 的网关

任务验收

测试网络的连通性。

在 PC1 上 ping PC2 的 IP 地址 192.168.20.1，网络连通，表明利用 SVI 可以实现 VLAN 间的路由，如图 2.2.10 所示。

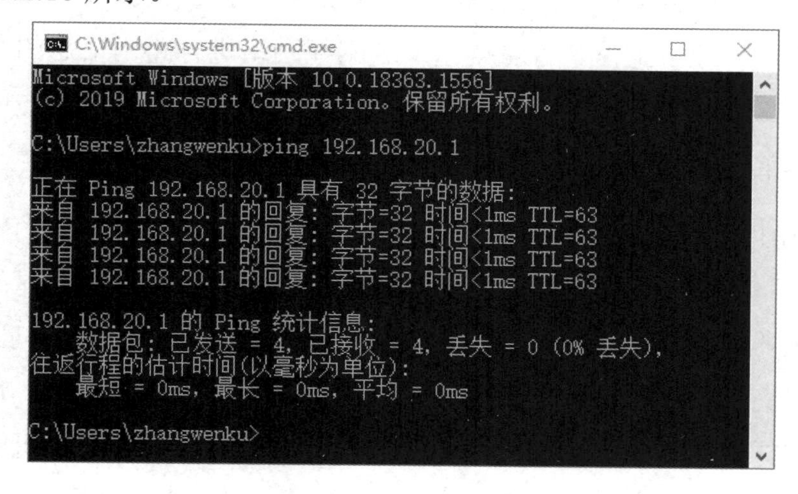

图 2.2.10　连通性测试结果

任务资讯

三层交换技术就是二层交换技术加三层路由转发技术。传统的交换技术是在 OSI 网络标准模型中的第二层（数据链路层）操作的，而三层交换技术是在网络模型中的第三层（网络层）实现数据包的高速转发的。应用三层交换技术既可实现网络路由的功能，又可以根据不同的网络状况实现最优的网络性能。

1．主要功能不同

虽然三层交换机与路由器都具有路由功能，但我们不能因此把它们等同起来。如现在有许多宽带路由器不仅具有路由功能，还有交换机端口、硬件防火墙功能，但不能把它与交换机或者防火墙等同起来。因为这些路由器的主要功能还是路由功能，其他功能只不过是附加功能，其目的是使设备的适用面更广、实用性更强。三层交换机也是一样的，它仍是交换机产品，即使它具备了一些基本的路由功能，其主要功能仍是数据交换，而路由器仅具有路由转发这一种主要功能。

2．主要适用的环境不同

三层交换机的路由功能通常比较简单，且路由路径远没有路由器那么复杂，因为它面对的主要是简单的局域网连接。它在局域网中的主要用途还是提供快速数据交换功能，以及满足局域网数据交换频繁的应用需要。

而路由器则不同，它的设计初衷就是满足不同类型的网络连接，虽然也适合局域网之间的连接，但它的路由功能更多地体现在不同类型的网络互联上，如局域网与广域网之间的互联、不同协议的网络之间的互联等，因此路由器主要用于不同类型的网络之间。它最主要的功能就是路由转发，解决各种复杂路由的网络连接就是它的最终目的，因此路由器的路由功能通常非常强大，不仅适合同种协议的局域网，还适合不同协议的局域网与广域网。它的优势在于选择最佳路由、分担负荷、备份链路及和其他网络进行路由信息的交换等。为了与各种类型的网络连接，路由器的接口类型非常丰富，而三层交换机一般仅与同类型的局域网相接，其接口类型非常简单。

3．性能体现不同

从技术上讲，路由器和三层交换机在数据包的交换操作上存在着明显的区别。路由器一般通过基于微处理器的软件路由引擎执行数据包交换操作，而三层交换机通过硬件执行数据包交换操作。三层交换机在对第一个数据流进行路由选择后，将产生一个 MAC 地址与 IP 地址的映射表，当同样的数据流再次通过时，将根据此表直接从二层交换机中通过而不是再次进行路由选择，从而消除了路由器进行路由选择造成的网络延迟，提高了数据包的转发效率。同时，三层交换机的路由查找是针对数据流的，它利用缓存技术和 ASIC（Application Specific Integrated Circuit，专用集成电路）技术来实现，因此，可以极大的节约成本，并实现快速转发。而路由器的转发采用最长匹配的方式，实现起来更为复杂，通常使用软件来实现，转发效率较低。

正因如此，从整体性能上比较，三层交换机要远优于路由器，非常适合数据交换频繁的局域网。虽然路由器的路由功能非常强大，但它的数据包转发效率远低于三层交换机，更适合数据交换不是很频繁的不同类型网络的互联，如局域网与互联网的互联。如果把路由器，特别是高档路由器用于局域网中，则在相当大的程度上是一种浪费（就其强大的路由功能而言），而且不能很好地满足局域网通信的性能需求，从而影响子网间的正常通信。

一个 SVI 代表一个由交换端口构成的 VLAN，用于实现系统中的路由和桥接功能。一个 SVI 对应一个 VLAN，当需要进行路由选择 VLAN 之间的流量或桥接 VLAN 之间不可路由的协议，或提供 IP 主机到交换机的连接的时候，就需要为 VLAN 配置相应的 SVI。其实 SVI 就是通常所说的 VLAN 接口，只不过它是虚拟的，用于连接整个 VLAN，因此通常也把这种接口称为逻辑三层接口，即三层接口。SVI 是在 interface vlan 全局配置命令后面输入具体的 VLAN ID 时创建的。

学习小结

本活动介绍了利用 SVI 实现 VLAN 之间的通信。在二层交换机上配置 VLAN 之后，只能实现相同 VLAN 的通信，如果想实现不同 VLAN 间的通信，就必须借助三层设备（三层交换机或路由器）。路由器实现 VLAN 间的通信，会在后面的章节中进行介绍。

任务 2.3　交换机的常用技术

交换机是一种功能非常强大、应用非常广泛的网络设备。其中，VLAN 技术是交换机最典型的应用。另外，还有链路聚合技术、生成树技术、DHCP 技术和 VRRP 技术等应用。本任务重点学习交换机的 4 种常用技术，通过以下 4 个活动展开介绍。

活动 1　交换机的链路聚合技术

活动 2　交换机的生成树技术

活动 3　交换机的 DHCP 技术

活动 4　交换机的 VRRP 技术

活动 1　交换机的链路聚合技术

链路聚合技术将两个或更多的数据信道结合成单个信道，该信道以单个更高带宽的逻辑链路出现。它是一种重要的技术，用于合并带宽并且建立有恢复能力的冗余链路。

任务情境

某公司的局域网已经投入使用，在功能上完全可以满足公司的办公和业务需求。但在上网高峰期访问服务器或外网时会出现速度降低的情况，影响办公效率。网络管理员需要想办法增加骨干交换机之间的带宽。

情境分析

链路聚合技术可以将交换机与核心交换机之间的多个接口并行连接，使多条链路聚合成一条链路，从而增加链路带宽，解决由带宽引起的网络瓶颈问题。断开其中任意一条链路，都不会影响其他链路正常转发数据。

下面利用两台交换机搭建网络环境，以验证交换机的链路聚合功能。交换机的链路聚合技术拓扑结构如图 2.3.1 所示。

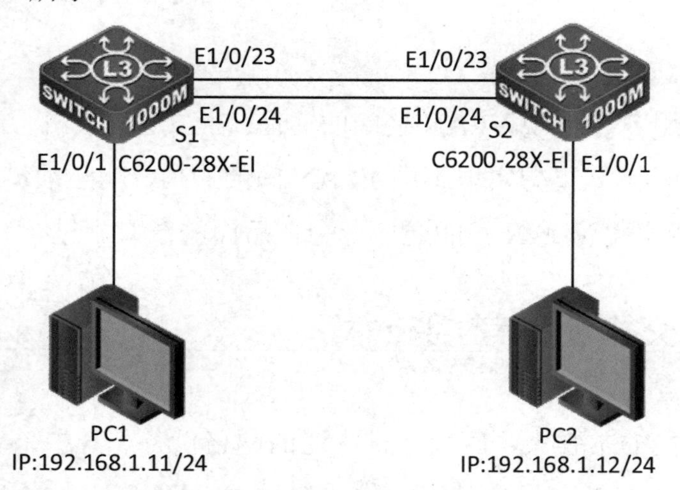

图 2.3.1　交换机的链路聚合技术拓扑结构

具体要求如下。

（1）根据图 2.3.1 所示的拓扑结构，使用直通线连接好所有的计算机和交换机。设置每台计算机的 IP 地址和子网掩码，如表 2.3.1 所示。

表 2.3.1　计算机的 IP 地址和子网掩码

计　算　机	IP 地址	子 网 掩 码
PC1	192.168.1.11	255.255.255.0
PC2	192.168.1.12	255.255.255.0

（2）将两台交换机的 E1/0/23 接口和 E1/0/24 接口设置为聚合接口，从而实现链路聚合功能。

任务实施

步骤 1：恢复交换机的出厂设置，此处略。

步骤 2：设置交换机 S1 的名称并启用生成树协议。

```
CS6200-28X-EI#config
CS6200-28X-EI(config)#hostname S1                    //交换机名称为 S1
S1(config)#spanning-tree                             //启用生成树协议
MSTP is starting now,please wait…
MSTP is enabled successfully.
```

步骤 3：设置交换机 S2 的名称并启用生成树协议。

```
CS6200-28X-EI#config
CS6200-28X-EI(config)#hostname S2                    //交换机名称为 S2
S2(config)#spanning-tree                             //启用生成树协议
MSTP is starting now,please wait…
MSTP is enabled successfully.
```

步骤 4：在交换机 S1 上创建聚合端口组并手动生成链路聚合组。

```
S1(config)#port-group 1                              //创建聚合端口组 1
S1(config)#interface ethernet1/0/23-24               //进入端口
S1(config-if-port-range)#media-type copper
S1(config-if-port-range)#port-group 1 mode on
//将 e1/0/23 和 e1/0/24 端口加入聚合端口组，并设置为 on 模式
S1(config-if-port-range)#exit
S1(config)#interface port-channel 1                  //进入聚合端口
S1(config-if-port-channel1)#switchport mode trunk
```

步骤 5：在交换机 S2 上创建聚合端口组并手动生成链路聚合组。

```
S2(config)#port-group 1                              //创建聚合端口组 1
S2(config)#interface ethernet1/0/23-24               //进入端口
S2(config-if-port-range)#media-type copper
S2(config-if-port-range)#port-group 1 mode on
//将 e1/0/23 和 e1/0/24 端口加入聚合端口组，并设置为 on 模式
S2(config-if-port-range)#exit
S2(config)#interface port-channel 1                  //进入聚合端口
S2(config-if-port-channel1)#switchport mode trunk
```

步骤 6：在交换机 S1 上验证配置。

```
S1#show port-group brief                             //显示 port-group 摘要信息
ID: port group number;  Mode: port group mode such as on active or passive;
Ports: different types of port number of a port group,
```

```
        the first is selected ports number, the second is standby ports number, and
the third is unselected ports number.

   ID   Mode     Partner ID                  Ports       Load-balance
   --------------------------------------------------------------------------
   1    on                                   2,0,0       dst-src-mac
```

步骤7：在交换机S2上验证配置。

```
   S2#show port-group brief                  //显示 port-group 摘要信息
   ID: port group number;  Mode: port group mode such as on active or passive;
   Ports: different types of port number of a port group,
        the first is selected ports number, the second is standby ports number, and
the third is unselected ports number.

   ID   Mode     Partner ID                  Ports       Load-balance
   --------------------------------------------------------------------------
   1    on                                   2,0,0       dst-src-mac
```

任务验收

步骤1：测试计算机的连通性。

在PC1上测试其与PC2的连通性，如图2.3.2所示。

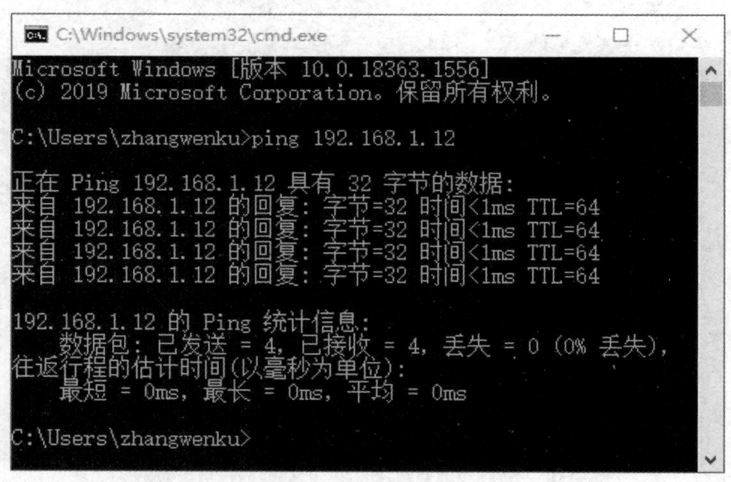

图2.3.2　测试PC1与PC2的连通性

步骤2：改变拓扑结构并重新测试。

把聚合接口的连线拔掉一根（将其所在的接口关掉即可），重新测试连通性。可以发现，拔掉一根连线，计算机的连通性没有受到影响，如图2.3.3所示。

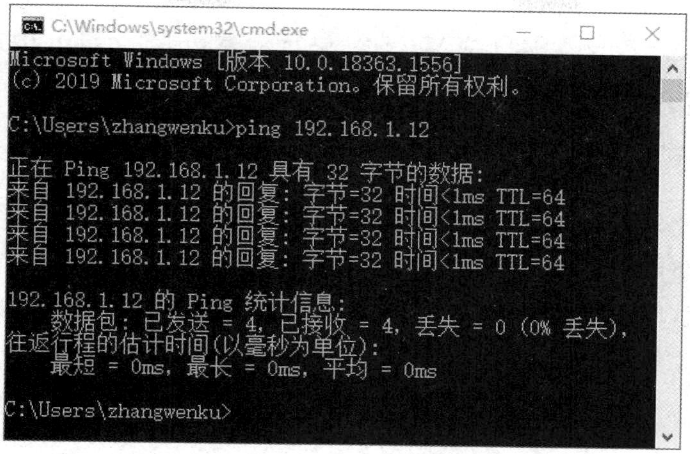

```
C:\Windows\system32\cmd.exe
Microsoft Windows [版本 10.0.18363.1556]
(c) 2019 Microsoft Corporation。保留所有权利。

C:\Users\zhangwenku>ping 192.168.1.12

正在 Ping 192.168.1.12 具有 32 字节的数据:
来自 192.168.1.12 的回复: 字节=32 时间<1ms TTL=64
来自 192.168.1.12 的回复: 字节=32 时间<1ms TTL=64
来自 192.168.1.12 的回复: 字节=32 时间<1ms TTL=64
来自 192.168.1.12 的回复: 字节=32 时间<1ms TTL=64

192.168.1.12 的 Ping 统计信息:
    数据包: 已发送 = 4，已接收 = 4，丢失 = 0 (0% 丢失)，
往返行程的估计时间(以毫秒为单位):
    最短 = 0ms，最长 = 0ms，平均 = 0ms

C:\Users\zhangwenku>
```

图 2.3.3　连通性测试结果

小贴士

将两台交换机的端口都聚合后再进行物理上的连接，否则会形成广播风暴，影响交换机的工作。

任务资讯

（1）为使 port channel 正常工作，其成员端口必须具有相同的属性：均为全双工模式、速率相同、类型相同且同为 Access 端口、属于同一个 VLAN 或者同为 802.1q Trunk 端口，如果端口为 Trunk 端口，则其 allowed vlan 和 native vlan 的属性也应该相同。

（2）支持任意两个交换机物理端口的聚合，最大组数为 6 个，组内最大端口数为 8 个。

（3）检查对端交换机的对应端口是否配置聚合端口组，并查看配置方式是否相同，如果本端是手动方式，则对端也应该配置了手动方式，如果本端是由 LACP 动态生成的，则对端也应该是由 LACP 动态生成的，否则聚合端口组不能正常工作。还要注意，如果两端收发的都是 LACP，则至少有一端是 active 的，否则两端都不会发起 LACP 数据报。

（4）port-group 命令详解。

```
port-group <port-group-number>[load-balance{src-mac|dst-src-mac
|src-ip|dst-ip|dst-src-ip}]
no <port-group-number>[load-balance]
```

功能：新建一个 port-group，设置该组的流量分担方式，如果没有指定则为默认的流量分担方式。该命令的 no 操作可以删除或者恢复该组流量分担的默认值。load-balance 表示恢复默认流量分担方式，否则删除该组。

参数：<port-group-number>为 port channel 的组号，值为 1～16，如果已经存在组号则会报错。dst-mac 根据目的 MAC 地址进行流量分担，src-mac 根据源 MAC 地址进行流量分担，

dst-src-mac 根据目的 MAC 地址和源 MAC 地址进行流量分担；dst-ip 根据目的 IP 地址进行流量分担，src-ip 根据源 IP 地址进行流量分担，dst-src-ip 根据目的 IP 地址和源 IP 地址进行流量分担。如果要修改流量分担方式，并且该 port-group 已经形成了一个 port-channel，则本次修改的流量分担方式只有在下次聚合时才会生效。

命令模式：全局配置模式。

默认情况：默认交换机端口不属于 port channel，不启动 LACP 协议。

举例：新建一个 port-group，采用默认的流量分担方式。

```
switch(config)#port-group 1
```

删除一个 port-group。

```
switch(config)#no port-group 1
```

（5）port-group mode 命令详解。

```
port-group <port-group-number> mode {active|passive|on}
no port-group <port-group-number>
```

功能：将物理端口加入 port channel，该命令的 no 操作可以将端口从 port channel 中删除。

参数：<port-group-number>为 port channel 的组号，值为 1～16。active（0）启动端口的 LACP 协议，并将其设置为 active 模式。passive（1）启动端口的 LACP 协议，并将其设置为 passive 模式。on（2）强制端口加入 port channel，不启动 LACP 协议。

命令模式：交换机端口配置模式。

默认情况：默认交换机端口不属于 port channel，不启动 LACP 协议。

使用指南：如果不存在该组，则会先建立该组，然后将端口加入到组中。在一个 port-group 中，所有端口的模式必须是一样的，并以第一个加入该组的端口模式为准。以 on 模式加入一个组的端口是强制性的，所谓的强制性是指本端交换机的端口聚合不依赖对端的信息，只要该组中有两个以上的端口，并且这些端口的 VLAN 信息一致，则该组中的端口就能聚合成功。以 active 和 passive 模式加入一个组的端口是运行 LACP 协议的，但两端中必须有一个组中的端口是以 active 模式加入的，如果两端都是以 passive 模式加入的，则端口永远无法聚合起来。

（6）show port-group 命令详解。

```
show port-group [<port-group-number>]{brief|detail|load-balance|port
|port-channel}
```

参数：<port-group-number>为要显示的 port channel 的组号，值为 1～16。brief 显示摘要信息。detail 显示详细信息。load-balance 显示流量分担信息。port 显示成员端口信息。port-channel 显示聚合端口信息。如果没有指定<port-group-number>，则显示所有 port-group 的信息。

命令模式：特权配置模式。

学习小结

本活动介绍了交换机的链路聚合技术。在设置交换机的聚合端口时，应选择偶数数码的端口，而且选择的端口必须是连续的，聚合端口组要设置成 Trunk 模式。

活动2 交换机的生成树技术

交换机之间具有冗余链路本来是一件很好的事情，但是它可能引起的问题比它能够解决的问题还要多。如果准备两条以上的链路，那么必然形成一个环路。交换机并不知道如何处理环路，只有周而复始地转发帧，形成一个“死环路”。这个死环路会使整个网络处于阻塞状态，从而导致网络瘫痪。采用生成树协议可以避免形成环路。

任务情境

随着业务迅速发展和对网络可靠性需求的增多，某公司想要使用两台高性能交换机作为核心交换机进行互连，形成冗余结构，从而满足网络的可靠性需求，达到最佳的工作效率。

情境分析

生成树协议可以在交换机网络中消除第二层环路，它在提供冗余链路的同时可以防止网络产生环路，在网络出现故障时，能及时补充有效链路，从而保障网络的可靠性。

下面通过实验来介绍交换机的生成树技术，其拓扑结构如图 2.3.4 所示。

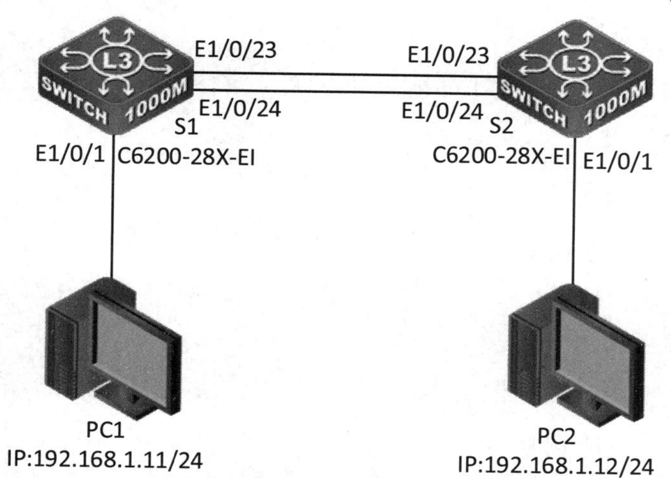

图 2.3.4 交换机的生成树技术拓扑结构

具体要求如下。

（1）根据图 2.3.1 所示的拓扑结构，使用直通线连接好所有的计算机和交换机。设置每台计算机的 IP 地址和子网掩码，如表 2.3.2 所示。

表 2.3.2　计算机的 IP 地址和子网掩码

计　算　机	IP 地址	子 网 掩 码
PC1	192.168.1.11	255.255.255.0
PC2	192.168.1.12	255.255.255.0

（2）为了避免环路的问题，需要配置交换机的 STP 功能，加快网络拓扑收敛。

任务实施

步骤 1：将交换机恢复出厂设置，此处略。

步骤 2：为交换机 S1 设置主机名称并对 E1/0/23、E1/0/24 接口进行模式转换。

```
CS6200-28X-EI#config
CS6200-28X-EI(config)#hostname S1              //将交换机命名为 S1
S1(config)#interface ethernet 1/0/23-24
S1(config-if-port-range)#media-type copper
```

步骤 3：为交换机 S2 设置主机名称并对 E1/0/23、E1/0/24 接口进行模式转换。

```
CS6200-28X-EI#config
CS6200-28X-EI(config)#hostname S2              //将交换机命名为 S2
S2(config)#interface ethernet 1/0/23-24
S2(config-if-port-range)#media-type copper
```

步骤 4：在 PC1 上使用 ping 命令对 PC2 进行连通性测试，并进行观察，测试结果如下。

（1）PC1 ping PC2 不通。

（2）所有连接网线的端口的绿灯都频繁地闪烁，表明该端口收发的数据量很大，已经在交换机内部形成了广播风暴。

步骤 5：在交换机上启用生成树协议。

在交换机 S1 上启用生成树协议。

```
S1(config)#spanning-tree                       //启用生成树协议
MSTP is starting now,please wait...
MSTP is enabled successfully.
```

在交换机 S2 上启用生成树协议。

```
S2(config)#spanning-tree                       //启用生成树协议
MSTP is starting now, please wait...
MSTP is enabled successfully.
```

步骤 6：在交换机 S1 上查看配置。

```
S1#show spanning-tree                               //显示生成树协议信息
                          --MSTP Bridge Config Info--
Standard                            :IEEE 802.1s
Bridge MAC                          :00:03:0f:90:23:b2
Bridge Times                        :Max Age 20,Hello Time 2,Forward Delay 15
Force Version:3
########################### Instance 0 ###########################
Self Bridge Id                      : 32768-00:03:0f:90:23:b2
Root Id                             : 32768.00:03:0f:83:71:21
Ext.RootPathCost                    : 0
Region Root Id                      : 32768.00:03:0f:83:71:21
Int.RootPathCost                    : 20000
Root Port ID                        : 128.23
Current port list in Instance 0:
Ethernet1/0/1 Ethernet1/0/23 Ethernet1/0/24 (Total 3)
PortName        ID       ExtRPC  IntRPC  State Role  DsgBridge         DsgPort
-------------- ------- --------- --------- --- ---- ----------------
Ethernet1/0/1  128.00001  0    20000    FWD  DSGN  32768.00030f9023b2 128.00001
Ethernet1/0/23 128.00023  0        0    FWD  ROOT  32768.00030f837121 128.00023
Ethernet1/0/24 128.00024  0    20000    BLK  ALTER 32768.00030f837121 128.00024
```

步骤 7：在交换机 S2 上查看配置。

```
S2#show spanning-tree                               //显示生成树协议信息
*********************************** Process 0 *********************
                         -- MSTP Bridge Config Info --
Standard                            : IEEE 802.1s
Bridge MAC                          : 00:03:0f:83:71:21
Bridge Times                        : Max Age 20, Hello Time 2, Forward Delay 15
Force Version                       : 3
########################### Instance 0 ###########################
Self Bridge Id                      : 32768.00:03:0f:83:71:21
Root Id                             : this switch
Ext.RootPathCost                    : 0
Region Root Id                      : this switch
Int.RootPathCost                    : 0
Root Port ID                        : 0
Current port list in Instance 0:
Ethernet1/0/1 Ethernet1/0/23 Ethernet1/0/24 (Total 3)
```

```
PortName          ID        ExtRPC   IntRPC  State Role  DsgBridge               DsgPort
-------------- ------------ --------- --------- --- ---- ------------------
Ethernet1/0/1   128.00001  0     0       FWD   DSGN 32768.00030f837121   128.00001
Ethernet1/0/23 128.00023  0     0       FWD   DSGN 32768.00030f837121   128.00023
Ethernet1/0/24 128.00024  0     0       FWD   DSGN 32768.00030f837121   128.00024
```

小贴士

交换机 S1 和交换机 S2 之间的两条链路形成了环路，在两台交换机上配置生成树协议后，交换机 S1 的端口 E1/0/24 成为阻塞端口，因此避免了两台交换机之间由于环路引起的端口频繁闪烁的不正常现象，此时端口 E1/0/24 是备用端口，连接它的链路成为备用链路，因此也起到了冗余的作用。

任务验收

使用 PC1 ping PC2 –t，观察现象。

（1）拔掉交换机 S1 的 E1/0/23 接口的网线，观察现象，出现了短暂中断后，依然是可以连通的，如图 2.3.5 所示。

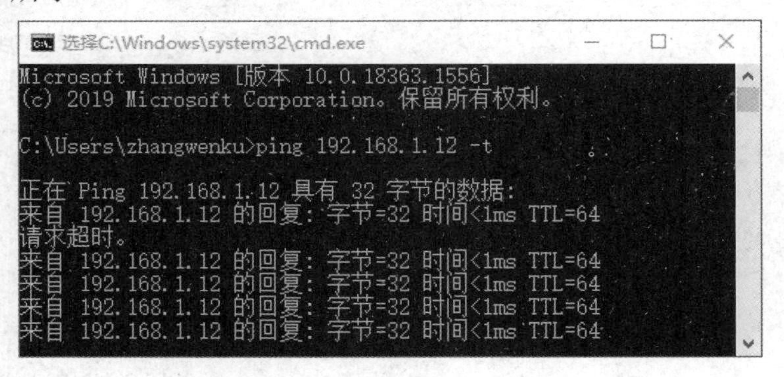

图 2.3.5　PC1 ping PC2-t 现象（1）

（2）使用 show spanning-tree|include Ethernet1/0/24 命令观察 S1 的 E1/0/24 接口的变化。

```
S1#show spanning-tree |include Ethernet1/0/24
Ethernet1/0/1 Ethernet1/0/24 (Total 2)
Ethernet1/0/24   128.00024     0    0  FWD   ROOT 32768.00030f837121   128.00024
//可以发现，当拓扑发生变化时，E1/0/24 接口从 BLK 状态进入 FWD 状态。
```

（3）重新插上交换机 S1 的 E1/0/23 接口的网线，观察现象，同样出现了短暂中断，依然是可以连通的，如图 2.3.6 所示。

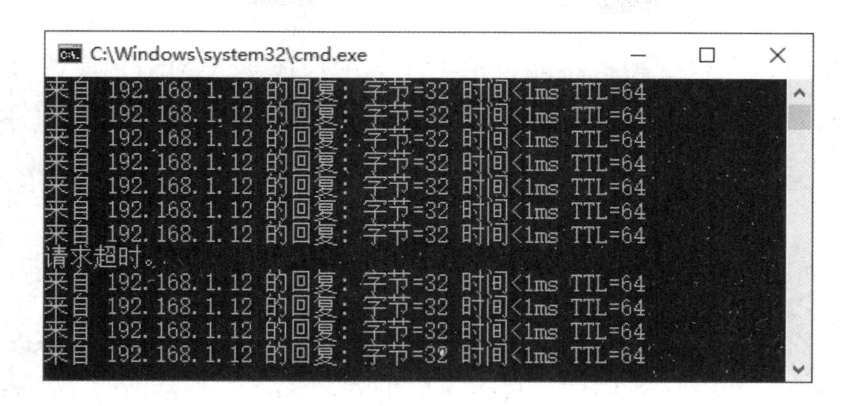

图 2.3.6　PC1 ping PC2 –t 现象（2）

任务资讯

生成树协议的功能是维护一个无回路的网络，如果将网络回路中的某个端口暂时“阻塞”，就形成了到每个目的地的无回路路径。设计冗余链路的目的就是当网络发生故障（某个端口失效）时有一条后备路径替补上来。在全局模式下运行 spanning-tree 命令即可启用生成树协议。使用 spanning-tree mode {mstp|stp}命令设置交换机运行 spanning-tree 的模式，该命令的 no 操作是恢复交换机的默认模式，在默认模式下交换机运行多生成树协议。

1．STP（生成树协议）

目的：防止在冗余时产生环路。

原理：所有 VLAN 成员端口都加入一棵树，将备用链路的端口设置为 BLOCK，直到主链路出现问题，BLOCK 链路才为 UP，端口的状态才进行转换。

BLOCK>LISTEN>LEARN>FORWARD>DISABLE 总共经历 50s 的时间，在生成树协议工作时，正常情况下，交换机的端口要经过几个工作状态的转换。在物理链路待接通时，交换机的端口将在 BLOCK 状态停留 20s，之后在 LISTEN 状态停留 15s，经过 15s 的 LEARN 状态，最后成为 FORWARD 状态。

缺点：收敛速度慢，效率低。

解决收敛速度慢的补丁：POSTFAST/UPLINKFAST（检查直连链路）/BACKBONEFAST。

2．MSTP（多生成树协议）

目的：解决 STP 与 RSTP 中的效率低、占用资源的问题。

原理：部分 VLAN 成员端口加入一棵树。

如果想在交换机上运行 MSTP，那么首先必须在全局模式下打开 MSTP 开关。在没有打开全局 MSTP 开关之前，是不允许打开端口的 MSTP 开关的。MSTP 定时器参数之间是有相关性的，错误配置可能导致交换机不能正常工作。用户在修改MSTP参数时，应该清楚所产生的各个拓扑，除了全局模式的是基于网桥的参数配置外，其他的都是基于各个实例的配置，在配置时一定要注意。

学习小结

本活动介绍了交换机的生成树技术。它可以在互联网中提供多条冗余备份链路，并解决互联网中的环路问题。在默认情况下，两个交换机间的多条冗余链路仅有一条处于工作状态，其他链路都处于关闭状态，只有在其他链路出现故障或断开的情况下才会启用。

活动3　交换机的DHCP技术

在企业网络中，DHCP（Dynamic Host Configuration Protocol，动态主机分配协议）技术可以有规划地分配IP地址，避免因用户私设IP地址引起的地址冲突。三层交换机提供了DHCP服务的功能，不仅能够为用户动态地分配IP地址，还能够推送DNS服务地址等网络参数，为用户实现零配置上网。

任务情境

某公司的员工反映经常出现因IP地址冲突影响上网的情况，网络管理员决定在整个局域网上统一规划IP地址，让用户使用动态获取地址的方式接入局域网，这样既节约了地址空间，又避免了地址冲突。

情境分析

可以提供DHCP服务的设备有路由器、三层交换机和专用的DHCP服务器。网络中使用的核心层交换机、分布层交换机都为三层交换机，因此可以在分布层交换机上开启DHCP服务，配置用户地址池，统一分配规划的用户IP地址。

下面通过实验来介绍交换机的DHCP技术的应用及配置方法，其拓扑结构如图2.3.7所示。

具体要求如下。

（1）根据图2.3.7所示的拓扑结构，使用双绞线连接计算机和交换机，并将每台计算机的IP地址都设置为DHCP的获取方式。

（2）在S2上划分两个VLAN（VLAN 10和VLAN 20），并将E1/0/24接口设置为Trunk模式，详细参数如表2.3.3所示。

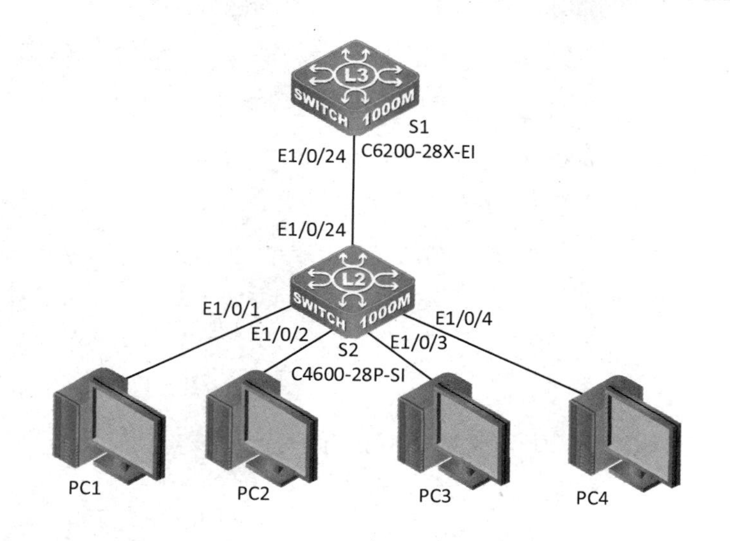

图 2.3.7　交换机 DHCP 技术拓扑结构

表 2.3.3　交换机 S2 的 VLAN 参数

VLAN 编号	接 口 范 围	接 口 模 式
10	E1/0/1～E1/0/2	Access
20	E1/0/3～E1/0/4	Access
	E1/0/24	Trunk

（3）在 S1 上划分两个 VLAN（VLAN 10 和 VLAN 20），并将 E1/0/24 接口设置为 Trunk 模式，详细参数如表 2.3.4 所示。

表 2.3.4　交换机 S1 的 VLAN 参数

VLAN 编号	IP 地址/子网掩码
10	192.168.10.254/24
20	192.168.20.254/24

（4）在 S1 上开启 DHCP 服务，使连接在交换机上的不同 VLAN 内的计算机获得相应的 IP 地址，最终实现全网互通。

任务实施

步骤 1：恢复交换机的出厂设置，此处略。

步骤 2：为交换机 S1 设置主机名称，并创建 VLAN 10 和 VLAN 20。

```
CS6200-28X-EI>enable                              //进入特权配置模式
CS6200-28X-EI#config                              //进入全局配置模式
CS6200-28X-EI(config)#hostname S1                 //修改主机名为 S1
S1(config)#vlan 10                                //创建 VLAN 10
S1(config-vlan10)#name Finance                    //VLAN 10 属于 Finance
S1(config-vlan10)#exit
```

```
S1(config)#vlan 20                                        //创建 VLAN 20
S1(config-vlan20)#name Market                             //VLAN 20 属于 Market
```

步骤 3：在 S1 上配置 VLAN 10 和 VLAN 20 的 IP 地址。

```
S1(config)#int vlan 10
S1(config-if)#ip add 192.168.10.254 255.255.255.0
S1(config-if)#int vlan 20
S1(config-if)#ip add 192.168.20.254 255.255.255.0
S1(config-if)#
```

步骤 4：将 S1 的 E1/0/24 接口设置为 Trunk 模式。

```
S1(config)#interface ethernet 1/0/24
S1(config-if-ethernet1/0/24)#media-type copper
S1(config-if-ethernet1/0/24)#switchport mode trunk
Set the port Ethernet1/0/24 mode Trunk successfully
```

步骤 5：为交换机 S2 设置主机名称、创建 VLAN 10 和 VLAN 20，并将相应接口分别加入到 VLAN 中。

```
S4600-28P-SI>enable                                       //进入特权配置模式
S4600-28P-SI#config                                       //进入全局配置模式
S4600-28P-SI(config)#hostname S2                          //修改主机名为 S2
S2(config)#vlan 10                                        //创建 VLAN 10
S2(config-vlan10)#name Finance                            //VLAN 10 属于 Finance
S2(config-vlan10)#switchport interface e1/0/1-2  //将 E1/0/1～E1/0/2 端口加入 VLAN 10
Set the port Ethernet1/0/1 access vlan 10 successfully
Set the port Ethernet1/0/2 access vlan 10 successfully
S2(config-vlan10)#exit
S2(config)#vlan 20                                        //创建 VLAN 20
S2(config-vlan20)#name Market                             //VLAN 20 属于 Market
S2(config-vlan20)#switchport interface e1/0/3-4  //将 E1/0/3～E1/0/4 端口加入 VLAN 20
Set the port Ethernet1/0/3 access vlan 20 successfully
Set the port Ethernet1/0/4 access vlan 20 successfully
S2(config-vlan20)#exit
```

步骤 6：将 S2 的 E1/0/24 接口设置为 Trunk 模式。

```
S2(config)#interface ethernet 1/0/24
S2(config-if-ethernet1/0/24)#switchport mode trunk
Set the port Ethernet1/0/24 mode Trunk successfully
```

步骤 7：在交换机 S1 上配置 DHCP 服务。定义两个地址池，分别为 VLAN 10 和 VLAN 20 的计算机分配地址。

```
S1#config
S1(config)#service dhcp                                       //启动 DHCP 服务
S1(config)#ip dhcp pool VLAN10                                //定义地址池
S1(dhcp-vlan10-config)#network 192.168.10.0 255.255.255.0    //定义网络号
S1(dhcp-vlan10-config)#lease 1                                //定义租约为 1 天
S1(dhcp-vlan10-config)#default-router 192.168.10.254         //定义默认网关
S1(dhcp-vlan10-config)#dns-server  8.8.8.8                    //定义 DNS 服务器
S1(dhcp-vlan10-config)#exit
S1(config)#ip dhcp pool VLAN20                                //定义地址池
S1(dhcp-vlan20-config)#network 192.168.20.0 255.255.255.0    //定义网络号
S1(dhcp-vlan20-config)#lease 1                                //定义租约为 1 天
S1(dhcp-vlan20-config)#default-router 192.168.20.254         //定义默认网关
S1(dhcp-vlan20-config)#dns-server  202.96.128.166             //定义 DNS 服务器
S1(dhcp-vlan20-config)#exit
```

任务验收

步骤 1：配置 PC1 及验证获得的地址。

（1）设置 PC1 的 IP 地址为“自动获得 IP 地址”，如图 2.3.8 所示。

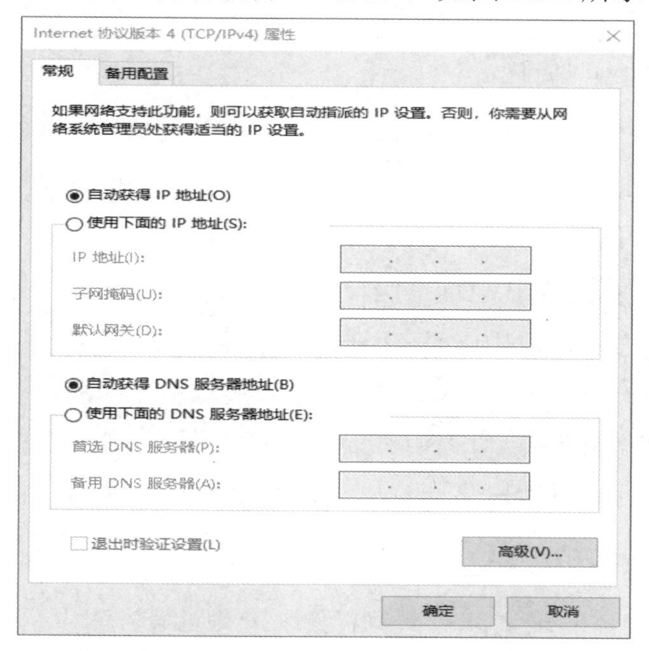

图 2.3.8　配置 PC1 的 IP 地址

（2）选择“开始”→“运行”菜单命令，弹出“运行”对话框，在“打开”文本框中输入“cmd”，在命令行界面中输入“ipconfig/all”，DHCP 验证结果如图 2.3.9 所示。

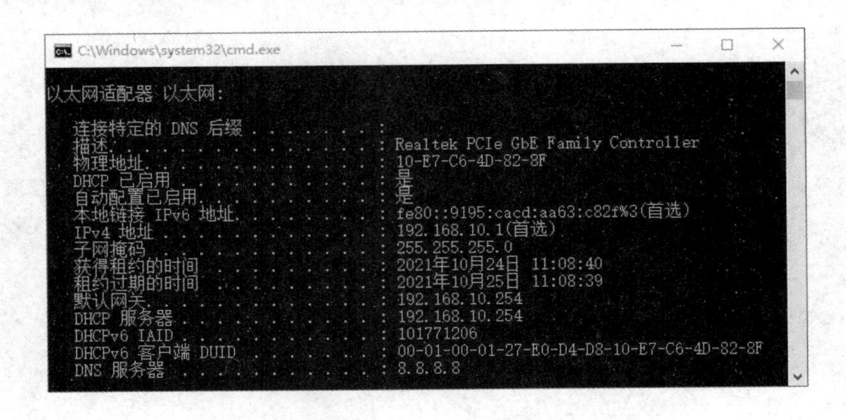

图 2.3.9　DHCP 验证结果

（3）使用同样的方法，将每台计算机都设置为 DHCP 方式获取 IP 地址，并查看每台计算机获取的 IP 地址等信息，如表 2.3.5 所示。

表 2.3.5　计算机获取的 IP 地址等信息

计　算　机	IP 地址	子 网 掩 码	网　　关	DNS 服务器地址
PC1	192.168.10.1	255.255.255.0	192.168.10.254	8.8.8.8
PC2	192.168.10.2	255.255.255.0	192.168.10.254	8.8.8.8
PC3	192.168.20.1	255.255.255.0	192.168.20.254	202.96.128.166
PC4	192.168.20.2	255.255.255.0	192.168.20.254	202.96.128.166

步骤 2：设置保留的 IP 地址。

在进行 DHCP 服务时，通常要保留部分 IP 地址，以固定分配的方式给服务器或其他网络设备使用。如在本任务中，交换机两个 VLAN 接口的 IP 地址就属于固定分配。这些被保留的 IP 地址不能以 DHCP 的方式分配给其他计算机。

设置 DHCP 服务器保留的 IP 地址：假设要在 192.168.10/24 网段中保留前 20 个 IP 地址，在 192.168.20.0/24 网段中保留前 100 个 IP 地址，则使用如下命令进行配置。

```
S1(config)#ip dhcp excluded-address 192.168.10.1 192.168.10.20
S1(config)#ip dhcp excluded-address 192.168.20.1 192.168.20.100
```

在添加完以上命令后，再次检测计算机获取的 IP 地址。计算机将重新获取 IP 地址等信息，于是可以得到表 2.3.6 所示的内容。

表 2.3.6　计算机获取 IP 地址等信息

计　算　机	IP 地址	子 网 掩 码	默 认 网 关	DNS 服务器地址
PC1	192.168.10.21	255.255.255.0	192.168.10.254	8.8.8.8
PC2	192.168.10.22	255.255.255.0	192.168.20.254	8.8.8.8
PC3	192.168.20.101	255.255.255.0	192.168.10.254	202.96.128.166
PC4	192.168.20.102	255.255.255.0	192.168.20.254	202.96.128.166

由表 2.3.6 可知，所有的计算机都重新获取了新的 IP 地址，而且它们都是在保留地址以外的 IP 地址，达到了保留 IP 地址的目的。

步骤 3：测试计算机间是否可以通信。

在计算机中查看 IP 地址的获取情况，使用 ping 命令测试其他计算机的连通情况。由此可知，当前网络中的计算机是互相连通的。

任务资讯

DHCP 是 TCP/IP 协议簇中的一种协议，该协议提供了一种动态分配网络配置参数的机制，并且可以向后兼容 BOOTP（Boot STrap Protocol，引导协议）。

随着网络规模的扩大和网络复杂程度的提高，计算机的位置变化（如便携机或无线网络）和数量超过可分配的 IP 地址的情况将会经常出现。DHCP 就是为了满足这些需求而发展起来的。DHCP 采用客户端/服务器（Client/Server）的方式工作，DHCP 客户端向 DHCP 服务器动态地请求配置信息，DHCP 服务器根据策略返回相应的配置信息（如 IP 地址等）。

DHCP 客户端首次登录网络时，主要通过 4 个阶段与 DHCP 服务器建立联系。

（1）发现阶段：DHCP 客户端寻找 DHCP 服务器的阶段。客户端以广播的方式发送 DHCP_Discover 报文，只有 DHCP 服务器才会进行响应。

（2）提供阶段：DHCP 服务器提供 IP 地址的阶段。DHCP 服务器收到客户端的 DHCP_Discover 报文后，从 IP 地址池中挑选一个尚未分配的 IP 地址给客户端，向该客户端发送包含它所提供的 IP 地址和其他设置的 DHCP_Offer 报文。

（3）选择阶段：DHCP 客户端选择 IP 地址的阶段。如果有多台 DHCP 服务器向该客户端发送 DHCP_Offer 报文，则客户端只接收第一个 DHCP_Offer 报文，并且以广播的方式向各 DHCP 服务器回应 DHCP_Request 报文。

（4）确认阶段：DHCP 服务器确认所提供的 IP 地址的阶段。当 DHCP 服务器收到 DHCP 客户端回答的 DHCP_Request 报文后，便向客户端发送包含它所提供的 IP 地址和其他设置的 DHCP_ACK 报文。

学习小结

本活动介绍了交换机的 DHCP 技术。它可以使下连的计算机通过交换机获取 IP 地址、子网掩码、网关和 DNS 服务器地址。当一个网络有数量庞大的计算机时，使用 DHCP 服务可以很方便地为每一台计算机配置好相应的 IP 参数，减轻网络管理员分配 IP 的工作负担。

活动4　交换机的VRRP技术

VRRP（Virtual Router Redundancy Protocol，虚拟路由器冗余协议）是一种选择协议，它可以把一个虚拟路由器的责任动态地分配到局域网上的一台VRRP路由器中。控制虚拟路由器IP地址的VRRP路由器被称为主路由器，它负责转发数据包到这些虚拟IP地址。一旦主路由器不可用，这种选择过程就提供了动态的故障转移机制，这就允许虚拟路由器的IP地址作为终端主机的默认第一跳路由器。使用VRRP的好处是使默认的路径有更高的可用性，而无须在每个终端主机上都配置动态路由或路由发现协议。

任务情境

公司企业网络的核心层原来使用的是一台三层交换机，网络应用的日益增多对网络的可靠性提出了越来越高的要求。公司决定采用默认网关进行冗余备份，以便在其中一台设备出现故障时，能够让备份设备及时接管数据转发工作，为用户提供透明的切换，提高网络的稳定性。

情境分析

可以用两台三层交换机作为核心层设备，采用VRRP技术使两台交换机互相备份，以此来提高网络的可靠性和稳定性。

交换机的VRRP服务拓扑结构如图2.3.10所示。

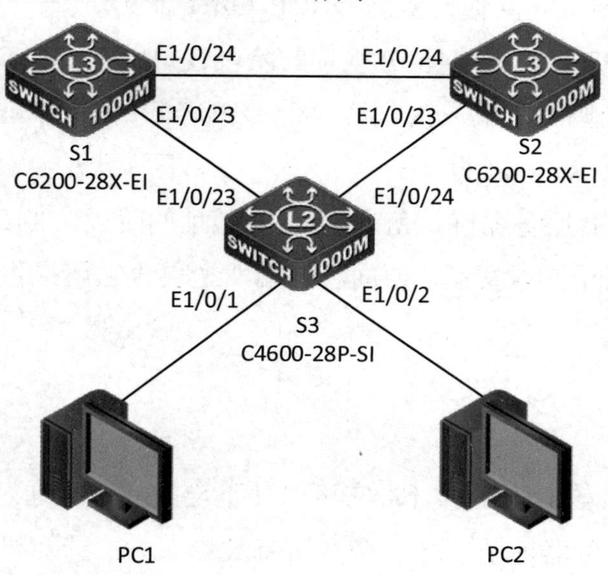

图2.3.10　交换机的VRRP服务拓扑结构

交换机和计算机的IP地址网络参数设置见表2.3.7。

表 2.3.7　交换机和计算机的 IP 地址网络参数设置

设　　备	端　　口	IP 地址	子网掩码	网　　关
S1 的 VLAN10		192.168.10.100	255.255.255.0	无
S1 的 VLAN20		192.168.20.100	255.255.255.0	无
S2 的 VLAN10		192.168.10.200	255.255.255.0	无
S2 的 VLAN20		192.168.20.200	255.255.255.0	无
S3 的 VLAN10	E0/0/1	无	无	无
S3 的 VLAN20	E0/0/2	无	无	无
PC1		192.168.10.1	255.255.255.0	192.168.10.254
PC2		192.168.20.1	255.255.255.0	192.168.20.254

任务实施

步骤 1：将交换机恢复出厂设置，此处略。

步骤 2：配置交换机 S1 的主机名称，并创建 VLAN 10 和 VLAN 20。

```
C6200-28X-EI>enable
C6200-28X-EI#config
C6200-28X-EI(config)#hostname S1
S1(config)#vlan 10
S1(Config-vlan10)#exit
S1(config)#vlan 20
S2(Config-vlan20)#exit
```

步骤 3：配置交换机 S2 的主机名称，并创建 VLAN 10 和 VLAN 20。

```
C6200-28X-EI>enable
C6200-28X-EI#config
C6200-28X-EI(config)#hostname  S2
S2(config)#vlan 10
S2(Config-vlan10)#exit
S2(config)#vlan 20
S2(Config-vlan20)#exit
```

步骤 4：配置交换机 S3 的主机名称，并创建 VLAN 10 和 VLAN 20。

```
S4600-28P-SI>enable
S4600-28P-SI#config
S4600-28P-SI(config)#hostname S3
S3(config)#vlan 10
S3(config-vlan10)#switchport interface e1/0/1
Set the port Ethernet1/0/1 access vlan 10 successfully
```

```
S3(config)#vlan 20
S3(config-vlan20)#switchport interface e1/0/2
Set the port Ethernet1/0/2 access vlan 20 successfully
```

步骤5：配置交换机的端口为Trunk模式。

在交换机S1上配置端口为Trunk模式。

```
S1#config
S1(config)#interface ethernet 1/0/23-24
S1(config-if-port-range)#switchport mode trunk
Set the port Ethernet1/0/23 mode Trunk successfully
Set the port Ethernet1/0/24 mode Trunk successfully
```

在交换机S2上配置端口为Trunk模式。

```
S2#config
S2(config)#interface ethernet 1/0/23-24
S2(config-if-port-range)#switchport mode trunk
Set the port Ethernet1/0/23 mode Trunk successfully
Set the port Ethernet1/0/24 mode Trunk successfully
```

在交换机S3上配置端口为Trunk模式。

```
S3#config
S3(config)#interface ethernet 1/0/23-24
S3(config-if-port-range)#switchport mode trunk
Set the port Ethernet1/0/23 mode Trunk successfully
Set the port Ethernet1/0/24 mode Trunk successfully
```

步骤6：在交换机S1和S2上，配置VLAN 10和VLAN 20的IP地址。

（1）在交换机S1上配置IP地址。

```
S1(config)#int vlan 10
S1(config-if-vlan10)#ip add 192.168.10.100 255.255.255.0
S1(config-if-vlan10)#exit
S1(config)#int vlan 20
S1(config-if-vlan20)#ip add 192.168.10.200 255.255.255.0
S1(config-if-vlan20)#exit
```

（2）在交换机S2上配置IP地址。

```
S2(config)#int vlan 10
S2(config-if-vlan10)#ip add 192.168.20.100 255.255.255.0
S2(config-if-vlan10)#exit
S2(config)#int vlan 20
S2(config-if-vlan20)#ip add 192.168.20.200 255.255.255.0
```

```
S2(config-if-vlan20)#exit
```

步骤 7：开启交换机的生成树协议，防止环路出现。

（1）在交换机 S1 上开启生成树协议。

```
S1(config)#spanning-tree
MSTP is starting now, please wait…
MSTP is enabled successfully.
```

（2）在交换机 S2 上开启生成树协议。

```
S2(config)#spanning-tree
MSTP is starting now, please wait…
MSTP is enabled successfully.
```

（3）在交换机 S3 上开启生成树协议。

```
S3(config)#spanning-tree
MSTP is starting now, please wait…
MSTP is enabled successfully.
```

步骤 8：在交换机上配置 VRRP。

（1）在交换机 S1 上配置 VRRP。

```
S1(config)#router vrrp 1
S1(config-router)#virtual-ip 192.168.10.254          //虚拟网关 IP 地址
S1(config-router)#int vlan 10
S1(config-router)#priority 150                       //优先级
S1(config-router)#enable
S1(config-router)#exit
S1(config)#router vrrp 2
S1(config-router)#virtual-ip 192.168.20.254          //虚拟网关 IP 地址
S1(config-router)#int vlan 20
S1(config-router)#enable
S1(config-router)#exit
```

（2）在交换机 S2 上配置 VRRP。

```
S2(config)#router vrrp 1
S2(config-router)#virtual-ip 192.168.10.254
S2(config-router)#int vlan 10
S2(config-router)#enable
S2(config-router)#exit
S2(config)#router vrrp 2
S2(config-router)#virtual-ip 192.168.20.254
S2(config-router)#int vlan 20
```

```
S2(config-router)#priority 150
S2(config-router)#enable
S2(config-router)#exit
```

步骤 9：查看交换机的 VRRP 配置。

（1）查看交换机 S1 的 VRRP 配置。

```
S1#show vrrp
VrId 1
 State is Master
 Virtual IP is 192.168.10.254 (Not IP owner)
 Interface is Vlan10
 Priority is 150(config priority is 150)
 Advertisement interval is 1 sec
 Preempt mode is TRUE
VrId 2
 State is Backup
 Virtual IP is 192.168.20.254 (Not IP owner)
 Interface is Vlan20
 Priority is 100(config priority is 100)
 Advertisement interval is 1 sec
 Preempt mode is TRUE
```

（2）查看交换机 S2 的 VRRP 配置。

```
S2#show vrrp
VrId 1
 State is Backup
 Virtual IP is 192.168.10.254 (Not IP owner)
 Interface is Vlan10
 Priority is 100(config priority is 100)
 Advertisement interval is 1 sec
 Preempt mode is TRUE
VrId 2
 State is Master
 Virtual IP is 192.168.20.254 (Not IP owner)
 Interface is Vlan20
 Priority is 150(config priority is 150)
 Advertisement interval is 1 sec
 Preempt mode is TRUE
```

任务验收

步骤 1：在 PC1 上使用 ping 命令和 tracert 命令测试 PC1 与 PC2 之间的连通性，如图 2.3.11 所示。

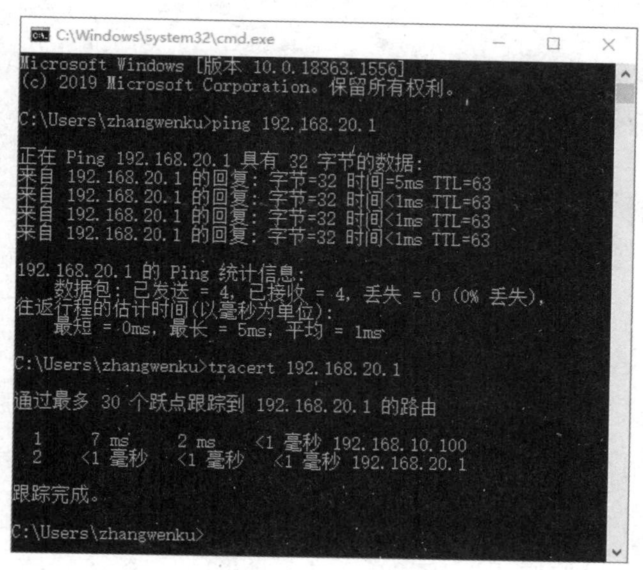

图 2.3.11　使用 ping 和 tracert 命令测试 PC1 与 PC2 之间的连通性

步骤 2：断开 S3 的 E1/0/23 接口的上连线，再次测试计算机的连通性，发现此时有短暂的丢包现象，之后又恢复了连通，如图 2.3.12 所示。可以得出结论，当前网络中的所有计算机之间是连通的。需要注意的是，此时数据包的走向也发生了变化。

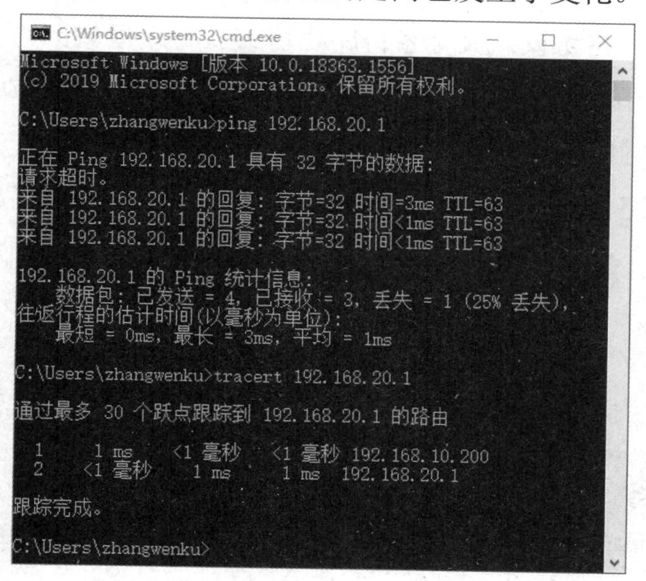

图 2.3.12　使用 ping 和 tracert 命令再次测试 PC1 与 PC2 之间的连通性

步骤 3：查看交换机的 VRRP 配置。发现交换机 S2 上的 VrId 1 从 Backup 变成了 Master，说明已经进行了主备的切换。

```
S2#show vrrp 1
VrId 1
 State is Master
 Virtual IP is 192.168.10.254 (Not IP owner)
 Interface is Vlan10
 Priority is 100(config priority is 100)
 Advertisement interval is 1 sec
 Preempt mode is TRUE
//此时 S2 反馈的信息显示，VLAN 10 组的主设备是 S2。
```

任务资讯

VRRP 是由 IETF（Internet Engineering Task Force，因特网工程任务组）提出的，用于解决局域网中配置静态网关出现单点失效现象的路由协议，1998 年已推出正式的 RFC 2338 协议标准。VRRP 广泛应用在边缘网络中，它的设计目标是即使在特定的 IP 数据流量失败转移的情况下仍能维持秩序，以及即使在实际第一跳路由器使用失败的情况下仍能够维护路由器间的连通性，同时允许主机使用单路由器。

VRRP 是一种选择协议，使用 VRRP 的好处是有默认路径和更高的可用性，而无须在每个终端主机上配置动态路由或路由发现协议。VRRP 是一种 LAN 接入设备备份协议。一个局域网内的所有主机都设置了默认网关，由主机发出的目的地址不在本网段的报文将被通过默认网关发往三层交换机，从而实现了主机和外部网络的通信。

VRRP 是一种路由容错协议，又称备份路由协议。一个局域网内的所有主机都设置了默认路由，当网内主机发出的目的地址不在本网段时，报文将被通过默认路由发往外部路由器，从而实现了主机与外部网络的通信。当默认路由器 down（端口关闭）之后，内部主机将无法与外部网络通信，如果路由器设置了 VRRP，那么虚拟路由将启用备份路由器，从而实现全网通信。

参考命令配置如下。

```
Switch#config
Switch(config)#router vrrp 1                              //启动 VRRP 组
Switch(config-router)#virtual-ip 192.168.100.254          //虚拟 IP 地址
Switch(config-router)#int vlan 100
Switch(config-router)#priority 150                        //优先级
Switch(config-router)#enable                              //在 VLAN 100 中生效
Switch(config-router)#
```

学习小结

本活动学习了交换机的 VRRP 技术。VRRP 将网络中的两台三层交换机组成 VRRP 冗余组，针对网络中每一个 VLAN 接口，都拥有一个虚拟默认网关地址。各个 VLAN 内的主机通过这个虚拟 IP 访问外网资源。如果活动交换机发生了故障，那么 VRRP 将自动使用备份交换机来替代活动交换机。由于网络内的终端配置了 VRRP 虚拟网关地址，当发生故障时，虚拟交换机没有改变，主机仍然保持连接，因此网络不会受到单点故障的影响，这样就很好地解决了核心交换机切换的问题。

项目实训　某公司利用交换机构建小型网络

❖ 项目描述

某公司有两台内部服务器，分别是提供给部门员工查看公司动态信息的 Web 服务器和用于资源共享的 FTP 服务器。部门客户端通过二层交换机接入公司网络，为了满足部门客户端快速访问服务器的需求，两台服务器分别连接在公司的三层交换机上，并在三层交换机之间形成两条链路的聚合链路以增加带宽。为了防止二层交换机和三层交换机之间的线路出现故障而引起公司工作中断，公司决定在二层交换机和三层交换机之间的线路连接上采用备份设计。由于公司对设备安全十分重视，因此需要为各交换机配置特权密码，并使 Web 服务器能用 Telnet 方式管理交换机。

根据设计要求，使用 4 台计算机代表不同部门的客户端，某公司网络拓扑结构如图 2.3.13 所示，请按图中要求完成相关网络设备的连接。

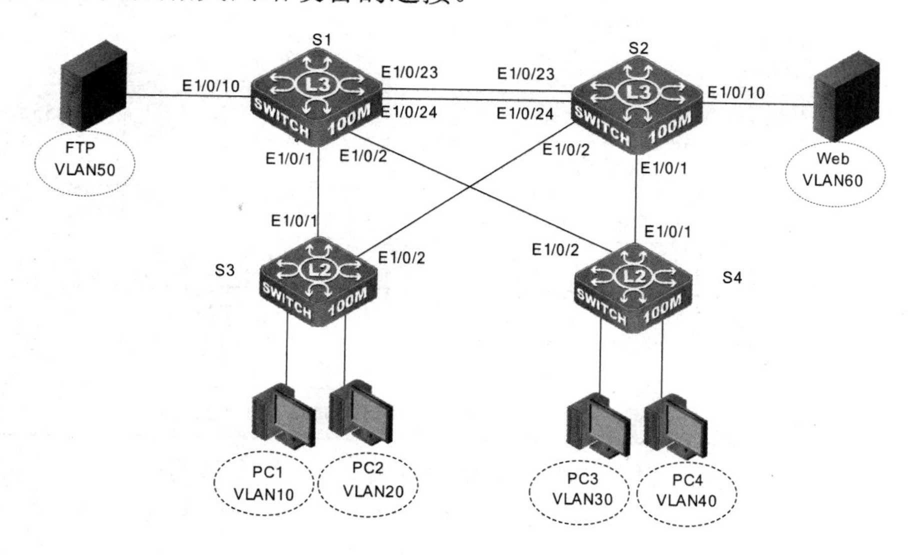

图 2.3.13　某公司网络拓扑结构

❖ 项目要求

（1）按网络拓扑结构的要求制作连接网线并正确连接设备。

（2）清空各交换机之前的所有配置并正确命名各交换机。

（3）按表 2.3.8 和表 2.3.9 所示的配置为各交换机划分 VLAN、各 VLAN 的 IP 地址以及各 PC 和服务器的网络参数。

（4）配置各交换机的明文加密特权密码为 dcncloud。

（5）要求仅 Web 服务器能远程登录到交换机 A，用户名为 admin，密码为 dcn123。

（6）S1 和 S2 之间形成链路聚合，以增加链路带宽。

（7）为了防止因网络出现环路而引起交换机死机现象，在各交换机运行生成树协议。

（8）要求四台客户端计算机都能访问 Web 服务器和 FTP 服务器的资源，并且 Web 服务器和 FTP 服务器之间也能互访。

表 2.3.8　各交换机 VLAN 配置

设　备	VLAN	IP	端　口	Mask
S1	VLAN 10	192.168.1.1		255.255.255.0
	VLAN 10	192.168.10.1		255.255.255.0
	VLAN 20	192.168.20.1		255.255.255.0
	VLAN 30	192.168.30.1		255.255.255.0
	VLAN 40	192.168.40.1		255.255.255.0
	VLAN 50	192.168.50.1	E1/0/10	255.255.255.0
S2	VLAN 10	192.168.1.2		255.255.255.0
	VLAN 10	192.168.10.2		255.255.255.0
	VLAN 20	192.168.20.2		255.255.255.0
	VLAN 30	192.168.30.2		255.255.255.0
	VLAN 40	192.168.40.2		255.255.255.0
	VLAN 60	192.168.60.1	E1/0/10	255.255.255.0
S3	VLAN 10		E1/0/3～E1/0/13	
	VLAN 20		E1/0/14～E1/0/24	
S4	VLAN 30		E1/0/3～E1/0/13	
	VLAN 40		E1/0/14～E1/0/24	

注：交换机 A 和 B 通过各自的 23、24 端口连接，形成链路聚合。

表 2.3.9　各 PC 和服务器的网络参数配置

PC	端　口	IP	Gateway	Mask
PC1	3～13	192.168.10.10	192.168.10.1	255.255.255.0
PC2	14～24	192.168.20.20	192.168.20.1	255.255.255.0
PC3	3～13	192.168.30.30	192.168.30.2	255.255.255.0
PC4	14～24	192.168.40.40	192.168.40.2	255.255.255.0
FTP	10	192.168.50.2	192.168.50.1	255.255.255.0
Web	10	192.168.60.2	192.168.60.1	255.255.255.0

❖ 项目评价

本项目综合应用了所学的二层交换机和三层交换机配置的基本知识，包括交换机配置文件清空、交换机多种配置模式、交换机命名、基于端口的 VLAN 划分、VLAN 接口的 IP 地址配置、特权密码、链路聚合、生成树协议、三层路由通信以及二层交换技术和三层交换技术的区别。

通过学习本项目，使学生既能够理解所学的知识点，又能够把所学的知识点应用到实际的生产环境中，可以提高学生综合分析问题、解决问题的实战能力，达到学以致用的目的。

根据实际情况填写项目实训评价表。

项目实训评价表

	内　容		评　价		
	能 力 目 标	评 价 项 目	5	4	3
职业能力	通过带外方式管理交换机	配置管理			
	交换机端口划分 VLAN、跨交换机实现 VLAN 互访、三层交换机上不同 VLAN 路由通信	掌握 VLAN 及互访			
	配置生成树协议防止环路、链路聚合增加交换机带宽	理解环路和聚合			
	交换机配置模式、交换机基本配置命令及文件备份和还原	基本配置			
	三层交换机和路由器的区别	理解三层交换机与路由器			
通用能力	知识理解能力				
	小组合作能力				
	自主学习能力				
	解决问题能力				
	自我提高能力				
综 合 评 价					

项目 3

路由技术配置

项目描述

路由器是连接因特网中各局域网和广域网的不可缺少的网络设备，它会根据整个网络的通信情况自动进行路由选择，以最佳的路径，按先后顺序将信息发送给其他网络设备，从而实现信息的路由转发。目前路由器被广泛应用于各行各业，已经成为实现各种骨干网内部连接、骨干网间互联和骨干网与互联网互联互通业务的主要产品。

本项目重点学习路由器的基本配置和路由配置。

知识目标

1. 理解路由器的工作原理。
2. 熟悉路由器的基本配置。
3. 理解路由器实现 DHCP 技术的方法。

能力目标

1. 能熟练使用路由器的基本配置命令。
2. 能实现路由器的单臂路由配置。
3. 能实现路由器的 DHCP 配置。

素质目标

1. 具有团队合作精神和写作能力，培养协同创新能力。
2. 具有良好的沟通能力和独立思考的能力、培养清晰有序的逻辑思维。
3. 具有良好的信息素养和学习能力，能够运用正确的方法和技巧掌握新知识、新技能。
4. 具有系统分析与解决问题的能力，能够掌握任务资讯并完成项目任务。

素养目标

1. 培养严谨的分析思维，能够按照规范完成路由网络的基本配置。
2. 培养严谨的职业素养，遵守职业道德规范，奠定专业基础。

思维导图

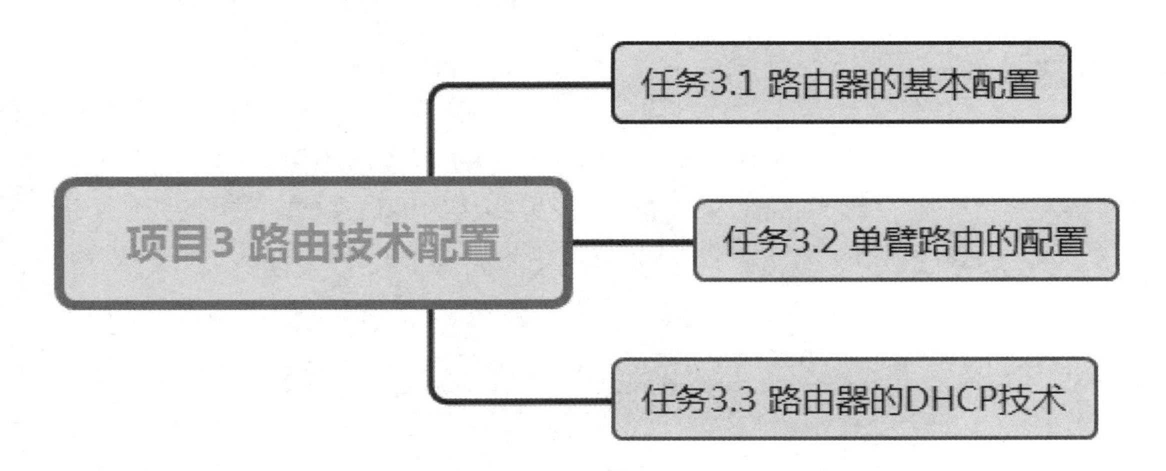

任务 3.1　路由器的基本配置

路由器在网络中担任了非常重要的角色，因此路由器的基本配置显得尤为重要。路由器的基本配置有：设备名称、登录信息、接口的 IP 地址、特权密码和端口配置等。

任务情境

根据业务发展的需求，某公司需要购买一台路由器扩展现有网络，根据公司的网络拓扑规划，网络管理员将刚买回来的新路由器配置完成后，即可将其投入使用。

情境分析

网络管理员拿到刚买的路由器，在第一次配置出厂的路由器时，可以通过路由器的 Console 接口进行配置。在路由器上有一个 Console 接口，可以从路由器端口标识中识别到，之后通过出厂自带的配置线进行连接即可进行配置。

具体要求如下。

本任务使用一台型号为 DCR-2655 的路由器和一台计算机，使用配置线连接计算机的 RS 232（COM 口）和路由器的 Console 接口，使用交叉线连接计算机的网卡接口和路由器的

fastEthernet0/0 接口。路由器的基本配置拓扑结构如图 3.1.1 所示。

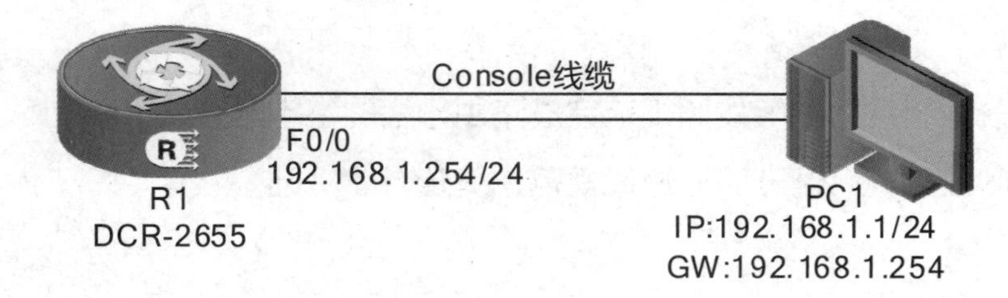

图 3.1.1　路由器的基本配置拓扑结构

任务实施

步骤 1：用 Console 线缆将路由器的 Console 接口与 PC1 的串口相连。

步骤 2：在 PC1 上运行 SecureCRT 程序。设置终端的硬件参数，如图 3.1.2 所示。

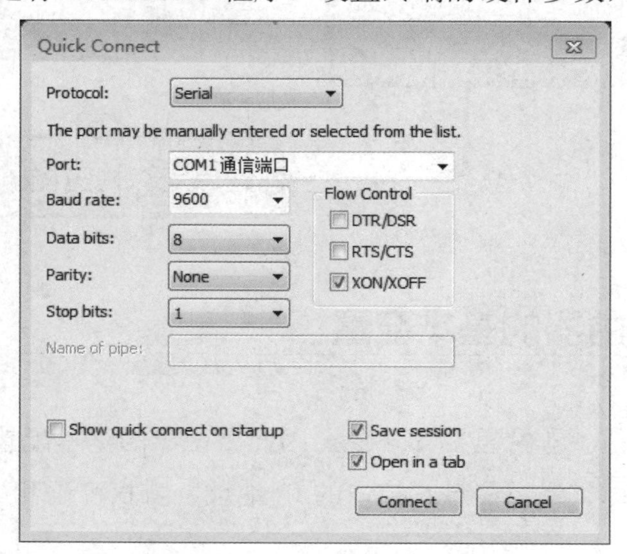

图 3.1.2　终端的硬件参数

步骤 3：路由器加电，超级终端显示路由器的自检信息，自检结束后出现如下命令提示。

```
"press RETURN to get started".
System Bootstrap, Version 0.4.2
Serial num:8IRTJ710F415000115, ID num:105601
Copyright 2010 by Digital China Networks(BeiJing) Limited
Digital China-DCR-2655 Series DCR-2655
The current time: 2000-0-0 0:00:00
Please wait system check ram...
Check ram OK
Loading DCR-2655_1.3.3H.bin...
Start Decompress DCR-2655_1.3.3H.bin
#####################################################################
```

```
######################################################################
######################################################################
######################################################################
########
Decompress 5527544 byte,Please wait system up...
Digital China Networks Limited Internetwork Operating System Software
Digital China-DCR-2655 Series Software , Version 1.3.3H, RELEASE SOFTWARE
System start up OK
Router Console 0 is now available
Press RETURN to get started
```

步骤4：按“Enter”键进入用户配置模式。DCR路由器在出厂时没有设置密码，用户按“Enter”键即可直接进入普通用户模式，可以使用权限允许范围内的命令，需要帮助可以随时输入“?”。输入“enable”，按“Enter”键即可进入超级用户配置模式，在超级用户配置模式下，用户拥有最大的权限，可以任意配置，需要帮助可以随时输入“?”。

```
Router>enable                                //进入特权配置模式
Router#Jan  1 00:07:47 Unknown user enter privilege mode from Console 0, level
= 15
Router#?                                     //查看可用的命令
  cd                    -- Change directory
  chinese               -- Help message in Chinese
  chmem                 -- Change memory of system
  chram                 -- Change memory
  clear                 -- Clear something
  config                -- Enter configurative mode
  connect               -- Open a outgoing connection
  copy                  -- Copy configuration or image data
  debug                 -- Debugging functions
  delete                -- Delete a file
  dir                   -- List files in flash memory
  disconnect            -- Disconnect an existing outgoing network connection
  download              -- Download with ZMODEM
  enable                -- Turn on privileged commands
  english               -- Help message in English
  enter                 -- Turn on privileged commands
  exec-script           -- Execute a script on a port or line
  exit                  -- Exit / quit
  format                -- Format file system
  help                  -- Description of the interactive help system
```

```
  history              -- Look up history
  keepalive            -- Keepalive probe
  look                 -- Display memory
  md                   -- Create directory
  more                 -- Display the contents of a file
  no                   -- Negate configuration
  pad                  -- Login to remote node using X.29
  ping                 -- Test network status
  pwd                  -- Display current directory
  rd                   -- Delete a directory
  reboot               -- Restart router
  rename               -- Rename a file
  reset                -- Reset configure and status
  resume               -- Resume an active outgoing network connection
  rlogin               -- Open a rlogin connection
  show                 -- Show configuration and status
  ssh                  -- Open a ssh connection
  telnet               -- Open a telnet connection
  terminal             -- Set terminal line parameters
  traceroute           -- Trace route to destination
  upload               -- Upload with ZMODEM
  where                -- Display all outgoing telnet connection
  write                -- Save current configuration

Router#chinese                                    //设置中文帮助
Router#?                                          //再次查看可用命令
cd                                      -- 改变当前目录
Chinese                                 -- 中文帮助信息
chmem                                   -- 修改系统内存数据
chram                                   -- 修改内存数据
clear                                   -- 清除
config                                  -- 进入配置状态
connect                                 -- 打开一个向外的连接
copy                                    -- 复制配置方案或内存映像
date                                    -- 设置系统时间
debug                                   -- 分析功能
delete                                  -- 删除一个文件
dir                                     -- 显示闪存中的文件
disconnect                              -- 断开活跃的网络连接
```

```
download                                    -- 通过 ZMODEM 协议下载文件
enable                                      -- 进入特权模式
english                                     -- 英文帮助信息
enter                                       -- 进入特权配置模式
exec-script                                 -- 在指定端口运行指定的脚本
exit                                        -- 退回或退出
format                                      -- 格式化文件系统
help                                        -- 交互式帮助系统描述
history                                     -- 查看历史
keepalive                                   -- 保活探测
--More—
```

步骤 5：路由器的配置模式切换。

```
Router>
                                       //进入用户配置模式
Router>enable                          //进入特权配置模式
Router#config                          //进入全局配置模式
Router_config#int fastEthernet0/0      //进入接口配置模式
Router_config_f0/0#exit                //返回上一级模式
Router_config#ctrl+z                   //按“Ctrl+Z”组合键可直接返回特权配置模式
Router#write                           //保存配置
Router#
```

步骤 6：恢复路由器的出厂配置。

```
Router>enable                          //进入特权配置模式
Router#2004-1-1 00:32:10 User DEFAULT enter privilege mode from Console 0, level
= 15
Router#delete                          //删除配置文件
this file will be erased,are you sure?(y/n)y
Router#reboot                          //重新启动
Do you want to reboot the router(y/n)?y
Please wait…
```

步骤 7：设置路由器的名字为 R1。

```
Router#config                          //进入全局配置模式
Router_config#hostname R1              //将路由器命名为 R1
R1_config#
```

步骤 8：为路由器设置特权密码。

```
R1_config#enable password dcn123
R1_config#service password-encryption
```

步骤9：设置路由器以太网接口地址并查看接口状态。

```
R1>enable                                          //进入特权配置模式
R1#config                                          //进入全局配置模式
R1_config#interface fastEthernet0/0                //进入接口配置模式
R1_config_f0/0#ip address 192.168.1.254 255.255.255.0    //设置 IP 地址
R1_config_f0/0#no shutdown
R1_config_f0/0#^Z                                        //回到特权配置模式
R1#show interface fastEthernet0/0                        //验证
fastEthernet0/0 is up, line protocol is up               //接口和协议都必须 up
address is 00e0.0f18.1a70
Interface address is 192.168.1.254/24
MTU 1500 bytes, BW 100000 kbit, DLY 10 usec
...
                                                         //此处省略部分内容
```

任务验收

步骤1：设置PC1的IP地址，如图3.1.3所示。

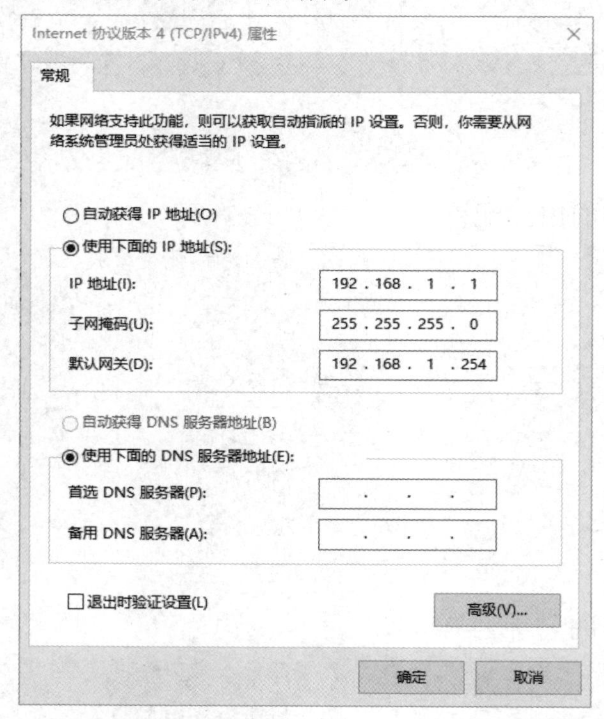

图3.1.3　设置PC1的IP地址

步骤2：使用ping命令测试连通性，测试结果如图3.1.4所示。

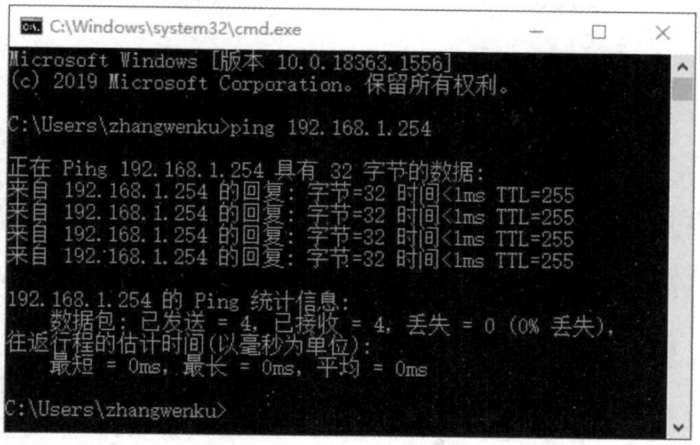

```
C:\Windows\system32\cmd.exe
Microsoft Windows [版本 10.0.18363.1556]
(c) 2019 Microsoft Corporation。保留所有权利。

C:\Users\zhangwenku>ping 192.168.1.254

正在 Ping 192.168.1.254 具有 32 字节的数据:
来自 192.168.1.254 的回复: 字节=32 时间<1ms TTL=255
来自 192.168.1.254 的回复: 字节=32 时间<1ms TTL=255
来自 192.168.1.254 的回复: 字节=32 时间<1ms TTL=255
来自 192.168.1.254 的回复: 字节=32 时间<1ms TTL=255

192.168.1.254 的 Ping 统计信息:
    数据包: 已发送 = 4，已接收 = 4，丢失 = 0 (0% 丢失)，
往返行程的估计时间(以毫秒为单位):
    最短 = 0ms，最长 = 0ms，平均 = 0ms

C:\Users\zhangwenku>
```

图 3.1.4　连通性测试结果

小贴士

（1）在超级终端中的配置是对路由器进行的操作，这时的计算机只是输入、输出设备。

（2）使用交叉线直连计算机和路由器，否则计算机将无法 ping 通路由器。

（3）要按照（9600，8，None，1，XON/XOFF）设置终端的硬件参数，否则计算机将无法 ping 通路由器。

（4）要选择正确的计算机 COM 接口。

任务资讯

1. 路由器的管理方式

路由器的管理方式可以分为带内管理和带外管理。带内管理是指网络的管理控制信息与用户网络承载的业务信息通过同一个逻辑信道传送，简而言之，就是占用业务带宽。带外管理是指网络的管理控制信息与用户网络承载的业务信息通过不同的逻辑信道传送，即设备提供专门用于管理的带宽。目前很多高端的交换机都带有带外网管接口，使网络管理的带宽和业务带宽完全隔离，互不影响，构成单独的网管网。通过 Console 接口管理是最常用的带外管理方式，用户通常会在首次配置交换机或者无法使用带内管理方式时使用带外管理方式。带外管理方式是使用频率最高的管理方式。当使用带外管理方式时，我们可以采用 Windows 操作系统自带的超级终端程序来连接交换机，当然，用户也可以采用自己熟悉的终端程序来进行连接。带外管理方式是通过路由器的 Console 接口管理路由器的方式，不占用路由器的网络接口，特点是线缆特殊，需要近距离配置。在第一次使用路由器时，必须采用 Console 接口对路由器进行配置，使其支持 Telnet 远程管理。带内管理方式有 Telnet 方式和 Web 方式。

2．路由器的命令行操作模式

路由器的命令行操作模式主要有：用户配置模式、特权配置模式、全局配置模式。

1）用户配置模式

进入路由器后得到的第一个操作模式，此模式下的用户只具有底层的权限，可以查看路由器的软件和硬件的版本信息，但不能对路由器进行配置。

2）特权配置模式

用户配置模式的下一级模式，在此模式下的用户可以对路由器的配置文件进行管理，查看路由器的配置信息，进行网络的测试和调试等。

3）全局配置模式

特权配置模式的下一级模式，此模式下的用户可以配置路由器的全局参数，如主机名称、登录信息等，还可以进入下一级模式，对路由器具体的功能进行配置。

3．热键和快捷方式

（1）IOS CLI 提供快捷键和快捷方式，以便配置、监控和排除故障。

- 向下箭头：用于在前面使用过的命令列表中向前滚动。
- 向上箭头：用于在前面使用过的命令列表中向后滚动。
- Tab：完成只键入了一部分的命令或关键字的其余部分。
- Ctrl+A：移至行首。
- Ctrl+E：移至行尾。
- Ctrl+R：重新显示行。
- Ctrl+Z：退出当前配置模式并返回用户配置模式。
- Ctrl+C：退出当前配置模式或放弃当前的命令。

（2）部分快捷键的详细说明如下。

- Tab：如果输入的缩写命令或缩写参数包含足够多的字母，并且已经可以和当前可用的任意其他命令或参数区分开，则可以使用“Tab”键填写该缩写命令或缩写参数剩余的部分。当已输入足够多的字符，且可以唯一地确定命令或关键字时，可以使用“Tab”键，CLI 会显示该命令或参数剩余的部分。此技巧在学习过程中很有用，因为它可以使用户看到完整的命令或关键字。
- Ctrl+R：重新显示行会刷新刚键入的行。使用“Ctrl+R”组合键可以重新显示命令行。如系统可能会在用户键入命令行的过程中向 CLI 返回一条消息，用户可以使用“Ctrl+R”组合键刷新该行，而无须重新键入该行。

在下面的例子中，在用户输入命令的过程中返回了一条与接口故障相关的消息。

```
Switch#show mac-
16w4d: %LINK-5-CHANGED: Interface fastEthernet0/10, changed state to down
16w4d: %LINEPROTO-5-UPDOWN: Line protocol on Interface fastEthernet0/10, changed
state to down
```

要重新显示用户刚才键入的行，则使用“Ctrl+R”组合键。

```
Switch#show mac
```

- Ctrl+Z：退出配置模式并返回特权配置模式。因为系统具有分层模式结构，有时可能发现自己处于下层，要想返回处于顶层的特权模式，则无须逐级退出，只要使用“Ctrl+Z”组合键即可直接返回。
- 向上箭头和向下箭头：调用输入过的命令历史。将用户之前键入的几个命令和字符保存在缓冲区中，以供用户重新调用。缓冲区消除了重复键入命令的必要性。

用户可以使用特定的按键序列实现在这些保存在缓冲区中的命令之间滚动。向上箭头键（或“Ctrl+P”组合键）用于显示输入的前一个命令。每次按此键时，将依次显示较早输入的一条命令。向下箭头键（或“Ctrl+N”组合键）用于依次显示命令历史记录中较晚输入的一条命令。

- Ctrl+C：用于输入中断命令并退出配置模式。这在撤销输入的命令时很有用。
- 缩写命令或缩写参数：命令和关键字可以缩写为可唯一确定该命令或关键字的最短字符。例如，config 命令可以缩写为 conf，因为 config 是唯一一个以 conf 开头的命令，不能缩写为 con，因为以 con 开头的命令不止一个。

关键字也可以缩写，如下所示。

```
Router#show interfaces
```

可缩写为

```
Router#show int
```

或

```
Router#sh int
```

学习小结

本任务重点介绍了路由器的基本配置。掌握基础知识很重要，学生要多练习并加以熟悉。

任务 3.2　单臂路由的配置

任务情境

某公司的网络管理员对部门划分 VLAN 后，发现两个部门之间无法通信了，但有时两个部门的员工需要进行通信，网络管理员要通过简单的方法来实现这一功能。

情境分析

通过在交换机上划分适当数目的 VLAN，不仅能有效隔离广播风暴，还能提高安全性及网络带宽的利用率。划分 VLAN 之后，VLAN 与 VLAN 之间是不能通信的，使用路由器的单臂路由功能可以解决这个问题。

下面通过实验来学习路由器单臂路由功能的应用及配置方法，其拓扑结构如图 3.2.1 所示。

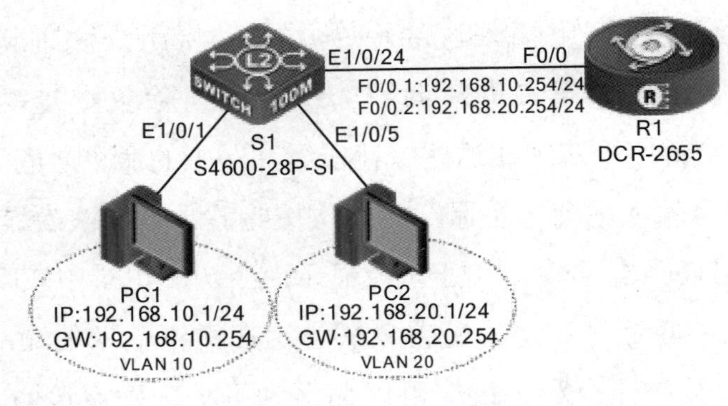

图 3.2.1　路由器单臂路由拓扑结构

具体要求如下。

（1）按照图 3.2.1 所示的拓扑结构，使用直通线连接好所有设备，并设置计算机 PC1 和 PC2 的 IP 地址、子网掩码和默认网关等信息。

（2）在交换机 S1 上划分两个 VLAN（VLAN 10 和 VALN 20）并分配接口，PC1 和 PC2 分别处于不同的 VLAN 中，如表 3.2.1 所示。

表 3.2.1　在 S1 上划分 VLAN 及分配接口

VLAN 编号	接 口 范 围	连接的计算机
10	E0/0/1～E0/0/4	PC1
20	E0/0/5～E0/0/8	PC2

（3）在路由器上配置单臂路由实现两台计算机的正常通信。

任务实施

步骤 1：恢复路由器和交换机的出厂配置，此处略。

步骤 2：在交换机上设置主机名称为 S1。

```
S4600-28P-SI>enable
S4600-28P-SI#config terminal
```

```
S4600-28P-SI(config)#hostname S1
S1(config)#
```

步骤 3：在交换机 S1 上创建 VLAN 10，端口组成员为 1～4，创建 VLAN 20，端口组成员为 5～8。

```
S1(config)#vlan 10
S1(config-vlan10)#switchport interface e1/0/1-4
S1(config-vlan10)#vlan 20
S1(config-vlan20)#switchport interface e1/0/5-8
```

步骤 4：在交换机 S1 上配置 Trunk。

```
S1(config)#interface ethernet 1/0/24
S1(config-Ethernet1/0/24)#switchport mode trunk
```

步骤 5：路由器 R1 的配置。

```
Router#config
Router_config#hostname R1
R1_config#interface f0/0
R1_config_f0/0#no ip address
R1_config_f0/0#no shutdown
R1_config#interface f0/0.1
R1_config_f0/0.1#encapsulation dot1q 10
R1_config_f0/0.1#ip address 192.168.10.254 255.255.255.0
R1_config_f0/0.1#no shutdown
R1_config#interface f0/0.2
R1_config_f0/0.2#encapsulation dot1q 20
R1_config_f0/0.2#ip address 192.168.20.254 255.255.255.0
R1_config_f0/0.2#no shutdown
```

任务验收

步骤 1：使用 show ip route 命令可以查看 R1 的路由表。观察路由表中是否已经有 192.168.10.0/24 和 192.168.20.0/24 路由条目。

步骤 2：PC1 和 PC2 分别属于 VLAN 10 和 VLAN 20，S1 是一个二层交换机，为了使 VLAN 10 和 VLAN 20 中的计算机可以互相通信，要增加一个路由器来转发 VLAN 之间的数据包，路由器与交换机之间使用单条链路相连，这条链路又称主干（Trunk），所有数据包的进出都要通过路由器的 F0/0 接口来实现。

当配置完以上命令时，可以用 ping 命令测试 PC1 与 PC2 的连通性，结果发现它们之间是连通的，如图 3.2.2 所示。这说明路由器的单臂路由功能发挥了作用。

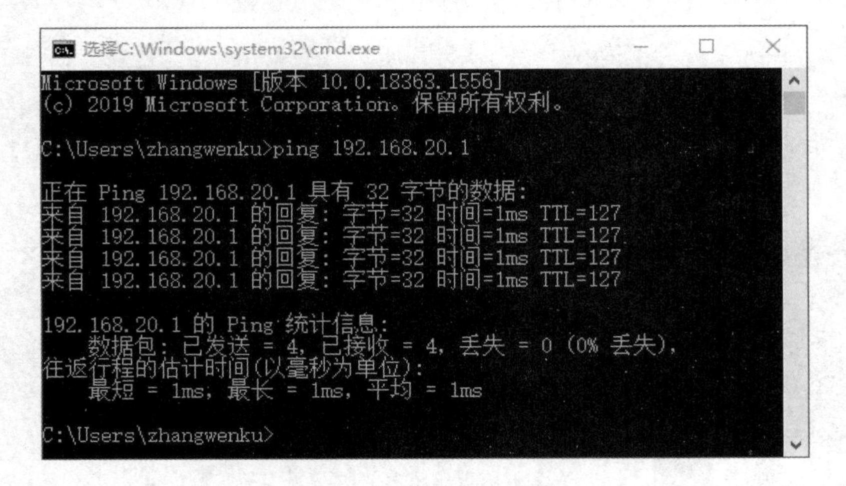
选择C:\Windows\system32\cmd.exe
Microsoft Windows [版本 10.0.18363.1556]
(c) 2019 Microsoft Corporation。保留所有权利。

C:\Users\zhangwenku>ping 192.168.20.1

正在 Ping 192.168.20.1 具有 32 字节的数据:
来自 192.168.20.1 的回复: 字节=32 时间=1ms TTL=127
来自 192.168.20.1 的回复: 字节=32 时间=1ms TTL=127
来自 192.168.20.1 的回复: 字节=32 时间=1ms TTL=127
来自 192.168.20.1 的回复: 字节=32 时间=1ms TTL=127

192.168.20.1 的 Ping 统计信息:
    数据包: 已发送 = 4，已接收 = 4，丢失 = 0 (0% 丢失)，
往返行程的估计时间(以毫秒为单位):
    最短 = 1ms，最长 = 1ms，平均 = 1ms

C:\Users\zhangwenku>

图 3.2.2　连通性测试结果

小贴士

（1）此时不要在以太网接口 F0/0 中配置 IP 地址，因为这种情况下的物理接口在配置封装之后仅仅作为一个二层的链路通道存在，而不作为具备三层地址的接口存在。

（2）在路由器中一定要创建两个 VLAN 才能进行后续配置。

（3）不可以使用 VLAN 10 的成员进行测试，单臂路由不可以使 Trunk 接口与主 VLAN 成员连通。

任务资讯

单臂路由，即在路由器上设置多个逻辑子接口，每个子接口对应一个 VLAN。每个子接口的数据在物理链路上传递都要标记封装。对于路由器的端口，其在支持子接口的同时，还必须支持 Trunk 功能。

在使用单臂路由器配置 VLAN 间路由时，路由器的物理接口必须与相邻交换机的 Trunk 链路相连。在路由器上，子接口是为网络上每个唯一的 VLAN 而创建的。每个子接口都会分配专属于其子网/VLAN 的 IP 地址，同时也便于为该 VLAN 标记帧。这样，路由器可以在流量通过 Trunk 链路返回交换机时区分不同子接口的流量。

路由器一般是基于软件处理方式来实现路由的，存在一定的延时，难以达到线速交换。所以，随着 VLAN 通信流量的增大，路由器将成为通信的瓶颈。因此，单臂路由适合在通信流量较小的情况下使用。

配置子接口的封装类型和所属 VLAN 的命令，如下所示。

```
Router_config#interface f0/0
Router_config_f0/0#no shutdown
```

```
Router_config_f0/0#interface f0/0.1          //进入 F0/0.1 子接口
Router_config_f0/0.1#encapsulation dot1q 10  //封装 dot1q 协议，10 为 VLAN 的 ID
```

学习小结

本任务重点介绍了单臂路由的配置。在实现过程中，要重点理解子接口的概念，单臂路由适合在通信流量比较小的情况下使用，如果通信流量比较大，则容易产生瓶颈，从而造成网络瘫痪。

任务 3.3　路由器的 DHCP 技术

任务情境

Y 公司的总经理发现自己的计算机出现了“IP 地址冲突”问题，并且连不上网络，于是找来网络管理员解决该问题。网络管理员认为该问题是有些员工擅自修改 IP 地址导致的，可以通过在现有的路由器中使用 DHCP 技术来解决该问题。

情境分析

如果网络管理员为每一台计算机都手动分配一个 IP 地址，则会大大加重网络管理员的负担，也容易导致 IP 地址分配错误，有什么办法既能减少管理员的工作量、降低输入错误的可能性，又能避免 IP 地址冲突呢？网络管理员的想法非常正确，使用 DHCP 技术可以非常方便地解决该问题，而且不需要增加硬件。

下面通过实验来学习路由器的 DHCP 技术的应用及配置方法，其拓扑结构如图 3.3.1 所示。

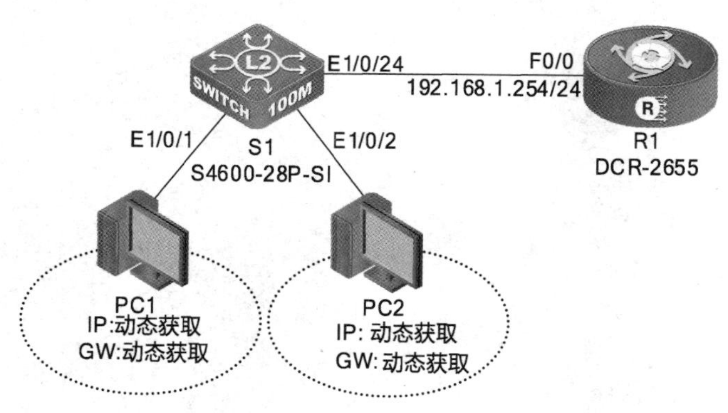

图 3.3.1　路由器的 DHCP 技术拓扑结构

具体要求如下。

（1）根据图 3.3.1 所示的拓扑结构，使用直通线连接好所有设备，并设置计算机 PC1 和

PC2 的 IP 地址和默认网关为 DHCP 获取方式。

（2）在路由器上开启 DHCP 服务，并设置保留 IP 地址，使连接在不同交换机上的计算机获得相应的 IP 地址，最终实现全网互通。路由器和计算机的 IP 地址参数如表 3.3.1 所示。

表 3.3.1　路由器和计算机的 IP 地址参数

设　备	接　口	IP 地址	子网掩码	默认网关
R1	F0/0	192.168.1.254	255.255.255.0	N/A
PC1	E1/0/1	DHCP 自动获取	DHCP 自动获取	DHCP 自动获取
PC2	E1/0/2	DHCP 自动获取	DHCP 自动获取	DHCP 自动获取

任务实施

步骤 1：恢复路由器和交换机的出厂配置，此处略。

步骤 2：设置交换机 S1 的名称。

```
S4600-28P-SI>enable
S4600-28P-SI#config terminal
S4600-28P-SI(config)#hostname S1
S1(config)#
```

步骤 3：为路由器设置主机名称并配置接口 IP 地址。

```
Router>enable                                           //进入特权配置模式
Router#config                                           //进入全局配置模式
Router_config#hostname R1                               //修改主机名称
R1_config#interface f0/0                                //进入接口模式
R1_config_f0/0#ip address 192.168.1.254 255.255.255.0   //配置 IP 地址
R1_config_ f0/0#no shutdown
R1_config_ f0/0#^Z                       //按“Ctrl+Z”组合键进入特权配置模式
```

步骤 4：DHCP 服务器的配置。

```
R1#config
R1_config#ip dhcpd enable                                //启动 DHCP 服务
R1_config#ip dhcpd pool 1                                //定义地址池
R1_config_dhcp#network 192.168.1.0 255.255.255.0         //定义网络号
R1_config_dhcp#range 192.168.1.1 192.168.1.20            //定义地址范围
R1_config_dhcp#default-router 192.168.1.254              //定义默认网关
R1_config_dhcp#lease 1                                   //定义租约为 1 天
R1_config_dhcp#exit
```

查看DHCP服务器的配置。

```
R1#show ip dhcpd pool
DHCP Server Address Pool Information:
Pool 1 :
Network : 192.168.1.0
Range : 192.168.1.1 - 192.168.1.20
Total address : 20
Leased address : 0
Abandoned address : 0
Available address : 20
```

任务验收

步骤1：配置计算机并验证获得的地址。

设置计算机的IP地址为自动获得IP地址，如图3.3.2所示。

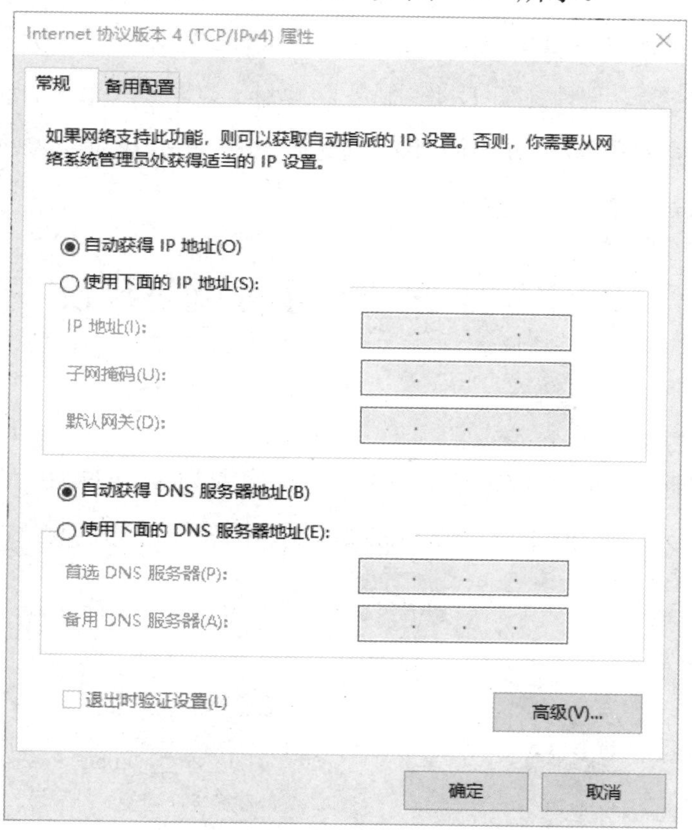

图3.3.2　设置计算机的IP地址

步骤2：选择“开始”→“运行”菜单命令，弹出“运行”对话框，在“打开”文本框中输入“cmd”，在命令行界面中输入“ipconfig/all”，DHCP验证结果如图3.3.3所示。

```
C:\Windows\system32\cmd.exe
Microsoft Windows [版本 10.0.18363.1556]
(c) 2019 Microsoft Corporation。保留所有权利。

C:\Users\zhangwenku>ipconfig /all

Windows IP 配置

   主机名  . . . . . . . . . . . . . : DESKTOP-QNEGRFO
   主 DNS 后缀 . . . . . . . . . . . :
   节点类型  . . . . . . . . . . . . : 混合
   IP 路由已启用 . . . . . . . . . . : 否
   WINS 代理已启用 . . . . . . . . . : 否

以太网适配器 以太网:

   连接特定的 DNS 后缀 . . . . . . . :
   描述. . . . . . . . . . . . . . . : Realtek PCIe GbE Family Controller
   物理地址. . . . . . . . . . . . . : 10-E7-C6-4D-82-8F
   DHCP 已启用 . . . . . . . . . . . : 是
   自动配置已启用. . . . . . . . . . : 是
   本地链接 IPv6 地址. . . . . . . . : fe80::9195:cacd:aa63:c82f%3(首选)
   IPv4 地址 . . . . . . . . . . . . : 192.168.1.1(首选)
   子网掩码  . . . . . . . . . . . . : 255.255.255.0
   获得租约的时间  . . . . . . . . . : 2022年4月27日 13:05:52
   租约过期的时间  . . . . . . . . . : 2022年4月28日 13:05:51
   默认网关. . . . . . . . . . . . . : 192.168.1.254
   DHCP 服务器 . . . . . . . . . . . : 192.168.1.254
   DHCPv6 IAID . . . . . . . . . . . : 101771206
   DHCPv6 客户端 DUID  . . . . . . . : 00-01-00-01-27-E0-D4-D8-10-E7-C6-4D-82-8F
   DNS 服务器  . . . . . . . . . . . : fec0:0:0:ffff::1%1
                                       fec0:0:0:ffff::2%1
                                       fec0:0:0:ffff::3%1
   TCPIP 上的 NetBIOS  . . . . . . . : 已启用
```

图 3.3.3　DHCP 验证结果

学习小结

本任务介绍了路由器的 DHCP 技术。路由器的 DHCP 技术可以使下连的计算机通过交换机获取 IP 地址、子网掩码、网关和 DNS 服务器地址。当一个网络有数量庞大的计算机时，使用 DHCP 服务可以很方便地为每一台计算机配置好相应的 IP 地址参数，减轻了网络管理员分配 IP 地址的工作负担。

项目实训　某小型企业网络建设

❖ 项目描述

某小型企业网络刚刚建设完成，有 3 个 VLAN，分别为 VLAN 10、VLAN 20 和 VLAN 30，拓扑结构如图 3.3.4 所示。请根据设计要求完成相关网络设备的连接。

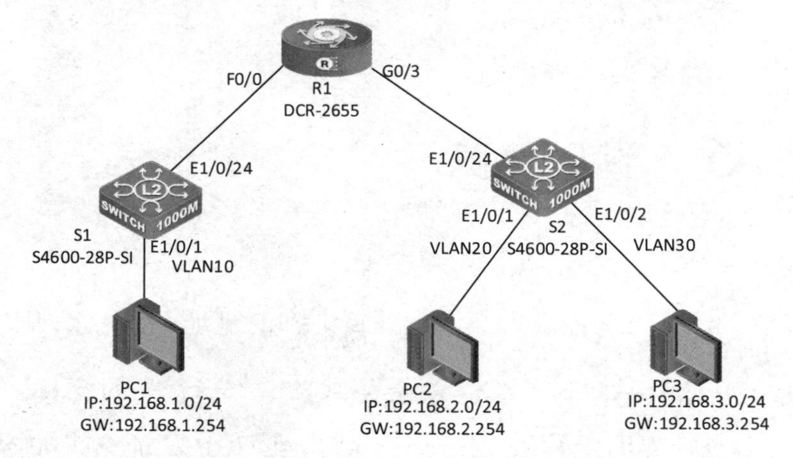

图 3.3.4　某小型企业网络拓扑结构

❖ 项目要求

实现全网互通，VLAN 10、VLAN 20 和 VLAN 30 都是动态获取 IP 地址的。

❖ 项目评价

本项目应用了路由器的管理方法和单臂路由、DHCP 技术的实现方法。通过本项目的训练，可以提高学生构建小型网络的动手能力。

根据实际情况填写项目实训评价表。

项目实训评价表

	内　容		评　价		
	学 习 目 标	评 价 项 目	3	2	1
职业能力	根据拓扑结构正确连接设备	能区分 T568A、T568B 标准			
		能制作美观实用的网线			
		能合理使用网线			
	根据拓扑结构完成设备命名与基本配置	能正确命名			
		能合理划分 VLAN			
		能合理规划 IP 地址			
		能正确配置相关 IP 地址			
	根据需要设置路由器单臂路由	能对接口封装链路协议			
		能设置子接口 IP 地址			
	根据需要设置路由器 DHCP	能让客户端正确获取 IP 地址			
	根据需要设置交换机 DHCP	能让客户端正确获取 IP 地址			
通用能力	交流表达的能力				
	与人合作的能力				
	沟通能力				
	组织能力				
	活动能力				
	解决问题的能力				
	自我提高的能力				
	创新能力				
综 合 评 价					

项目 4

路由协议配置

项目描述

路由器提供了异构网互连的机制，可以将一个网络的数据包发送到另一个网络，而路由就是指导 IP 数据包发送的路径信息。路由协议就是在路由指导 IP 数据包发送过程中事先约定好的规定和标准。路由协议通过在路由器之间共享路由信息来支持可路由协议。路由信息在相邻路由器之间传递，确保所有路由器知道到其他路由器的路径。总之，路由协议创建了路由表，描述了网络拓扑结构；路由协议与路由器协同工作，执行路由选择和数据包转发功能。在实际应用中，路由器通常连接着许多不同的网络，要实现多个不同网络间的通信，则要在路由器上配置路由协议。

本项目重点学习路由器的静态路由的配置、默认路由及浮动静态路由的配置、动态路由 RIPv2 协议的配置及动态路由 OSPF 协议的配置。

知识目标

1. 了解路由表的产生方式。
2. 了解静态路由的作用。
3. 理解静态路由和动态路由的区别。
4. 理解静态路由的工作原理。
5. 理解默认路由及浮动静态路由的作用。
6. 熟悉各种路由协议的应用场合。

能力目标

1. 能实现路由器和三层交换机的静态路由协议的配置。
2. 能实现路由器和三层交换机的默认路由与浮动静态路由的配置。
3. 能实现路由器和三层交换机的动态路由 RIPv2 协议的配置。

4. 能实现路由器和三层交换机的动态路由 EIGRP 协议的配置。

5. 能实现路由器和三层交换机的动态路由 OSPF 协议的配置。

素质目标

1. 具有团队合作精神和写作能力，培养协同创新能力。
2. 具有良好的沟通能力和独立思考能力，培养清晰有序的逻辑思维。
3. 具有良好的信息素养和学习能力，能够运用正确的方法和技巧掌握新知识、新技能。
4. 具有系统分析与解决问题的能力，能够掌握任务资讯并完成项目任务。

素养目标

1. 培养严谨的逻辑思维，能够正确地处理路由网络中的问题。
2. 培养严谨的职业素养，遵守职业道德规范，在处理网络故障时可以做到一丝不苟。

思维导图

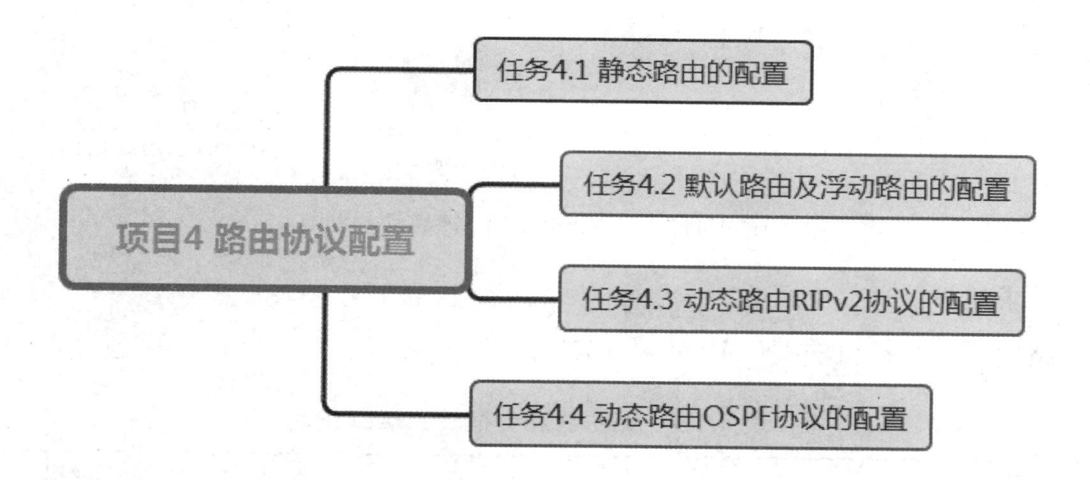

任务 4.1　静态路由的配置

静态路由是指由网络管理员手动配置的路由信息。当网络的拓扑结构或链路状态发生变化时，网络管理员要手动修改路由表中的静态路由信息。静态路由信息在默认情况下不会传递给其他的路由器，一般适合比较简单的网络环境。

任务情境

某公司刚成立，规模很小。该公司的网络管理员经过考虑，决定在公司的路由器、交换机和运营商路由器之间使用静态路由，实现网络的互联。

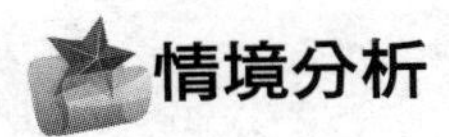

情境分析

静态路由一般适合比较简单的网络环境。在这样的环境中，网络管理员应非常清楚地了解网络的拓扑结构，以便配置正确的路由信息。由于该网络规模较小且不经常变动，所以使用静态路由比较合适。

下面以两台型号为DCR-2655的路由器和一台型号为C6200-28X-EI的三层交换机来模拟网络，介绍静态路由的配置方法，其拓扑结构如图4.1.1所示。

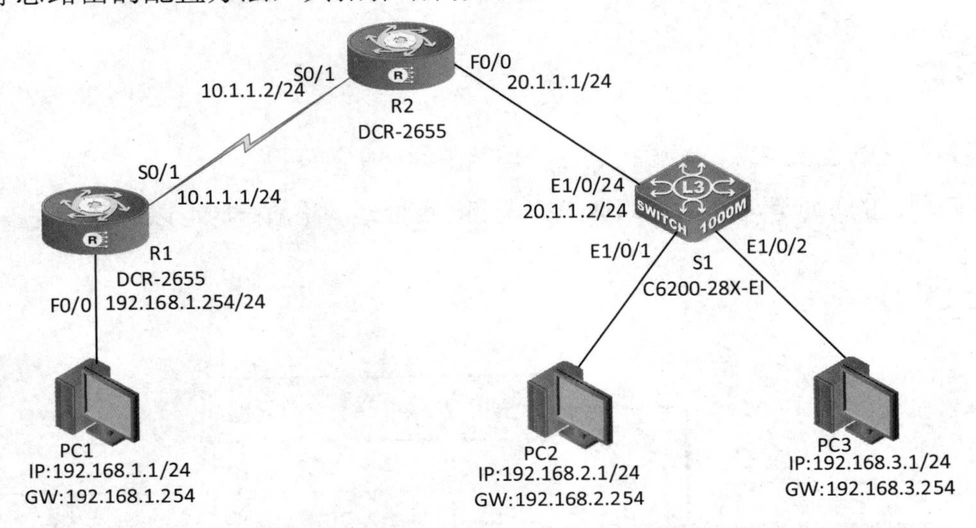

图4.1.1　静态路由的配置拓扑结构

具体要求如下。

（1）路由器和交换机的端口IP如表4.1.1所示。

表4.1.1　路由器和交换机的端口IP

设 备 名	端　口	IP地址/子网掩码
R1	F0/0	192.168.1.254/24
	S0/1	10.1.1.1/24
R2	S0/1	10.1.1.2/24
	F0/0	20.1.1.1/24
S1	E1/0/1（SVI 10）	192.168.2.254/24
	E1/0/2（SVI 20）	192.168.3.254/24
	E1/0/24（SVI 30）	20.1.1.2/24

（2）根据图4.1.1所示的拓扑结构，使用相应的线缆连接好所有的网络设备。设置每台计算机的IP地址、子网掩码和默认网关，计算机的IP参数如表4.1.2所示。

表 4.1.2　计算机的 IP 参数

计　算　机	IP 地址	子 网 掩 码	默 认 网 关
PC1	192.168.1.1	255.255.255.0	192.168.1.254
PC2	192.168.2.1	255.255.255.0	192.168.2.254
PC3	192.168.3.1	255.255.255.0	192.168.3.254

（3）在两台路由器和一台交换机之间添加静态路由，实现全网互通。

任务实施

步骤 1：恢复交换机和路由器的出厂配置，此处略。

步骤 2：配置 R1 的主机名称及其接口 IP 地址。

```
Router>enable
Router#config
Router_config#hostname R1
R1_config#interface fastEthernet 0/0
R1_config_f0/0#ip address 192.168.1.254 255.255.255.0
R1_config_f0/0#no shutdown
R1_config_f0/0#int serial 0/1
R1_config_s0/1#ip add 10.1.1.1 255.255.255.0
R1_config_s0/1#physical-layer speed 64000
R1_config_s0/1#no shutdown
R1_config_s0/1#^Z
```

步骤 3：配置 R2 的主机名称及其接口 IP 地址。

```
Router>enable
Router#config
Router_config#hostname R2
R2_config#interface fastEthernet 0/0
R2_config_f0/0#ip add 20.1.1.1 255.255.255.0
R2_config_f0/0#no shutdown
R2_config_f0/0#int serial 0/1
R2_config_s0/1#ip add 10.1.1.2 255.255.255.0
R2_config_s0/1#no shutdown
R2_config_s0/1#^Z
```

步骤 4：配置 S1 的主机名称及其接口 IP 地址。

```
CS6200-28X-EI>enable
CS6200-28X-EI#config
CS6200-28X-EI(config)#hostname S1
```

```
S1(config)#vlan 10
S1(config-vlan10)#switchport interface ethernet 1/0/1
Set the port Ethernet1/0/1 access vlan 10 successfully
S1(config-vlan10)#vlan 20
S1(config-vlan20)#switchport interface ethernet 1/0/2
Set the port Ethernet1/0/2 access vlan 20 successfully
S1(config-vlan20)#vlan 30
S1(config-vlan30)#switchport interface ethernet 1/0/24
Set the port Ethernet1/0/24 access vlan 30 successfully
S1(config-vlan30)#exit
S1(config)#interface ethernet 1/0/24
S1(config-if-ethernet1/0/24)#media-type copper
S1(config-if-ethernet1/0/24)#exit
S1(config)#interface vlan 10
S1(config-if-vlan10)#ip add 192.168.2.254 255.255.255.0
S1(config-if-vlan10)#exit
S1(config)#interface vlan 20
S1(config-if-vlan20)#ip add 192.168.3.254 255.255.255.0
S1(config-if-vlan20)#exit
S1(config)#interface vlan 30
S1(config-if-vlan30)#ip add 20.1.1.2 255.255.255.0
S1(config-if-vlan30)#
```

步骤 5：查看 R1 接口的配置情况。

```
R1#show ip int brief
Interface                  IP-Address        Method        Protocol-Status
Async0/0                   unassigned        manual        down
Serial0/1                  10.1.1.2          manual        up
Serial0/2                  unassigned        manual        down
fastEthernet0/0            192.168.1.254     manual        up
gigaEthernet0/3            unassigned        manual        down
gigaEthernet0/4            unassigned        manual        down
gigaEthernet0/5            unassigned        manual        down
gigaEthernet0/6            unassigned        manual        down
```

步骤 6：查看 S1 接口的配置情况。

```
S1#show ip int brief
Index     Interface          IP-Address        Protocol
1154      Ethernet0          unassigned        down
```

```
11010     Vlan10              192.168.2.254     up
11020     Vlan20              192.168.3.254     up
11030     Vlan30              20.1.1.2          up
17500     Loopback             127.0.0.1        up
```

步骤7：在各网络设备上配置静态路由。

（1）在R1上配置静态路由。

```
R1_config#ip route 192.168.2.0 255.255.255.0 10.1.1.2
R1_config#ip route 192.168.3.0 255.255.255.0 10.1.1.2
R1_config#ip route 20.1.1.0 255.255.255.0 10.1.1.2
```

（2）在R2上配置静态路由。

```
R2_config#ip route 192.168.1.0 255.255.255.0 10.1.1.1
R2_config#ip route 192.168.2.0 255.255.255.0 20.1.1.2
R2_config#ip route 192.168.3.0 255.255.255.0 20.1.1.2
```

（3）在S1上配置静态路由。

```
S1(config)#ip route 192.168.1.0 255.255.255.0 20.1.1.1
S1(config)#ip route 10.1.1.0 255.255.255.0 20.1.1.1
```

步骤8：查看R1的路由表。

```
R1#show ip route
Codes: C - connected, S - static, R - RIP, B - BGP, BC - BGP connected
       D - BEIGRP, DEX - external BEIGRP, O - OSPF, OIA - OSPF inter area
       ON1 - OSPF NSSA external type 1, ON2 - OSPF NSSA external type 2
       OE1 - OSPF external type 1, OE2 - OSPF external type 2
       DHCP - DHCP type, L1 - IS-IS level-1, L2 - IS-IS level-2
VRF ID: 0
C          10.1.1.0/24            is directly connected, Serial0/1
S          20.1.1.0/24            [1,0] via 10.1.1.2(on Serial0/1)
C          192.168.1.0/24         is directly connected, fastEthernet0/0
S          192.168.2.0/24         [1,0] via 10.1.1.2(on Serial0/1)
S          192.168.3.0/24         [1,0] via 10.1.1.2(on Serial0/1)
//注意静态路由的管理距离是1
```

任务验收

在配置路由协议之后，验证网络的连通性。在PC1上ping PC2和PC3，发现网络已连通，测试结果如图4.1.2所示。

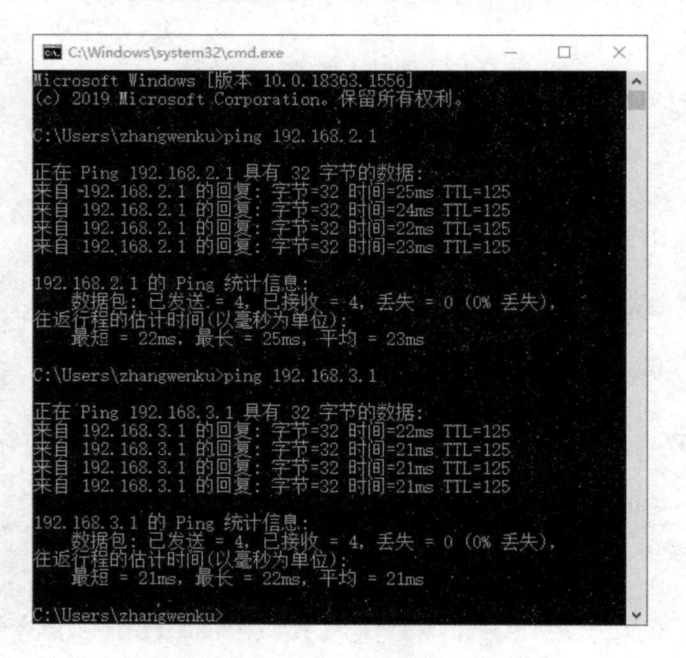

图 4.1.2　连通性测试结果

小贴士

（1）在配置静态路由时，必须双向配置才能互通。

（2）非直连的网段都要配置路由。

（3）两台路由器如果使用串口连接，则必须将其中一端设置为 DCE 端。

任务资讯

1．路由表的产生方式

路由器在转发数据时，首先要在路由表中查找相应的路由。路由表的产生方式有三种。

（1）直连网络：路由器自动添加和自己直接连接的网络路由。

（2）静态路由：由网络管理员手动配置路由信息。当网络的拓扑结构或链路状态发生变化时，需要网络管理员手动修改路由表中的相关路由信息。

（3）动态路由：由路由协议动态产生的路由。

2．静态路由的优缺点

静态路由的优点：网络安全保密性强。动态路由需要在路由器之间频繁地交换各自的路由表，而对路由表的分析可以揭示网络的拓扑结构和网络地址等信息。因此，在有网络安全方面的考虑时可以采用静态路由。

静态路由的缺点：大型和复杂的网络环境通常不宜采用静态路由。一方面，网络管理员难以全面地了解整个网络的拓扑结构；另一方面，当网络的拓扑结构或链路状态发生变化时，路由器中的静态路由信息需要大范围地调整，这一工作的难度和复杂程度非常大。

在小型网络中，使用静态路由是较好的选择。当网络管理员想控制数据转发路径时，也会使用静态路由。

静态路由的配置命令如下所示。

```
ip route 目的网络的 IP 地址 子网掩码 下一跳 IP 地址/本地接口
```

学习小结

本任务介绍了路由器之间是如何实现静态路由的。需要注意的是，在添加静态路由时，非直连网段也要进行配置。静态路由开销小，但不灵活，只适合相对稳定的网络。在小型网络中，是可以选择静态路由的，但对于中大型网络而言，静态路由的工作量就很大了。

任务 4.2　默认路由及浮动静态路由的配置

任务情境

随着业务规模的不断扩大，某公司现有北京总部和天津分部两个办公地点，分部与总部之间使用路由器互联。该公司的网络管理员经过考虑，决定在总部和分部之间的路由器中配置默认路由和浮动静态路由，提高链路的可用性，使所有的计算机都能够互相访问。

情境分析

北京、天津的路由器分别为 R1 和 R2，路由器需配置默认路由和浮动静态路由。配置浮动静态路由实现当总部与分部互联的主链路断开时，可以通过备份链路互联。

下面以两台型号为 DCR-2655 的路由器来模拟网络，介绍默认路由及浮动静态路由的配置，其拓扑结构如图 4.2.1 所示。

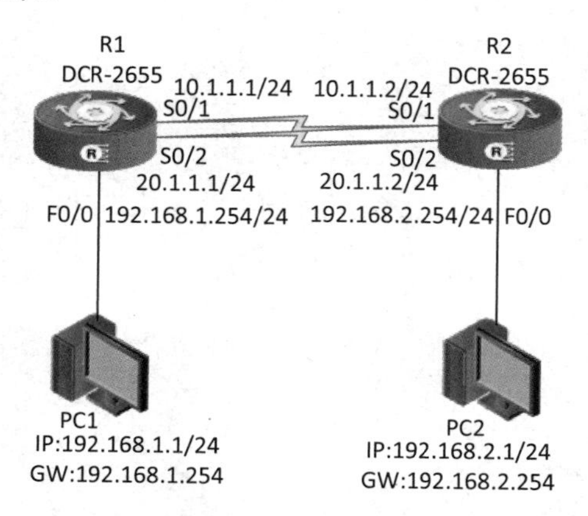

图 4.2.1　默认路由及浮动静态路由的配置拓扑结构

具体要求如下。

（1）路由器的端口 IP 地址如表 4.2.1 所示。

表 4.2.1　路由器的端口 IP 地址

设　备　名	端　　口	IP 地址/子网掩码
R1	S0/1	10.1.1.1/24
	S0/2	20.1.1.1/24
	F0/0	192.168.1.254/24
R2	S0/1	10.1.1.2/24
	S0/2	20.1.1.2/24
	F0/0	192.168.2.254/24

（2）根据图 4.2.1 所示的拓扑结构，使用相应的线缆连接好所有的计算机和路由器。设置每台计算机的 IP 地址、子网掩码和默认网关，计算机的 IP 参数如表 4.2.2 所示。

表 4.2.2　计算机的 IP 参数

计　算　机	IP 地址	子 网 掩 码	默 认 网 关
PC1	192.168.1.1	255.255.255.0	192.168.1.254
PC2	192.168.2.1	255.255.255.0	192.168.2.254

（3）在两台路由器上添加默认路由及浮动静态路由实现全网互通和链路备份。在配置浮动静态路由优先级时，配置 10.1.1.0 网段为主链路，20.1.1.0 网段为备份链路，最终实现总部计算机与分部计算机的互通。

任务实施

步骤 1：恢复路由器的出厂配置，此处略。

步骤 2：在 R1 接口上配置 IP 地址。

```
Router>enable
Router#config
Router_config#hostname R1
Router_configinterface fastEthernet 0/0
R1_config_f0/0#ip address 192.168.1.254 255.255.255.0
R1_config_f0/0#no shutdown
R1_config#exit
R1_config#int s0/1
R1_config_s0/1#ip add 10.1.1.1 255.255.255.0
R1_config_s0/1#no shutdown
R1_config_s0/1#exit
```

```
R1_config#int s0/2
R1_config_s0/2#ip add 20.1.1.1 255.255.255.0
R1_config_s0/2#no shutdown
R1_config_s0/2#exit
```

步骤 3：在 R2 接口上配置 IP 地址。

```
Router>enable
Router#config
Router_config#hostname R2
R2_config#interface fastEthernet 0/0
R2_config_f0/0#ip add 192.168.2.254 255.255.255.0
R2_config_f0/0#no shut down
R2_config_f0/0#exit
R2_config#int s0/1
R2_config_s0/1#ip add 10.1.1.2 255.255.255.0
R2_config_s0/1#no shutdown
R2_config_s0/1#exit
R2_config#int s0/2
R2_config_s0/2#ip add 20.1.1.2 255.255.255.0
R2_config_s0/2#no shutdown
R2_config_s0/2#exit
```

步骤 4：查看 R1 接口的地址配置情况。

```
R1#show ip int brief
Interface          IP-Address     Method       Protocol-Status
Async0/0           unassigned     manual       down
Serial0/1          10.1.1.1       manual       up
Serial0/2          20.1.1.1       manual       up
fastEthernet0/0    192.168.1.254  manual       up
gigaEthernet0/3    unassigned     manual       down
gigaEthernet0/4    unassigned     manual       down
gigaEthernet0/5    unassigned     manual       down
gigaEthernet0/6    unassigned     manual       down
R1#
```

步骤 5：查看 R2 接口的地址配置情况。

```
R2#show ip int brief
Interface          IP-Address     Method       Protocol-Status
Async0/0           unassigned     manual       down
Serial0/1          10.1.1.2       manual       up
Serial0/2          20.1.1.2       manual       up
```

```
fastEthernet0/0     192.168.2.254   manual          up
gigaEthernet0/3     unassigned      manual          down
gigaEthernet0/4     unassigned      manual          down
gigaEthernet0/5     unassigned      manual          down
gigaEthernet0/6     unassigned      manual          down
R2#
```

步骤 6：在 R1 上配置默认路由。

```
R1_config#ip route 0.0.0.0 0.0.0.0 10.1.1.2
R1_config#ip route 0.0.0.0 0.0.0.0 20.1.1.2 50
```

步骤 7：在 R2 上配置默认路由。

```
R2_config#ip route 0.0.0.0 0.0.0.0 10.1.1.1
R2_config#ip route 0.0.0.0 0.0.0.0 20.1.1.1 50
```

步骤 8：查看 R1 的路由表。

```
R1#show ip route
Codes: C - connected, S - static, R - RIP, B - BGP, BC - BGP connected
       D - BEIGRP, DEX - external BEIGRP, O - OSPF, OIA - OSPF inter area
       ON1 - OSPF NSSA external type 1, ON2 - OSPF NSSA external type 2
       OE1 - OSPF external type 1, OE2 - OSPF external type 2
       DHCP - DHCP type, L1 - IS-IS level-1, L2 - IS-IS level-2


VRF ID: 0


S      0.0.0.0/0          [1,0] via 10.1.1.2(on Serial0/1)
C      10.1.1.0/24        is directly connected, Serial0/1
C      20.1.1.0/24        is directly connected, Serial0/2
C      192.168.1.0/24     is directly connected, fastEthernet0/0
```

步骤 9：查看 R2 的路由表。

```
R2#show ip route
Codes: C - connected, S - static, R - RIP, B - BGP, BC - BGP connected
       D - BEIGRP, DEX - external BEIGRP, O - OSPF, OIA - OSPF inter area
       ON1 - OSPF NSSA external type 1, ON2 - OSPF NSSA external type 2
       OE1 - OSPF external type 1, OE2 - OSPF external type 2
       DHCP - DHCP type, L1 - IS-IS level-1, L2 - IS-IS level-2
VRF ID: 0
S      0.0.0.0/0          [1,0] via 10.1.1.1(on Serial0/1)
C      10.1.1.0/24        is directly connected, Serial0/1
C      20.1.1.0/24        is directly connected, Serial0/2
C      192.168.2.0        is directly connected, fastEthernet0/0
```

任务验收

步骤 1：配置路由协议后，验证网络的连通性。

（1）使用 PC1 ping PC2 的 IP 地址，可以看到是连通的，如图 4.2.2 所示。

```
C:\Windows\system32\cmd.exe
Microsoft Windows [版本 10.0.18363.1556]
(c) 2019 Microsoft Corporation。保留所有权利。

C:\Users\zhangwenku>ping 192.168.2.1

正在 Ping 192.168.2.1 具有 32 字节的数据:
来自 192.168.2.1 的回复: 字节=32 时间=933ms TTL=126
来自 192.168.2.1 的回复: 字节=32 时间=642ms TTL=126
来自 192.168.2.1 的回复: 字节=32 时间=551ms TTL=126
来自 192.168.2.1 的回复: 字节=32 时间=791ms TTL=126

192.168.2.1 的 Ping 统计信息:
    数据包: 已发送 = 4，已接收 = 4，丢失 = 0 (0% 丢失)，
往返行程的估计时间(以毫秒为单位):
    最短 = 551ms，最长 = 933ms，平均 = 729ms
```

图 4.2.2　测试 PC1 与 PC2 的连通性

（2）通信正常，再使用 tracert 命令查看此时 PC1 与 PC2 通信所经过的网关，检测所走路径是否为主链路，如图 4.2.3 所示。

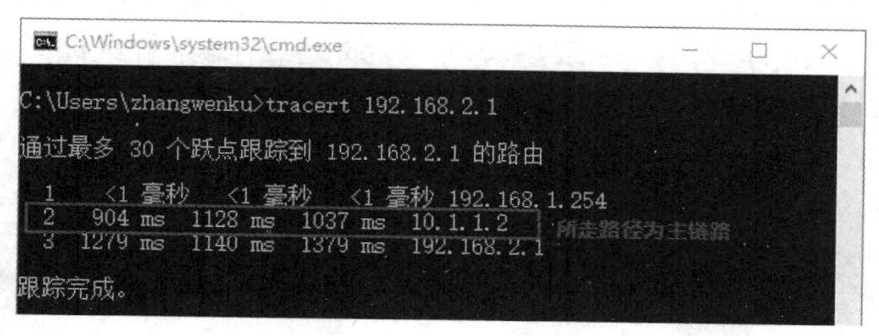

图 4.2.3　检测所走路径是否为主链路

步骤 2：测试计算机通信时使用的备用链路。

（1）将路由器 R1 的 Serial0/1 关闭，使用 PC1 ping PC2 的 IP 地址，可以看到网络依然是连通的，如图 4.2.4 所示。

```
C:\Windows\system32\cmd.exe
Microsoft Windows [版本 10.0.18363.1556]
(c) 2019 Microsoft Corporation。保留所有权利。

C:\Users\zhangwenku>ping 192.168.2.1

正在 Ping 192.168.2.1 具有 32 字节的数据:
来自 192.168.2.1 的回复: 字节=32 时间=2ms TTL=126
来自 192.168.2.1 的回复: 字节=32 时间=2ms TTL=126
来自 192.168.2.1 的回复: 字节=32 时间=2ms TTL=126
来自 192.168.2.1 的回复: 字节=32 时间=2ms TTL=126

192.168.2.1 的 Ping 统计信息:
    数据包: 已发送 = 4，已接收 = 4，丢失 = 0 (0% 丢失)，
往返行程的估计时间(以毫秒为单位):
    最短 = 2ms，最长 = 2ms，平均 = 2ms
```

图 4.2.4　关闭 R1 的 Serial0/1 后测试 PC1 与 PC2 的连通性

（2）使用 tracert 命令查看此时 PC1 与 PC2 通信所经过的网关，检测所走路径是否为备用链路，如图 4.2.5 所示。

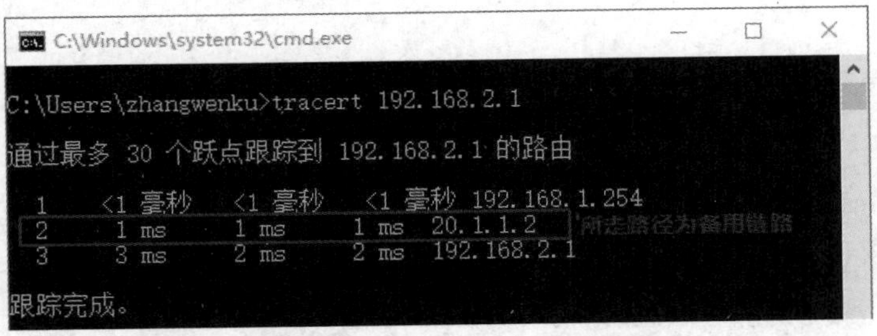

```
C:\Windows\system32\cmd.exe

C:\Users\zhangwenku>tracert 192.168.2.1

通过最多 30 个跃点跟踪到 192.168.2.1 的路由

  1    <1 毫秒   <1 毫秒   <1 毫秒 192.168.1.254
  2     1 ms     1 ms     1 ms  20.1.1.2   所走路径为备用链路
  3     3 ms     2 ms     2 ms  192.168.2.1

跟踪完成。
```

图 4.2.5　检测所走路径是否为备用链路

任务资讯

1．默认路由

默认路由是一种特殊的静态路由，指的是当路由表中的数据报与目的地址之间没有匹配的表项时，路由器能够做出的选择。如果没有默认路由，那么在路由表中没有与目的地址匹配的数据报将被丢弃。默认路由在某些时候非常有效，当存在末梢网络时，默认路由会极大地简化路由器的配置，减轻网络管理员的工作负担，提高网络性能。

默认路由和静态路由的命令格式一样。只是把目的网络的 IP 地址和子网掩码改成了 0.0.0.0 和 0.0.0.0。

默认路由的配置命令如下所示。

```
ip route 0.0.0.0 0.0.0.0 下一跳IP地址/本地接口
```

2．浮动静态路由

浮动静态路由（Floating Static Route）是一种特殊的静态路由，通过配置有相同的目的网段，但优先级不同的静态路由，保证在网络中优先级较高的路由（主路由）失效的情况下，能够提供备份路由。在正常情况下，备份路由不会出现在路由表中。

学习小结

（1）默认路由是目的网络的 IP 地址/子网掩码为 0.0.0.0 的路由。

（2）浮动静态路由是一种特殊的静态路由。

任务 4.3　动态路由 RIPv2 协议的配置

路由信息协议（Routing Information Protocol，RIP）是应用较早、使用较普遍的动态路由协议，也是内部网关协议。由于 RIP 以跳数衡量路径的开销，且规定最大跳数为 15，因此 RIP 在实际应用中是有一定限制的，通常适合中小型企业网络。

任务情境

随着网络规模的不断扩大，某公司的路由器开始有所增加。该公司的网络管理员发现原有的静态路由已经不适合现在的公司了，因此，他决定在公司的路由器之间使用动态的 RIP 路由协议来实现网络的互联。

情境分析

由于公司的网络规模开始扩大，在路由器较多的网络环境中，手动配置静态路由会给网络管理员带来很重的工作负担，使用 RIP 路由协议可以很好地解决该问题。因此，网络管理员决定使用动态路由 RIPv2 协议。

下面以两台型号为 DCR-2655 的路由器和一台型号为 C6200-28X-EI 的三层交换机来模拟网络，介绍动态路由 RIPv2 协议的配置，其拓扑结构如图 4.3.1 所示。

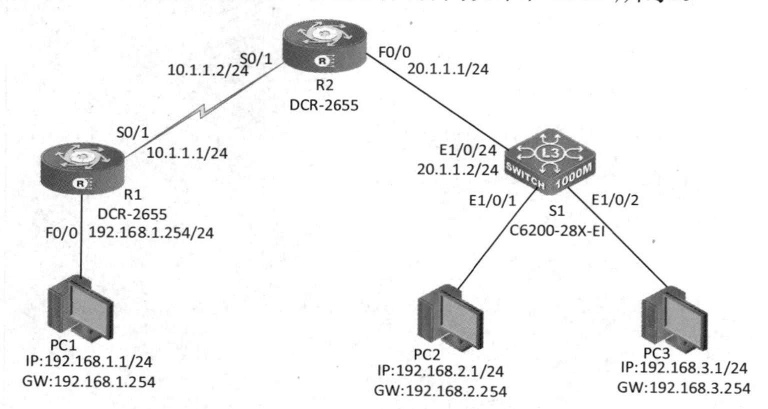

图 4.3.1　动态路由 RIPv2 的配置拓扑结构

具体要求如下。

（1）路由器和交换机的端口 IP 如表 4.3.1 所示。

表 4.3.1　路由器和交换机的端口 IP

设 备 名	端　口	IP 地址/子网掩码
R1	F0/0	192.168.1.254/24
	S0/1	10.1.1.1/24
R2	S0/1	10.1.1.2/24
	F0/0	20.1.1.1/24
S1	E1/0/1（SVI 10）	192.168.2.254/24
	E1/0/2（SVI 20）	192.168.3.254/24
	E1/0/24（SVI 30）	20.1.1.2/24

（2）根据图 4.3.1 所示的拓扑结构，连接好所有的计算机。设置每台计算机的 IP 地址、

子网掩码和默认网关，计算机的 IP 参数如表 4.3.2 所示。

表 4.3.2　计算机的 IP 参数

计 算 机	IP 地址	子 网 掩 码	默 认 网 关
PC1	192.168.1.1	255.255.255.0	192.168.1.254
PC2	192.168.2.1	255.255.255.0	192.168.2.254
PC3	192.168.3.1	255.255.255.0	192.168.3.254

（3）在两台路由器和一台交换机之间添加动态路由 RIPv2 协议实现全网互通。

任务实施

步骤 1：恢复交换机和路由器的出厂配置，此处略。

步骤 2：配置 R1 的主机名称及其接口 IP 地址。

```
Router>enable
Router#config
Router_config#hostname R1
R1_config#interface fastEthernet 0/0
R1_config_f0/0#ip address 192.168.1.254 255.255.255.0
R1_config_f0/0#no shutdown
R1_config_f0/0#int serial 0/1
R1_config_s0/1#ip add 10.1.1.1 255.255.255.0
R1_config_s0/1#physical-layer speed 64000
R1_config_s0/1#no shutdown
R1_config_s0/1#^Z
```

步骤 3：配置 R2 的主机名称及其接口 IP 地址。

```
Router>enable
Router#config
Router_config#hostname R2
R2_config#interface fastEthernet 0/0
R2_config_f0/0#ip add 20.1.1.1 255.255.255.0
R2_config_f0/0#no shutdown
R2_config_f0/0#int serial 0/1
R2_config_s0/1#ip add 10.1.1.2 255.255.255.0
R2_config_s0/1#no shutdown
R2_config_s0/1#^Z
```

步骤 4：配置 S1 的主机名称及其接口 IP 地址。

```
CS6200-28X-EI>enable
CS6200-28X-EI#config
```

```
CS6200-28X-EI(config)#hostname S1
S1(config)#vlan 10
S1(config-vlan10)#switchport interface ethernet 1/0/1
Set the port Ethernet1/0/1 access vlan 10 successfully
S1(config-vlan10)#vlan 20
S1(config-vlan20)#switchport interface ethernet 1/0/2
Set the port Ethernet1/0/2 access vlan 20 successfully
S1(config-vlan20)#vlan 30
S1(config-vlan30)#switchport interface ethernet 1/0/24
Set the port Ethernet1/0/24 access vlan 30 successfully
S1(config-vlan30)#exit
S1(config)#interface ethernet 1/0/24
S1(config-if-ethernet1/0/24)#media-type copper
S1(config-if-ethernet1/0/24)#exit
S1(config)#interface vlan 10
S1(config-if-vlan10)#ip add 192.168.2.254 255.255.255.0
S1(config-if-vlan10)#exit
S1(config)#interface vlan 20
S1(config-if-vlan20)#ip add 192.168.3.254 255.255.255.0
S1(config-if-vlan20)#exit
S1(config)#interface vlan 30
S1(config-if-vlan30)#ip add 20.1.1.2 255.255.255.0
S1(config-if-vlan30)#
```

步骤 5：查看 R1 接口的配置情况。

```
R1#show ip int brief
Interface            IP-Address        Method      Protocol-Status
Async0/0             unassigned        manual      down
Serial0/1            10.1.1.2          manual      up
Serial0/2            unassigned        manual      down
fastEthernet0/0      192.168.1.254     manual      up
gigaEthernet0/3      unassigned        manual      down
gigaEthernet0/4      unassigned        manual      down
gigaEthernet0/5      unassigned        manual      down
gigaEthernet0/6      unassigned        manual      down
```

步骤 6：查看 S1 接口的配置情况。

```
S1#show ip int brief
Index            Interface         IP-Address          Protocol
1154             Ethernet0         unassigned          down
11010            Vlan10            192.168.2.254       up
```

```
11020               Vlan20          192.168.3.254     up
11030               Vlan30          20.1.1.2          up
17500               Loopback        127.0.0.1         up
```

步骤7：在各网络设备上配置RIPv2协议并关闭自动汇总。

（1）在R1上配置RIPv2协议并关闭自动汇总。

```
R1_config#router rip                          //启动RIP协议
R1_config_rip#version 2                       //指明为版本2
R1_config_rip#no auto-summary                 //关闭自动汇总
R1_config_rip#network 192.168.1.0             //宣告直连网段
R1_config_rip#network 10.1.1.0                //宣告直连网段
```

（2）在R2上配置RIPv2协议并关闭自动汇总。

```
R2_config#router rip                          //启动RIP协议
R2_config_rip#version 2                       //指明为版本2
R2_config_rip#no auto-summary                 //关闭自动汇总
R2_config_rip#network 10.1.1.0                //宣告直连网段
R2_config_rip#network 20.1.1.0                //宣告直连网段
```

（3）在S1上配置RIPv2协议并关闭自动汇总。

```
S1(config)#router rip                         //启动RIP协议
S1(config-router)#version 2                   //指明为版本2
S1(config-router)#network vlan 10             //宣告直连网段
S1(config-router)#network vlan 20             //宣告直连网段
S1(config-router)#network vlan 30             //宣告直连网段
```

小贴士

（1）只能宣告直连的网段。

（2）在宣告时不附加掩码。

（3）分配的地址最好是连续的子网，以免RIP汇聚时出现错误。

步骤8：查看R1的路由表。

```
R1#show ip route
Codes: C - connected, S - static, R - RIP, B - BGP, BC - BGP connected
       D - BEIGRP, DEX - external BEIGRP, O - OSPF, OIA - OSPF inter area
       ON1 - OSPF NSSA external type 1, ON2 - OSPF NSSA external type 2
       OE1 - OSPF external type 1, OE2 - OSPF external type 2
       DHCP - DHCP type, L1 - IS-IS level-1, L2 - IS-IS level-2
VRF ID: 0
```

```
C       10.1.1.0/24           is directly connected, Serial0/1
R       20.1.1.0/24           [120,1] via 10.1.1.2(on Serial0/1)
C       192.168.1.0/24        is directly connected, fastEthernet0/0
R       192.168.2.0/24        [120,2] via 10.1.1.2(on Serial0/1)
R       192.168.3.0/24        [120,2] via 10.1.1.2(on Serial0/1)
//从 Router-B 学习到的路由，类型为 R
```

步骤 9：查看 S1 的路由表。

```
S1#show ip route
Codes: K - kernel, C - connected, S - static, R - RIP, B - BGP
       O - OSPF, IA - OSPF inter area
       N1 - OSPF NSSA external type 1, N2 - OSPF NSSA external type 2
       E1 - OSPF external type 1, E2 - OSPF external type 2
       i - IS-IS, L1 - IS-IS level-1, L2 - IS-IS level-2, ia - IS-IS inter area
       * - candidate default
R       10.1.1.0/24 [120/2] via 20.1.1.1, Vlan30, 00:00:15  tag:1
C       20.1.1.0/24 is directly connected, Vlan30  tag:0
C       127.0.0.0/8 is directly connected, Loopback  tag:0
R       192.168.1.0/24 [120/3] via 20.1.1.1, Vlan30, 00:00:15  tag:1
C       192.168.2.0/24 is directly connected, Vlan10  tag:0
C       192.168.3.0/24 is directly connected, Vlan20  tag:0
Total routes are : 6 item(s)
//从 Router-A 学习到的路由，类型为 R
```

任务验收

在配置路由协议之后，验证网络的连通性。在 PC1 上 ping 192.168.2.1，网络已连通，测试结果如图 4.3.2 所示。

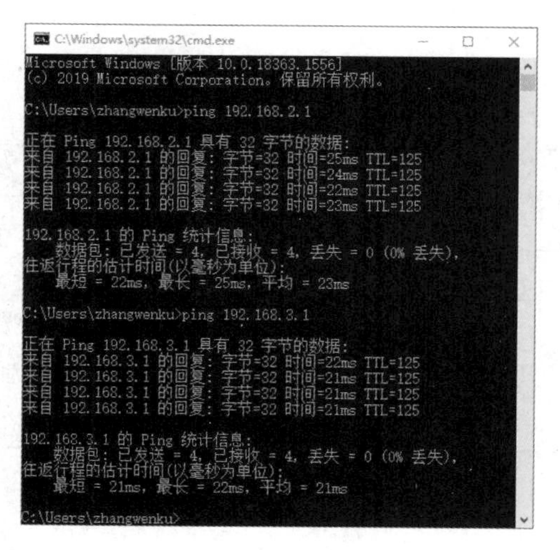

图 4.3.2　连通性测试结果

小贴士

如果不使用 RIPv2 路由协议，则会导致计算机之间在使用 ping 命令的时候丢包。

任务资讯

1. RIP 简介

RIP 是应用较早、使用较普遍的内部网关协议（Interior Gateway Protocol，IGP），是最典型的距离矢量路由协议，适合小型同类网络的一个自治系统（AS）内的路由信息的传递。

RIP 要求网络中每一台路由器都要维护从自身到每一个目的网络的路由信息。RIP 使用跳数来衡量网络间的“距离”：将一台路由器到其直连网络的跳数定义为 1，一台路由器到其非直连网络的距离定义为每经过一个路由器则距离加 1。“距离”也称为“跳数”。RIP 允许路由的最大跳数为 15，因此，16 即为不可达，可见其只适合小型网络。RIP 的管理距离为 100。

使用距离矢量路由协议的路由器并不了解到达目的网络的整条路径。距离矢量路由协议将路由器作为通往最终目的地的路径上的路标。路由器唯一了解的远程网络信息就是到该网络的距离（度量）以及可通过哪条路径或哪个接口到达该网络。距离矢量路由协议并不了解确切的网络拓扑结构。

2. RIP 版本

RIP 有两个版本，RIPv1 和 RIPv2。RIPv1 被提出得较早，其中有许多缺陷。为了改善 RIPv1 的不足，在 RFC1388 中提出了改进后的 RIPv2，并在 RFC 1723 和 RFC 2453 中进行了修订。

RIPv2 针对 RIPv1 进行了扩充，能够携带更多的信息，并增强了安全性能。RIPv1 和 RIPv2 都是基于 UDP（User Datagram Protocol）的协议，使用 UDP520 号端口收发数据包。两者的区别如表 4.3.3 所示。

表 4.3.3　RIPv1 和 RIPv2 的区别

RIPv1	RIPv2
有类路由协议	无类路由协议
不能支持 VLSM	可以支持 VLSM
没有认证的功能	可以支持认证，并且有明文和 MD5 两种认证
手动汇总的功能	可以在关闭自动汇总的前提下，进行手动汇总
广播更新 255.255.255.255	组播更新 224.0.0.9

3. RIP 定时器

RIP 在路由更新和维护路由信息时主要使用以下 4 个定时器，分别是 Update timer、Age

timer、Garbage-collection timer 和 Suppress timer。

（1）更新定时器（Update timer）：当该定时器超时时，立即发送路由更新报文，默认为每 30s 发送一次。

（2）老化定时器（Age timer）：如果 RIP 设备在老化时间内没有收到邻居发来的路由更新报文，则认为该路由不可达。当学到一条路由并将其添加到 RIP 路由表中时，老化定时器启动。如果老化定时器超时，并且设备仍没有收到邻居发来的路由更新报文，则把该路由的度量值置为 16（表示路由不可达），并启动下面将要介绍的“垃圾收集定时器”。

（3）垃圾收集定时器（Garbage-collection timer）：如果在垃圾收集时间内仍没有收到原来某个不可达路由的更新，则将该路由从 RIP 路由表中彻底删除。

（4）抑制定时器（Suppress timer）：当 RIP 设备收到对端的路由更新时，其度量值为 16，则对应路由进入抑制状态，并启动抑制定时器，默认为 180s。这时，为了防止路由振荡，在抑制定时器超时之前，即使再收到对端的路由度量值小于 16 的更新，也不接收。在抑制定时器超时之后，就重新允许接收对端发送的路由更新报文。

4. 在三层交换机上配置的动态路由 RIPv2 协议的命令

```
Switch#config
Switch(config)#router rip                          //启动 RIP 协议
Switch(config-router)#version 2                    //指明为版本 2
Switch(config-router)#no auto-summary              //关闭自动汇总
Switch(config-router)#network vlan VLANID          //宣告 VLANID
```

学习小结

（1）RIP 协议有两个版本 RIPv1 和 RIPv2，本任务使用的是 RIPv2。

（2）RIP 协议只宣告和自己直连的网段。

（3）路由器之间必须都配置同版本的 RIP 才能实现动态更新路由信息。

任务 4.4　动态路由 OSPF 协议的配置

OSPF 协议是目前网络中应用最广泛的动态路由协议之一，也属于内部网关路由协议，能够适应各种规模的网络环境，是典型的链路状态协议。

任务情境

某公司逐渐发展壮大，网络中路由器的数量也逐渐增多。该公司的网络管理员经过测试，发现原有的路由协议已不再适合现在的公司了，因此，他决定在公司的路由器之间使用动态的 OSPF 路由协议，实现网络的互联。

情境分析

由于公司的网络规模越来越大，网络管理员发现此时更适合使用 OSPF 路由协议，因为 OSPF 路由协议可以实现快速的收敛，并且出现环路的可能性不大，适合中大型企业网络。

下面以两台型号为 DCR-2655 的路由器和一台型号为 C6200-28X-EI 的三层交换机来模拟网络，介绍动态路由 OSPF 协议的配置，其拓扑结构如图 4.4.1 所示。

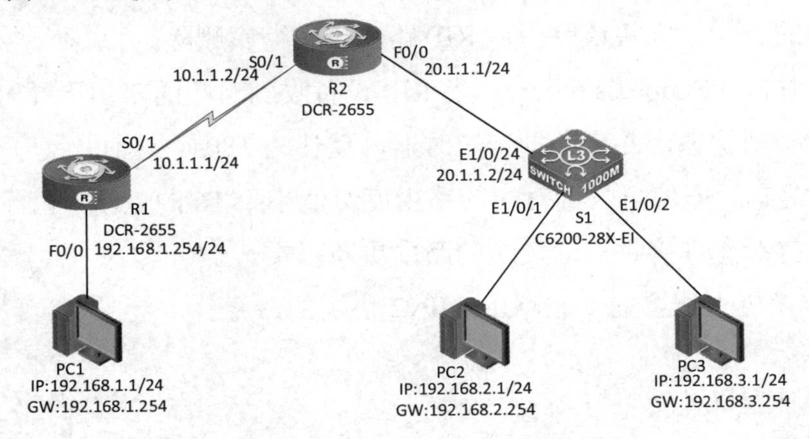

图 4.4.1　动态路由 OSPF 协议的配置拓扑结构

具体要求如下。

（1）路由器和交换机的端口 IP 如表 4.4.1 所示。

表 4.4.1　路由器和交换机的端口 IP

设备名	端口	IP 地址/子网掩码
R1	F0/0	192.168.1.254/24
	S0/1	10.1.1.1/24
R2	S0/1	10.1.1.2/24
	F0/0	20.1.1.1/24
S1	E1/0/1（SVI 10）	192.168.2.254/24
	E1/0/2（SVI 20）	192.168.3.254/24
	E1/0/24（SVI 30）	20.1.1.2/24

（2）根据图 4.4.1 所示的拓扑结构，连接好所有的网络设备。设置每台计算机的 IP 地址、子网掩码和默认网关，计算机的 IP 参数如表 4.4.2 所示。

表 4.4.2　计算机的 IP 参数

计　算　机	IP 地址	子 网 掩 码	默 认 网 关
PC1	192.168.1.1	255.255.255.0	192.168.1.254
PC2	192.168.2.1	255.255.255.0	192.168.2.254
PC3	192.168.3.1	255.255.255.0	192.168.3.254

（3）在两台路由器和一台交换机之间添加动态路由 OSPF 协议，实现全网互通。

任务实施

步骤 1：恢复交换机和路由器的出厂配置，此处略。

步骤 2：配置 R1 的主机名称及其接口 IP 地址。

```
Router>enable
Router#config
Router_config#hostname R1
R1_config#interface fastEthernet 0/0
R1_config_f0/0#ip address 192.168.1.254 255.255.255.0
R1_config_f0/0#no shutdown
R1_config_f0/0#int serial 0/1
R1_config_s0/1#ip add 10.1.1.1 255.255.255.0
R1_config_s0/1#physical-layer speed 64000
R1_config_s0/1#no shutdown
R1_config_s0/1#^Z
```

步骤 3：配置 R2 的主机名称及其接口 IP 地址。

```
Router>enable
Router#config
Router_config#hostname R2
R2_config#interface fastEthernet 0/0
R2_config_f0/0#ip add 20.1.1.1 255.255.255.0
R2_config_f0/0#no shutdown
R2_config_f0/0#int serial 0/1
R2_config_s0/1#ip add 10.1.1.2 255.255.255.0
R2_config_s0/1#no shutdown
R2_config_s0/1#^Z
```

步骤 4：配置 S1 的主机名称及其接口 IP 地址。

```
CS6200-28X-EI>enable
CS6200-28X-EI#config
CS6200-28X-EI(config)#hostname S1
```

```
S1(config)#vlan 10
S1(config-vlan10)#switchport interface ethernet 1/0/1
Set the port Ethernet1/0/1 access vlan 10 successfully
S1(config-vlan10)#vlan 20
S1(config-vlan20)#switchport interface ethernet 1/0/2
Set the port Ethernet1/0/2 access vlan 20 successfully
S1(config-vlan20)#vlan 30
S1(config-vlan30)#switchport interface ethernet 1/0/24
Set the port Ethernet1/0/24 access vlan 30 successfully
S1(config-vlan30)#exit
S1(config)#interface ethernet 1/0/24
S1(config-if-ethernet1/0/24)#media-type copper
S1(config-if-ethernet1/0/24)#exit
S1(config)#interface vlan 10
S1(config-if-vlan10)#ip add 192.168.2.254 255.255.255.0
S1(config-if-vlan10)#exit
S1(config)#interface vlan 20
S1(config-if-vlan20)#ip add 192.168.3.254 255.255.255.0
S1(config-if-vlan20)#exit
S1(config)#interface vlan 30
S1(config-if-vlan30)#ip add 20.1.1.2 255.255.255.0
S1(config-if-vlan30)#
```

步骤5：查看R1接口的配置情况。

```
R1#show ip int brief
Interface                IP-Address       Method     Protocol-Status
Async0/0                 unassigned       manual     down
Serial0/1                10.1.1.2         manual     up
Serial0/2                unassigned       manual     down
fastEthernet0/0          192.168.1.254    manual     up
gigaEthernet0/3          unassigned       manual     down
gigaEthernet0/4          unassigned       manual     down
gigaEthernet0/5          unassigned       manual     down
gigaEthernet0/6          unassigned       manual     down
```

步骤6：查看S1接口的配置情况。

```
S1#show ip int brief
Index        Interface        IP-Address       Protocol
1154         Ethernet0        unassigned       down
11010        Vlan10           192.168.2.254    up
11020        Vlan20           192.168.3.254    up
```

```
11030          Vlan30          20.1.1.2          up
17500          Loopback        127.0.0.1         up
```

步骤 7：在各网络设备上配置 OSPF 路由协议。

（1）在 R1 上配置 OSPF 路由协议。

```
R1_config#router ospf  1
R1_config_ospf_1#network 192.168.1.0 255.255.255.0 area 0
R1_config_ospf_1#network 10.1.1.0 255.255.255.0 area 0
```

（2）在 R2 上配置 OSPF 路由协议。

```
R2_config#router ospf  1
R2_config_ospf_1#network 10.1.1.0  255.255.255.0 area 0
R2_config_ospf_1#network 20.1.1.0  255.255.255.0 area 0
```

（3）在 S1 上配置 OSPF 路由协议。

```
S1(config)#router ospf 1
S1(config-router)#network 192.168.2.0 0.0.0.255 area 0
S1(config-router)#network 192.168.3.0 0.0.0.255 area 0
S1(config-router)#network 20.1.1.0 0.0.0.255 area 0
```

小贴士

在配置 OSPF 路由协议来通告相应的网络时，要确保子网掩码配置正确，且要说明路由器所在的区域。

步骤 8：查看各网络设备的路由表信息。

（1）查看 R1 的路由表。

```
R1#show ip route
Codes: C - connected, S - static, R - RIP, B - BGP, BC - BGP connected
       D - BEIGRP, DEX - external BEIGRP, O - OSPF, OIA - OSPF inter area
       ON1 - OSPF NSSA external type 1, ON2 - OSPF NSSA external type 2
       OE1 - OSPF external type 1, OE2 - OSPF external type 2
       DHCP - DHCP type, L1 - IS-IS level-1, L2 - IS-IS level-2

VRF ID: 0

C      10.1.1.0/24 is directly connected, Serial0/1
O      20.1.1.0/24 [110,1601] via 10.1.1.2(on Serial0/1)
C      192.168.1.0/24 is directly connected, fastEthernet0/0
O      192.168.2.0/24 [110,1602] via 10.1.1.2(on Serial0/1)
O      192.168.3.0/24 [110,1602] via 10.1.1.2(on Serial0/1)
```

（2）查看R2的路由表。

```
R2#show ip route
Codes: C - connected, S - static, R - RIP, B - BGP, BC - BGP connected
       D - BEIGRP, DEX - external BEIGRP, O - OSPF, OIA - OSPF inter area
       ON1 - OSPF NSSA external type 1, ON2 - OSPF NSSA external type 2
       OE1 - OSPF external type 1, OE2 - OSPF external type 2
       DHCP - DHCP type, L1 - IS-IS level-1, L2 - IS-IS level-2

VRF ID: 0


C      10.1.1.0/24 is directly connected, Serial0/1
C      20.1.1.0/24 is directly connected, fastEthernet0/0
O      192.168.1.0/24 [110,1601] via 10.1.1.1(on Serial0/1)
O      192.168.2.0/24 [110,2] via 20.1.1.2(on fastEthernet0/0)
O      192.168.3.0/24 [110,2] via 20.1.1.2(on fastEthernet0/0)
```

（3）查看S1的路由表。

```
S1#show ip route
Codes: K - kernel, C - connected, S - static, R - RIP, B - BGP
       O - OSPF, IA - OSPF inter area
       N1 - OSPF NSSA external type 1, N2 - OSPF NSSA external type 2
       E1 - OSPF external type 1, E2 - OSPF external type 2
       i - IS-IS, L1 - IS-IS level-1, L2 - IS-IS level-2, ia - IS-IS inter area
       * - candidate default

O       10.1.1.0/24 [110/1601] via 20.1.1.1, Vlan30, 00:03:58  tag:0
C       20.1.1.0/24 is directly connected, Vlan30  tag:0
C       127.0.0.0/8 is directly connected, Loopback  tag:0
O       192.168.1.0/24 [110/1602] via 20.1.1.1, Vlan30, 00:03:58  tag:0
C       192.168.2.0/24 is directly connected, Vlan10  tag:0
C       192.168.3.0/24 is directly connected, Vlan20  tag:0
Total routes are : 6 item(s)
```

任务验收

在配置路由协议之后，验证网络的连通性。在PC1上ping 172.16.2.2，网络已连通，测试结果如图4.4.2所示。

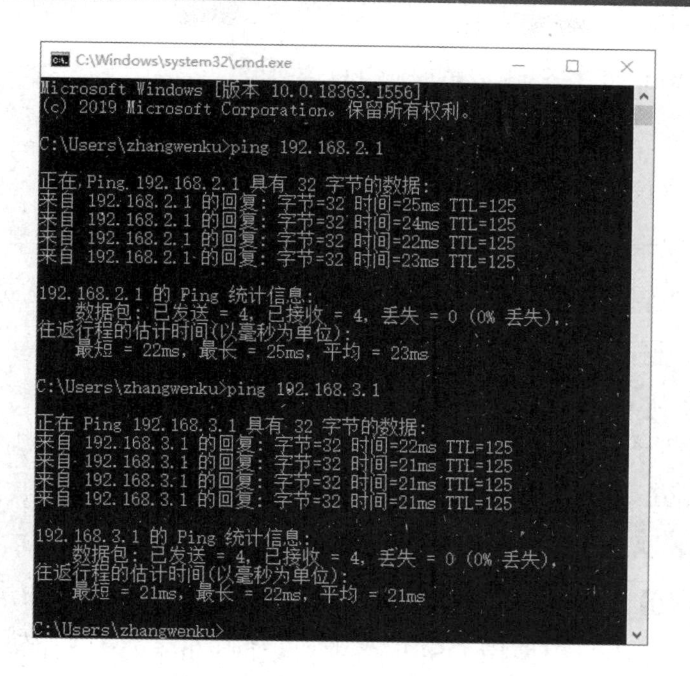

图 4.4.2　连通性测试结果

小贴士

（1）每个路由器的 OSPF 进程号可以不同，一个路由器可以有多个 OSPF 进程。

（2）OSPF 是无类路由协议，一定要加子网掩码。

（3）第一个区域必须是区域 0。

任务资讯

1. OSPF 协议的概念

开放最短路径优先（Open Shortest Path First，OSPF）协议是由 IETF 组织开发的开放性标准协议，是目前网络中应用最广泛的路由协议之一，它也是一个内部网关路由协议。运行 OSPF 协议的路由器会将自己拥有的链路状态信息，通过启用 OSPF 协议的接口发送给其他 OSPF 协议设备，同一个 OSPF 协议区域中的所有设备都会参与链路状态信息的创建、发送、接收与转发，到这个区域中的所有的设备都获得了相同的链路状态信息为止。

2. OSPF 协议区域

一个 OSPF 协议网络可以被划分成多个区域（Area）。如果一个 OSPF 协议网络只包含一个区域，则称为单区域 OSPF 协议网络；如果一个 OSPF 协议网络包含了多个区域，则称为多区域 OSPF 协议网络。

在 OSPF 协议网络中，每一个区域都有一个编号，称为区域 ID（Area ID）。区域 ID 是一个 32 位的二进制数，一般用十进制数来表示。区域 ID 为 0 的区域称为骨干区域（Backbone

Area），其他区域都称为非骨干区域。单区域 OSPF 协议网络中只包含一个区域，这个区域就是骨干区域。

在多区域 OSPF 协议网络中，除骨干区域外，还有若干个非骨干区域。一般来说，每个非骨干区域都需要与骨干区域直连，当非骨干区域没有与骨干区域直连时，要采用虚链路（Virtual Link）技术从逻辑上实现非骨干区域与骨干区域的直连。也就是说，非骨干区域之间的通信必须要通过骨干区域中转才能实现。

要创建 OSPF 路由进程，需要在全局命令配置模式下执行以下命令。

```
router#config
router_config#router ospf process-id    !启动 OSPF 路由进程
router_config_router_process-id#network network netmask  area Area-ID
```

说明：进程号的取值范围为 1～65535，网络中的每台路由器上的进程号可以相同也可以不同。在神州数码路由器中，在使用 OSPF 路由协议时，network 后面跟的是直连网段和相应的子网掩码，这一点和其他品牌的路由器有所区别，需要特别注意。在神州数码交换机中，在使用 OSPF 路由协议时，network 后面跟的是直连网段和反掩码。

对于复杂的网络，OSPF 协议可使用多个区域以分层的方式实施。所有区域都必须连接到骨干区域（区域 0）。连接各个区域的路由器称为区域边界路由器（ABR）。

使用多区域 OSPF 协议网络可以把一个大型自治系统划分为更小的区域，以支持分层路由。在采用分层路由之后，各个区域之间仍然能够进行路由（区域间路由），但许多处理器密集型的路由操作（如重新计算数据库）必须在区域内进行。

每当路由器收到与区域中的拓扑更改有关的最新信息时（包括添加、删除或修改链路），路由器必须重新运行 SPF 算法，创建新的 SPF 树并更新路由表。SPF 算法会占用很多 CPU 资源，且其耗费的计算时间取决于区域的大小。

注意：拓扑更改以距离矢量的格式分布到其他区域的路由器中。换句话说，这些路由器只需更新其路由表，而无须重新运行 SPF 算法。

一个区域中有过多的路由器会使 LSDB（Link State DataBase，链路状态数据库）变得非常大，从而增加 CPU 的负载。因此，将路由器有效地分区可以把巨大的数据库分成更小、更易管理的数据库。

多区域 OSPF 协议网络的分层拓扑结构具有以下优势。

（1）路由表减小：因为区域之间的网络地址可以总结，所以路由表条目减少。在默认情况下不启用路由总结。

（2）链路状态更新的开销减少：将处理和内存的要求降到最低。

（3）SPF 计算频率降低：使拓扑的更改仅影响区域内部。如由于 LSA 泛洪在区域边界终止，因此它使路由更新的影响降到最小。

在配置多区域 OSPF 协议网络时，骨干区域（Area 0）只有一个，且要为每个路由器指定所在的区域。

3．链路状态及链路状态通告

OSPF 协议是一种基于链路状态的路由协议。链路状态也指路由器的接口状态，其核心思想是，每台路由器都将自己的各个接口的接口状态（链路状态）共享给其他路由器。在此基础上，每台路由器都可以依据自身的接口状态和其他路由器的接口状态计算出去往各个目的地址的路由。路由器的链路状态包含该接口的 IP 地址及子网掩码等信息。

链路状态通告（Link-State Advertisement，LSA）是链路状态信息的主要载体。链路状态信息主要在 LSA 中，并通过 LSA 的通告（泛洪）来实现共享。需要说明的是，不同类型的 LSA 所包含的内容、功能、通告的范围是不同的，LSA 的类型主要有 Type-1 LSA（Router LSA）、Type-2 LSA（Network LSA）、Type-3 LSA（Network Summary LSA）、Type-4 LSA（ASBR Summary LSA）等。由于本书篇幅的限制，这里不对 LSA 的类型做详细阐述。

学习小结

本任务介绍了在路由器和交换机之间是如何实现动态路由 OSPF 协议的。在使用 OSPF 路由协议宣告直连网段时，路由器需要使用该网段的子网掩码，交换机需要使用该网段的反掩码，而且都必须指明所属的区域。

项目实训　某金融机构网络建设

❖ 项目描述

假如你是某系统集成公司的高级技术工程师，公司现在承接了一个金融机构网络的建设项目，客户要求将网络设计为省行、地市行、县级网点三级结构，并能够通过网络实现省行与县级网点的业务通信。经过与客户的充分沟通，项目方案已经得到客户的认可，请你负责整个网络的建设。

网络互联拓扑结构如图 4.4.3 所示，请按图示的要求完成相关网络设备的连接。

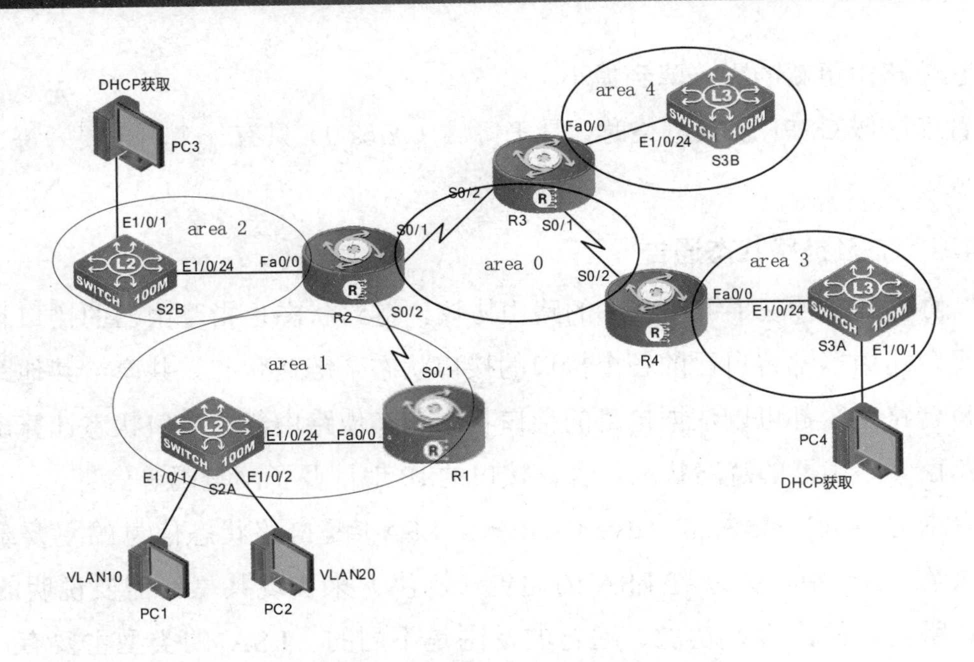

图 4.4.3　网络互联拓扑结构

❖ 项目要求

（1）根据图 4.4.3 所示的网络拓扑结构完成连接。

（2）在交换机上划分 VLAN，并加入相应的端口，VLAN 划分与端口如表 4.4.3 所示。

表 4.4.3　VLAN 划分与端口

交换机名称	VLAN（Trunk）	端　　口
S2A	VLAN 10	E1/0/1
	VLAN 20	E1/0/2
	Trunk	E1/0/24
S2B	Trunk	E1/0/24
S3A	VLAN 40	E1/0/24
	VLAN 50	E1/0/1
S3B	VLAN 20	E1/0/24

（3）在三层交换机上分别配置 VLAN 的接口 IP 地址，如表 4.4.4 所示。

表 4.4.4　VLAN 的接口 IP 地址

交换机名称	接　　口	IP 地址
S3A	VLAN 40	191.16.3.2/24
	VLAN 50	19116.5.1/24
S3B	VLAN 2	191.16.4.2/24

（4）在路由器上配置接口 IP 地址，如表 4.4.5 所示。

表 4.4.5　接口 IP 地址

路由器名称	接　口	IP
R1	S0/1	119.1.12.1/30
	F0/0.10	191.16.1.1/24
	F0/0.20	191.16.2.1/24
R2	S0/1	191.1.24.1/24
	S0/2	119.1.21.2/30
	F0/0	191.16.2.1/24
R3	S0/1	191.1.34.2/24
	S0/2	119.1.24.2/30
	F0/0	191.16.4.1/24
R4	S0/2	191.1.34.1/24
	F0/0	191.16.3.1/24

（5）在路由器 R2 上配置 DHCP 服务，使得 PC3 可以动态获取 IP 地址。

（6）在交换机 S3A 上配置 DHCP 服务，使得 PC4 可以动态获取 IP 地址。

（7）在路由器 R1 上配置单臂路由，实现 PC1 和 PC2 互相通信。

（8）在路由器和三层交换机之间使用多区域 OSPF 路由协议实现全网互通。

❖ 项目评价

本项目用到了路由器的管理方法和路由协议配置、路由器接口认证的方法。通过本项目可以提高学生构建中小型网络的动手能力。

根据实际情况填写项目实训评价表。

项目实训评价表

	内　容		评　价		
	学 习 目 标	评 价 项 目	3	2	1
职业能力	根据拓扑结构正确连接设备	能区分 T568A、T568B 标准			
		能制作美观实用的网线			
		能合理使用网线			
	根据拓扑结构完成设备命名与基础配置	能正确命名			
		能合理划分 VLAN			
		能合理规划 IP 地址			
		能正确配置相关 IP 地址			
	根据需要设置路由器单臂路由	能对接口封装链路协议			
		能设置子接口 IP 地址			
	根据需要设置路由器 DHCP	能让客户端正确获取 IP 地址			
	根据需要设置交换机 DHCP	能让客户端正确获取 IP 地址			

续表

<table>
<tr><th rowspan="2"></th><th colspan="2">内　　容</th><th colspan="3">评　　价</th></tr>
<tr><th>学 习 目 标</th><th>评 价 项 目</th><th>3</th><th>2</th><th>1</th></tr>
<tr><td rowspan="8">通用能力</td><td colspan="2">交流表达的能力</td><td></td><td></td><td></td></tr>
<tr><td colspan="2">与人合作的能力</td><td></td><td></td><td></td></tr>
<tr><td colspan="2">沟通能力</td><td></td><td></td><td></td></tr>
<tr><td colspan="2">组织能力</td><td></td><td></td><td></td></tr>
<tr><td colspan="2">活动能力</td><td></td><td></td><td></td></tr>
<tr><td colspan="2">解决问题的能力</td><td></td><td></td><td></td></tr>
<tr><td colspan="2">自我提高的能力</td><td></td><td></td><td></td></tr>
<tr><td colspan="2">创新能力</td><td></td><td></td><td></td></tr>
<tr><td colspan="3">综 合 评 价</td><td colspan="3"></td></tr>
</table>

项目 5

网络安全技术配置

项目描述

随着网络技术的发展和应用范围的不断扩大，网络已经成为人们日常生活中必不可少的一部分。园区网作为给终端用户提供网络接入和基础服务的应用环境，其存在的网络安全隐患不断显现出来，如非人为的或由自然力造成的故障、事故；人为的、由于操作人员的失误造成的数据丢失或损坏；园区网外部或内部人员的恶意攻击和破坏。网络安全状况直接影响着人们的学习、工作和生活，网络安全问题已经成为信息社会关注的焦点，因此要实施网络安全防范。

保护园区网络安全的措施包括在终端主机上安装防病毒软件，保护终端设备安全；利用交换机的端口安全功能，防止局域网内部的 MAC 地址攻击、ARP 攻击、IP/MAC 地址欺骗等；利用 IP 访问控制列表，对网络流量进行过滤和管理，保护子网之间的通信安全及敏感设备，防范非授权的访问；利用 NAT 技术在一定程度上为内网主机提供"隐私"保护；在网络出口部署防火墙，防范外网的未授权的访问和非法攻击；建立保护内部网络安全的规章制度，保护内网设备的安全。

本项目重点学习交换机端口安全功能的配置、IP 访问控制列表的配置，以及网络地址转换的配置。

知识目标

1. 理解交换机的端口安全功能。
2. 理解访问控制列表的工作原理和分类。
3. 理解标准、扩展和命名访问控制列表的区别。
4. 了解网络地址转换的原理和作用。
5. 理解网络地址转换的分类。

能力目标

1. 能实现交换机端口安全功能的配置。
2. 能实现标准 IP 访问控制列表的配置。
3. 能实现扩展 IP 访问控制列表的配置。
4. 能实现命名访问控制列表的配置。
5. 能使用动态 NAPT 实现局域网访问 Internet 的配置。
6. 能使用 NAT 实现外网主机访问内网服务器的配置。

素质目标

1. 具有团队合作精神和写作能力，培养协同创新能力。
2. 具有良好的沟通能力和独立思考能力，培养清晰有序的逻辑思维。
3. 具有良好的信息素养和学习能力，能够运用正确的方法和技巧掌握新知识、新技能。
4. 具有系统分析与解决问题的能力，能够掌握任务资讯并完成项目任务。

素养目标

1. 具有法律意识，熟悉相关的网络安全法律法规及产品管理规范。
2. 树立网络安全意识，培养严谨的逻辑思维，以及较强的安全判断能力。
3. 遵守职业道德规范，培养严谨的职业素养，在处理网络安全故障时可以做到一丝不苟、有条不紊。

思维导图

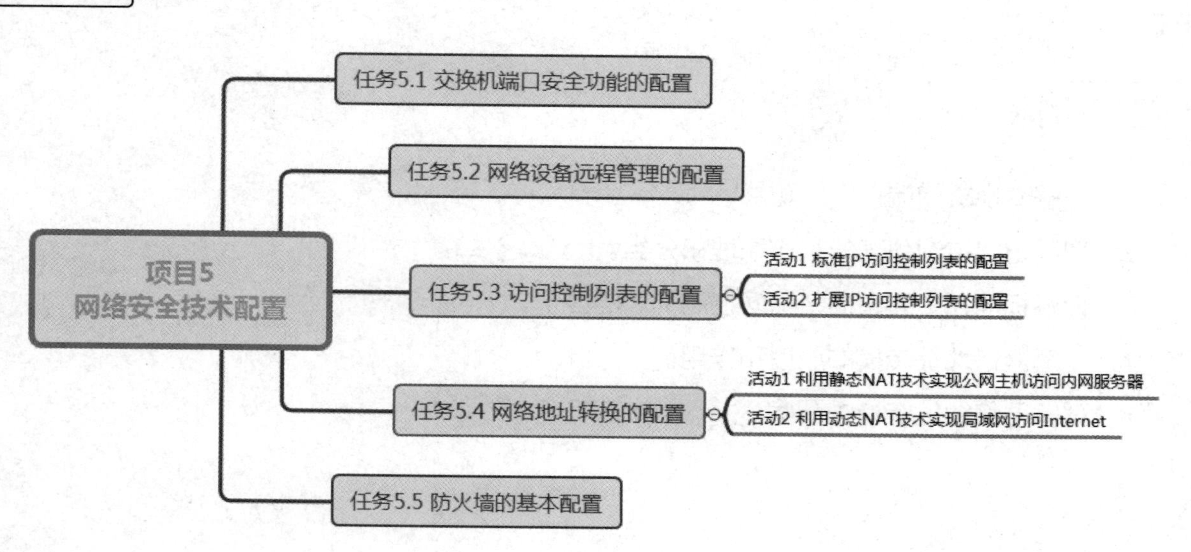

任务 5.1　交换机端口安全功能的配置

通过 MAC 地址表的记录连接交换机端口的以太网 MAC 地址，本端口只允许某个 MAC 地址进行通信，其他 MAC 地址发送的数据包通过此端口时，端口安全特性会阻止它。

任务情境

某公司最近网络速度变慢，公司的网络管理员发现有些部门的员工私自将笔记本计算机接入公司网络来下载电影，给公司的网络带来了负担，同时也给公司的网络安全带来了隐患。

情境分析

非授权的计算机接入网络会造成公司信息管理成本的增加，不仅影响公司员工正常地使用网络，还会造成严重的网络安全问题。在接入交换机上配置端口安全功能，利用 MAC 地址进行绑定，不仅可以解决非授权的计算机影响正常网络使用的问题，还可以避免恶意用户利用未绑定的 MAC 地址的端口来实施 MAC 地址泛洪攻击。

下面以两台 C6200-28X-EI 的交换机来模拟网络，介绍交换机端口安全功能的配置，其拓扑结构如图 5.1.1 所示。

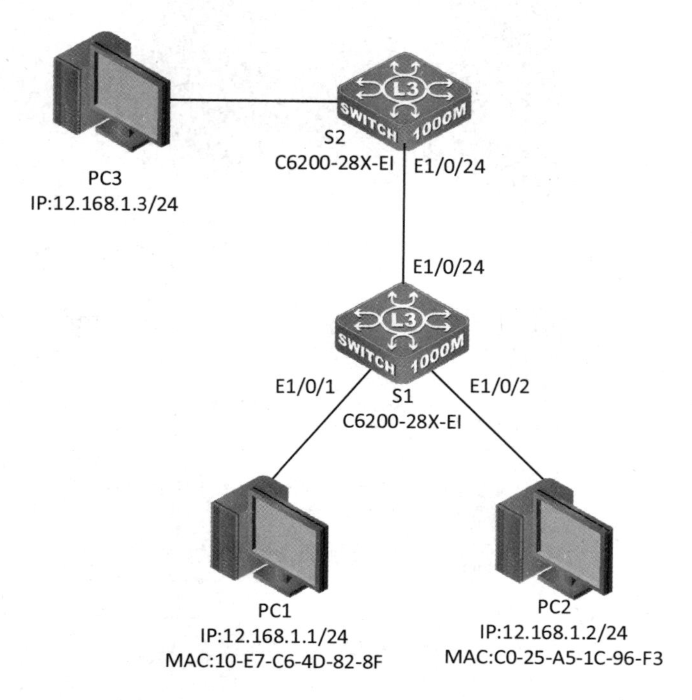

图 5.1.1　交换机端口安全功能的配置拓扑结构

具体要求如下。

（1）根据图 5.1.1 所示的拓扑结构，使用线缆连接好所有的计算机和交换机。设置每台计算机的 IP 地址和子网掩码，如表 5.1.1 所示。

表 5.1.1 每台计算机的 IP 地址和子网掩码

计 算 机	IP 地址	子 网 掩 码
PC1	192.168.1.1	255.255.255.0
PC2	192.168.1.2	255.255.255.0
PC3	192.168.1.3	255.255.255.0

（2）出于安全方面的考虑，在交换机端口上配置端口安全功能，绑定计算机的 MAC 地址，防止非法计算机的接入。

任务实施

步骤 1：查看 PC1 的 MAC 地址。

（1）选择“开始”→“运行”菜单命令，如图 5.1.2 所示。

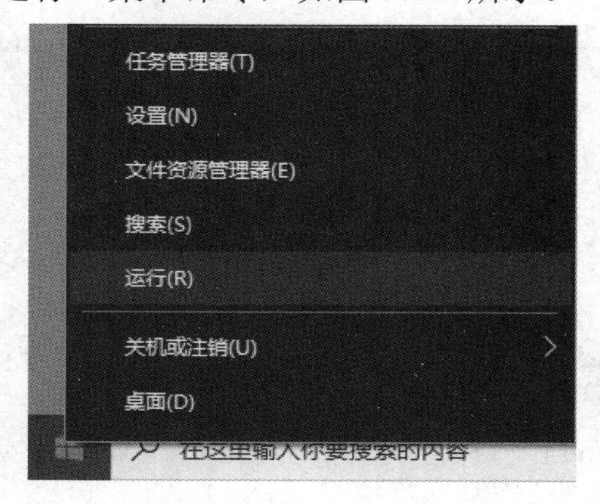

图 5.1.2 选择“开始”→“运行”菜单命令

（2）弹出“运行”对话框，在“打开”文本框中输入“cmd”，单击“确定”按钮，如图 5.1.3 所示。

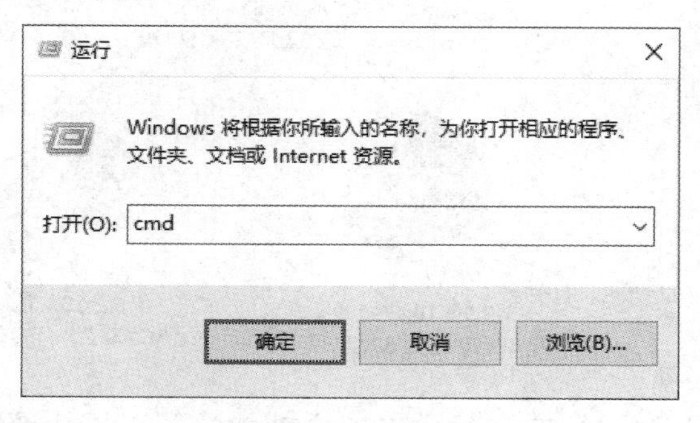

图 5.1.3 输入“cmd”命令

（3）在命令行窗口中输入“ipconfig/all”命令，查看 MAC 地址，如图 5.1.4 所示。

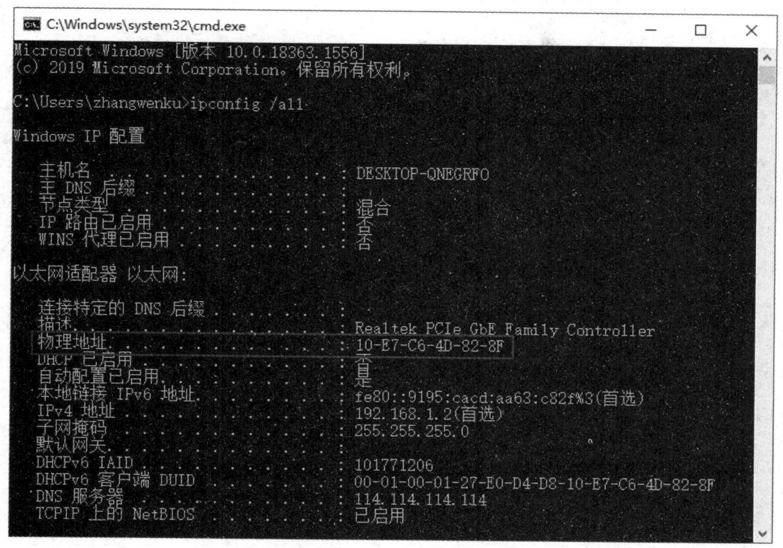

图 5.1.4　查看 MAC 地址

步骤 2：使用同样的方法查询 PC2 的 MAC 地址。

步骤 3：将交换机恢复出厂设置，此处略。

步骤 4：交换机 S1 的基本配置。

```
CS6200-28X-EI>enable
CS6200-28X-EI#config
CS6200-28X-EI(config)#hostname S1
S1(config)#interface ethernet 1/0/24
S1(config-if-ethernet1/0/24)#media-type copper
S1(config-if-ethernet1/0/24)#
```

步骤 5：交换机 S2 的基本配置。

```
CS6200-28X-EI>enable
CS6200-28X-EI#config
CS6200-28X-EI(config)#hostname S2
S2(config)#interface ethernet 1/0/24
S2(config-if-ethernet1/0/24)#media-type copper
S2(config-if-ethernet1/0/24)#
```

步骤 6：开启交换机端口的端口安全功能，并绑定对应的 MAC 地址。

（1）在 S1 的 E1/0/1 接口和 E1/0/2 接口上配置 Sticky MAC 地址。

```
S1(config)#mac-address-learning cpu-control
//开启 MAC 地址学习模式为 CPU 控制学习
S1(config)#interface ethernet 1/0/1                    //进入要防护的端口
```

```
S1(config-if-ethernet1/0/1)#switchport port-security    //开启端口安全功能
S1(config-if-ethernet1/0/1)#switchport  port-security  mac-address  sticky
10-E7-C6-4D-82-8F                                        //绑定 PC1 的 MAC 地址
S1(config-if-ethernet1/0/1)#exit
S1(config)#interface ethernet 1/0/2
S1(config-if-ethernet1/0/2)#switchport port-security
S1(config-if-ethernet1/0/2)#switchport  port-security  mac-address  sticky
C0-25-A5-1C-96-F3                                        //绑定 PC2 的 MAC 地址
```

（2）在 S2 的 E1/0/24 接口上配置端口安全动态 MAC 地址。

```
S2(config)#mac-address-learning cpu-control
S2(config)#interface ethernet 1/0/24
S2(config-if-ethernet1/0/24)#switchport port-security
S2(config-if-ethernet1/0/24)#switchport port-security maximum 1
S2(config-if-ethernet1/0/24)#switchport port-security violation shutdown
//超出最大学习数则关闭端口
S2(config-if-ethernet1/0/24)#quit
```

任务验收

步骤 1：在交换机 S1 上使用 show port-security address 命令和 show port-security 命令，查看交换机与计算机之间的接口。

```
S1#show port-security address
Secure Mac Address Table
------------------------------------------------------------------------
Vlan        Mac Address              Type              Ports
1           10-e7-c6-4d-82-8f        SECURES           Ethernet1/0/1
1           c0-25-a5-1c-96-f3        SECURES           Ethernet1/0/2
Total Addresses:2
S1#show port-security
Secure Port MaxSecureAddr CurrentAddr  SecurityViolation  Security Action
------------------------------------------------------------------------
Ethernet1/0/1  1          1            0                  Shutdown
Ethernet1/0/2  1          1            0                  Shutdown
```

步骤 2：测试计算机的连通性。

（1）使用 ping 命令测试内部通信的情况。使用 PC1 ping PC2 和 PC3，可以看出，PC1 与 PC2 和 PC3 之间可以互相通信，如图 5.1.5 所示。

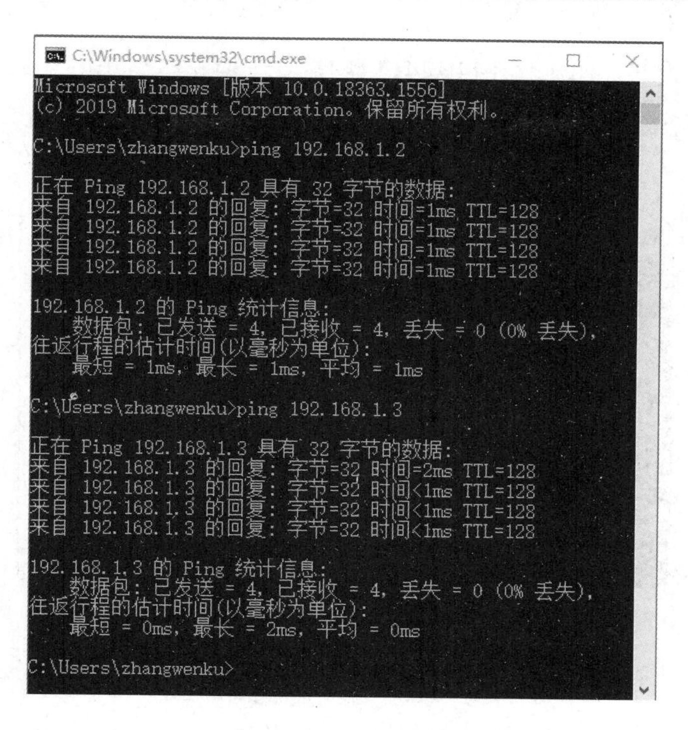

图 5.1.5　PC1 与 PC2 和 PC3 之间可以互相通信

（2）使用 PC2 ping PC3，可以看出，PC2 和 PC3 之间不可以互相通信，如图 5.1.6 所示。因为 SW2 的 E1/0/24 接口将学习 MAC 地址的数量限制为 1，所以当有多于 1 台计算机通过时，交换机会发出警告并关闭接口。

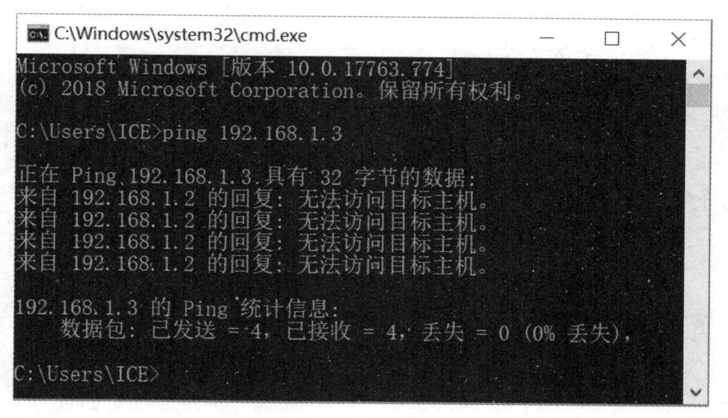

图 5.1.6　PC2 和 PC3 之间不可以互相通信

（3）使用 show interface ethernet 1/0/24 |include Ethernet 命令查询 E1/0/24 接口是否已经关闭。

```
S2#show interface ethernet 1/0/24 |include Ethernet
 Ethernet1/0/24 is administratively down, line protocol is down
 Ethernet1/0/24 is shutdown by port security
 Ethernet1/0/24 is layer 2 port, alias name is (null), index is 24
```

（4）更换计算机，测试连通性。

将PC3的IP地址设置为12.168.1.1/24，连接到交换机Ethernet 1/0/1接口上。可以看出，更换计算机之后，因为MAC地址不同，所以PC3和PC2之间不可以互相通信，如图5.1.7所示。

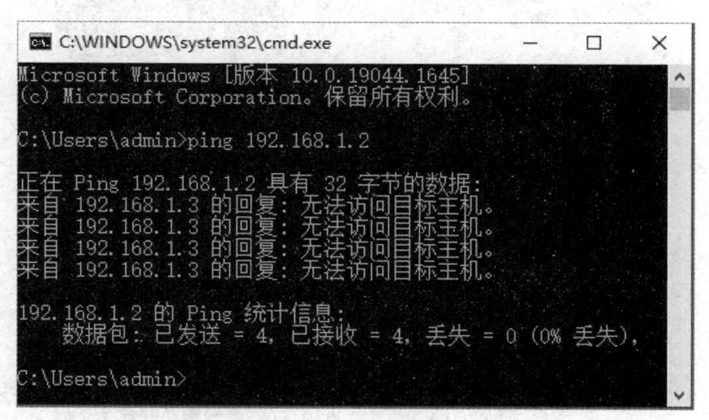

图5.1.7　PC3和PC2之间不可以互相通信

小贴士

端口绑定必须在没有开启spanning-tree、802.1X，且没有进行端口汇聚或端口配置为Trunk模式的前提下进行，否则配置将不能成功。

任务资讯

1．端口安全的概念

交换机的端口安全，是指配置交换机端口的安全属性，从而控制用户的安全接入。端口安全特性可以使特定MAC地址的主机流量通过该端口。在端口上配置了安全的MAC地址之后，定义之外的源MAC地址发送的数据包将被端口丢弃。

2．端口安全的配置

网络的MAC地址是设备不变的物理地址，控制MAC地址的接入就控制了交换机的端口接入，因此端口安全也是MAC地址的安全。在交换机中，CAM（Content Addressable Memory，内容可寻址内存表）又称MAC地址表，其记录了与交换机相连的设备的MAC地址、端口号、所属VLAN等对应关系。

1）配置端口安全动态MAC地址

此功能是将动态学习到的MAC地址设置为安全属性，其他没有被学习到的非安全属性的MAC地址数据帧将被端口丢弃。

```
[Huawei-Ethernet0/0/3]port-security enable            //开启端口安全功能
[Huawei-Ethernet0/0/3]port-security max-mac-num 1
```

```
//限制安全MAC地址最大数量为1，默认为1
[Huawei-Ethernet0/0/3]port-security protect-action ?
//配置其他非安全MAC地址数据帧的处理动作
Protect: Discard packets                          //丢弃，不产生警告信息
Restrict: Discard packets and warning             //丢弃，产生警告信息（默认的）
Shutdown:  Shutdown                               //丢弃，并将端口shutdown
[Huawei-Ethernet0/0/3]port-security aging-time 300
//配置安全MAC地址的老化时间为300秒，默认不老化
```

华为交换机默认的动态 MAC 地址表项的老化时间为 300 秒，在系统视图下执行 mac-address aging-time 命令可以修改动态 MAC 地址表项的老化时间。在实际网络中不建议随意修改老化时间。

2）配置 Sticky MAC 地址

在交换机的端口上激活 Port Security 之后，在该端口上学习到的合法的动态 MAC 地址称为动态安全 MAC 地址，这些 MAC 地址默认不会被老化（在接口视图下使用 port-security aging-time 命令可以设置动态安全 MAC 地址的老化时间），然而这些 MAC 地址表项在交换机重启之后会丢失，因此交换机必须重新学习 MAC 地址。交换机能够将动态安全 MAC 地址转换成 Sticky MAC 地址，Sticky MAC 地址表项在交换机中保存配置后，即使交换机重启也不会丢失。

交换机端口安全的配置一般有三种方式：一是静态配置端口允许访问的主机；二是建立基于 MAC 地址的访问控制列表；三是对 IP 地址和 MAC 地址一一进行绑定（要利用访问控制列表来实现，会在后面介绍）。

MAC 地址或称为物理地址、硬件地址，用来定义网络设备的位置，被刻录在网卡中。MAC 地址的长度是 48 位（6 字节），0～23 位称为组织唯一标志符，是识别 LAN（局域网）结点的标识，24～47 位由厂商分配。MAC 地址的结构用 12 个十六进制的数字表示，如图 5.1.8 所示。

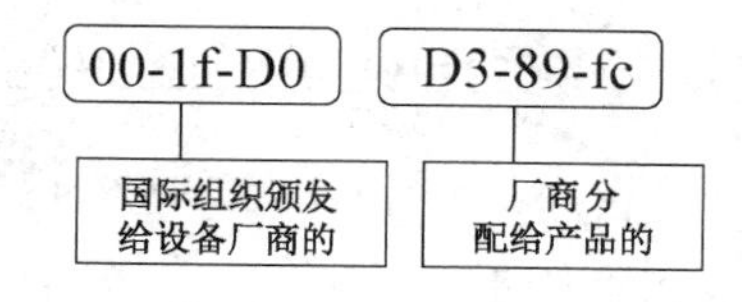

图 5.1.8　MAC 地址的结构

ipconfig 参数简介如下所示。

ipconfig /all：显示本机 TCP/IP 配置的详细信息。

ipconfig /release：DHCP 客户端手动释放 IP 地址。

ipconfig /renew：DHCP 客户端手动向服务器刷新请求。

ipconfig /flushdns：清除本地 DNS 缓存内容。

ipconfig /displaydns：显示本地 DNS 缓存内容。

ipconfig /registerdns：手动向服务器注册 DNS 客户端。

ipconfig /showclassid：显示网络适配器的 DHCP 类别信息。

ipconfig /setclassid：设置网络适配器的 DHCP 类别信息。

学习小结

（1）MAC 地址的数量默认为 1。
（2）MAC 地址数量达到限制后的保护动作有 3 个，默认为 shutdown。
（3）动态安全 MAC 地址表项默认不会老化。

任务 5.2　网络设备远程管理的配置

任务情境

某公司的网络管理员小赵负责公司办公网的管理工作，每天都需要保障公司内部网络设备的正常运行，同时进行办公网的日常管理和维护。

情境分析

在安装办公网的过程中，路由器和交换机放置在中心机房，每次都需要去中心机房进行现场配置、调试，非常麻烦。因此小赵决定在路由和交换设备上开启远程登录管理功能，即通过远程方式登录路由器和交换机。

下面以一台型号为 DCR-2655 的路由器和一台型号为 C6200-28X-EI 的交换机来模拟网络，介绍网络设备远程管理的配置，其拓扑结构如图 5.2.1 所示。

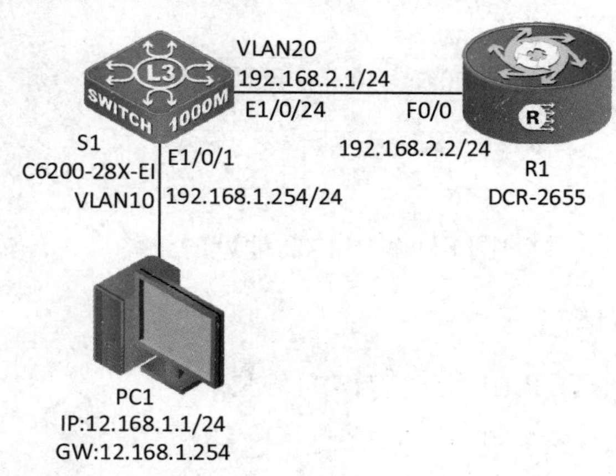

图 5.2.1　网络设备远程管理的配置拓扑结构

具体要求如下。

（1）根据图 5.2.1 所示的拓扑结构，使用直通线连接好所有的计算机和交换机。

（2）路由器和交换机的端口 IP 地址如表 5.2.1 所示。

表 5.2.1　路由器和交换机的端口 IP 地址

设　备　名	端　　口	IP 地址/子网掩码	网　　关
R1	F0/0	192.168.2.2/24	
S1	E1/0/1（VLAN 10）	192.168.1.254/24	
	E1/0/24（VLAN 20）	192.168.2.1/24	
PC1		192.168.1.1/24	192.168.1.254

（3）在路由器 R1 和 S1 上，先配置 Telnet 远程管理，再配置 SSH 远程管理，并使用 PC1 对其进行验证。

任务实施

步骤 1：配置通过 Telnet 登录系统。

（1）恢复路由器和交换机的出厂配置，此处略。

（2）配置交换机 S1 的主机名称并创建 VLAN 10 和 VLAN 20，将 E1/0/1 加入到 VLAN 10 中，将 E1/0/24 加入到 VLAN 20 中。

```
C6200-28X-EI>enable
C6200-28X-EI#config
C6200-28X-EI(config)#hostname S1
S1(config)#vlan 10
S1(config-vlan10)#switchport interface e1/0/1
S1(config-vlan10)#vlan 20
S1(config-vlan20)#switchport interface e1/0/24
S1(config-if-vlan20)#int e1/0/24
S1(config-if-ethernet1/0/24)#media-type copper
```

（3）在交换机 S1 上，设置每个 VLAN 的接口 IP 地址。

```
S1(config)#interface vlan 10                            //进入 VLAN 10 的接口
S1(config-if-vlan10)#ip address  192.168.1.254  255.255.255.0
                                                        //配置 VLAN 10 的 IP 地址
S1(config-if-vlan10)#no shutdown                        //开启该端口
S1(config-if-vlan10)#exit
S1(config)#interface vlan 20                            //进入 VLAN 20 的接口
S1(config-if-vlan2)#ip address  192.168.2.1  255.255.255.0
                                                        //配置 VLAN 20 的 IP 地址
```

```
S1(config-if-vlan20)#no shutdown                            //开启该端口
S1(config-if-vlan20)#exit
```

（4）路由器 R1 的配置。

```
Router#config                                               //进入全局配置模式
Router_config#hostname R1                                   //将路由器命名为 R1
R1_config#interface fastEthernet0/0                         //进入接口配置模式
R1_config_f0/0#ip address 192.168.2.2 255.255.255.0         //设置 IP 地址
R1_config_f0/0#no shutdown
R1_config_f0/0#exit
R1_config#ip route 0.0.0.0 0.0.0.0 192.168.2.1              //配置默认路由
```

（5）在交换机 S1 上设置授权 Telnet 用户。

```
S1(config)#telnet-server enable                             //开启 Telnet 服务
S1(config)#username admin password 0 dcncloud               //配置用户名和密码
S1(config)#telnet-server max-connection 10                  //设置最大连接数
S1(config)#multi config access                              //设置多用户可访问
```

（6）在路由器 R1 上设置授权 Telnet 用户。

```
R1_config#username admin password dcncloud
R1_config#aaa authentication login telnet local
R1_config#line vty 0 4
R1_config_line#login authentication telnet
```

步骤 2：配置通过 SSH 登录系统。

（1）恢复路由器和交换机的出厂配置，此处略。

（2）配置交换机 S1 的主机名称并创建 VLAN 10 和 VLAN 20，将 E1/0/1 加入到 VLAN 10 中，将 E1/0/24 加入到 VLAN 20 中，此处略。

（3）在交换机 S1 上，设置每个 VLAN 的接口 IP 地址，此处略。

（4）路由器 R1 的配置，此处略。

（5）在交换机 S1 上设置授权 SSH 用户、密码和用户优先级等信息。

```
S1(config)#ssh-server enable                                //开启 SSH 服务
S1(config)#username admin password 0 dcncloud               //配置用户名和密码
S1(config)#username admin privilege 2                       //设置用户优先级
S1(config)#multi config access                              //允许多用户可访问
```

（6）在路由器 R1 上设置授权 SSH 用户、密码和登录认证方式等信息。

```
R1_config#enable password 123456
R1_config#ip sshd enable                                    //开启 SSH 服务
R1_config#username admin password dcncloud                  //配置用户名和密码
```

```
R1_config#aaa authentication login ssh local            //使用 aaa 本地登录认证方式
R1_config#aaa authentication enable default enable
R1_config#ip sshd auth-retries 5                        //设置 SSH 认证失败的次数为 5
R1_config#ip sshd timeout 60                            //断连时间为 60 秒
```

任务验收

步骤 1：对 Telnet 远程登录进行测试。

在 PC1 上，使用 telnet 192.168.1.254 命令和 telnet 192.168.2.2 命令进行登录测试。

```
Microsoft Windows [版本 10.0.18363.1556]
(c) 2019 Microsoft Corporation.保留所有权利.

C:\Users\zhangwenku>telnet 192.168.1.254

login:admin
Password:********                                       //密码为 dcncloud
S1#config
S1(config)#exit

C:\Users\zhangwenku>telnet 192.168.1.254

User Access Verification
Username: admin
Password:                                               //密码为 dcncloud
Welcome to Digital China Multi-Protocol DCR-2655 Series
Router>
Router>enable
Router#config
Router_config#
```

步骤 2：对 SSH 远程登录进行测试。

（1）在 PC1 上使用 SecureCRT 软件对交换机进行登录测试。

① 打开 SecureCRT 软件，选择 “File” → “Quick Connect” 命令，弹出 “Quick Connect” 对话框在 “Hostname” 文本框中输入 “192.168.1.254”，单击 “Connect” 按钮，如图 5.2.2 所示。

② 选择“Options”→“Session Options”命令，打开图 5.2.3 所示的对话框，在“Key exchange”选区中勾选 “diffie-hellman” 复选框，单击 “OK” 按钮。

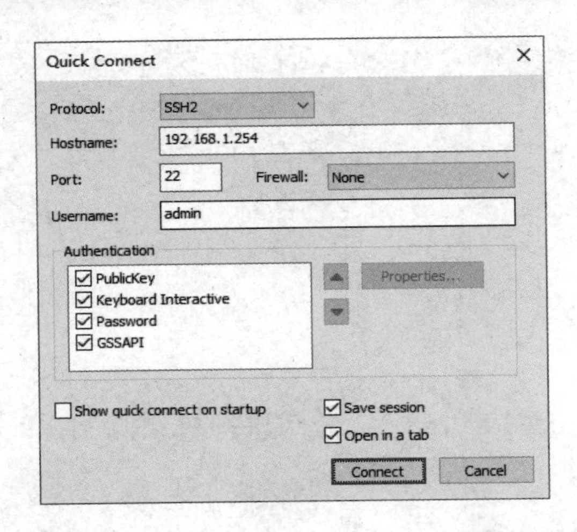

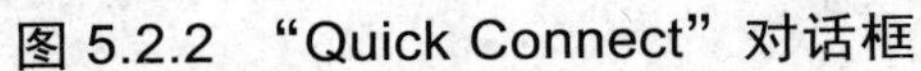

图 5.2.2 “Quick Connect”对话框

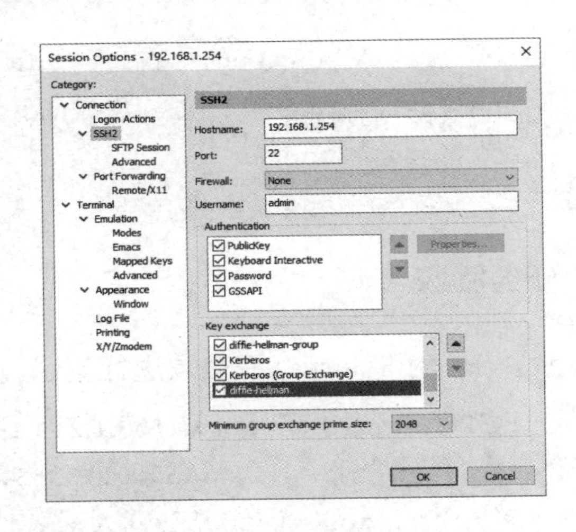

图 5.2.3 “Session Options”对话框

③ 右击 IP 地址“192.168.1.254”，选择“Reconnect”命令重新进行连接，如图 5.2.4 所示。

④ 弹出提示输入 Password 的对话框，在两个文本框中分别输入 admin 的密码，单击“OK”按钮，如图 5.2.5 所示。

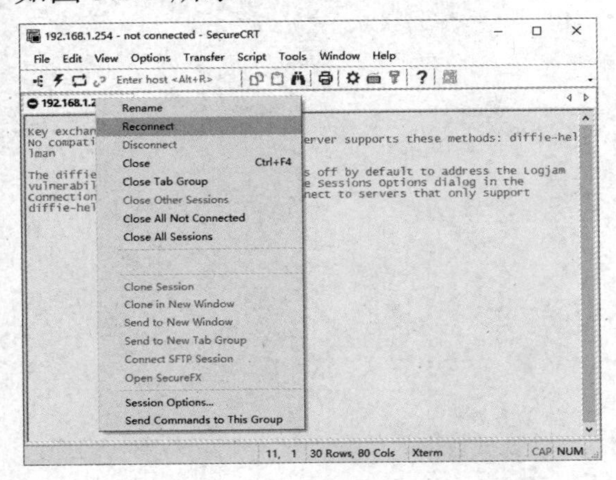

图 5.2.4 选择“Reconnect”命令

图 5.2.5 提示输入 Password 的对话框

⑤ 此时会显示“S1>”连接成功的对话框，输入“enable”进入特权配置模式，再输入“config”进入全局配置模式，表示远程连接成功，如图 5.2.6 所示。

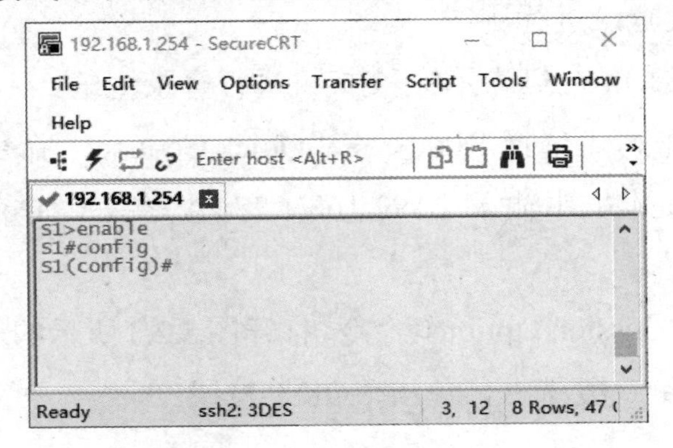

图 5.2.6 远程连接成功对话框

（2）在 PC1 上，使用 SecureCRT 软件对路由器进行登录测试。

① 打开 SecureCRT 软件，选择“File”→“Quick Connect”命令，弹出“Quick Connect”对话框。在“Protocol”下拉列表中选择“SSH2”选项，在“Hostname”文本框中输入“192.168.2.2”，在“Username”文本框中输入“admin”，单击“Connect”按钮，如图 5.2.7 所示。

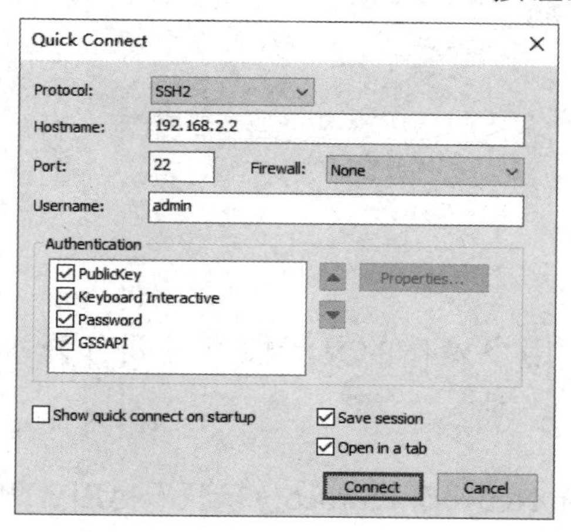

图 5.2.7　“Quick Connect”对话框

② 这时会弹出“New Host Key”对话框，单击“Accept & Save”按钮即可，如图 5.2.8 所示。

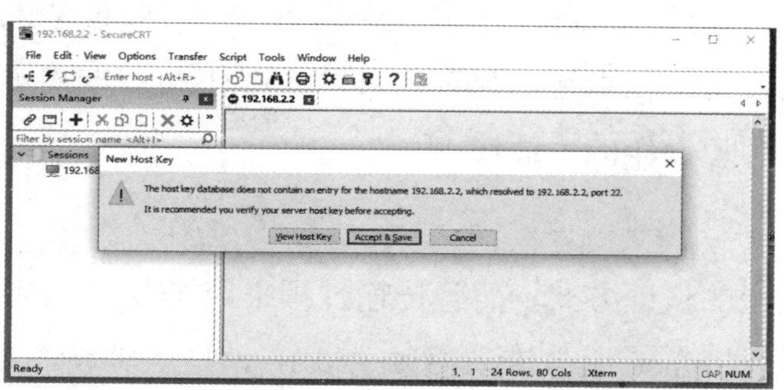

图 5.2.8　“New Host Key”对话框

③ 弹出提示输入 Password 的对话框，在两个文本框中分别输入 admin 的密码，单击“OK”按钮，如图 5.2.9 所示。

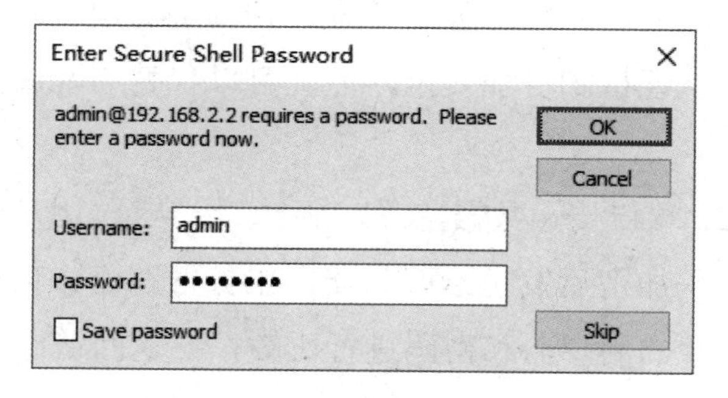

图 5.2.9　提示输入 Password 的对话框

④ 此时会显示远程连接的欢迎语，输入“enable”进入特权配置模式，再输入“config”进入全局配置模式，表示远程连接成功。

```
            Welcome to Digital China Multi-Protocol DCR-2655 Series


Router>enable
password:
Router#config
Router_config#
```

任务资讯

远程管理极大地提高了用户操作的灵活性，主要分为 Telnet 和 SSH 两种方式。

1. Telnet 介绍

Telnet（Telecommunication Network Protocol）起源于 ARPANET（Aduanced Research Project Agency Network，阿帕网），是最早的 Internet 应用之一。

Telnet 通常用在远程登录的应用中，以便对本地或远程运行的网络设备进行配置、监控和维护。如果网络中有多台设备需要配置和管理，则用户无须为每一台设备都连接一个用户终端进行本地配置，可以通过 Telnet 方式在一台设备上对多台设备进行管理或配置。如果网络中需要管理或配置的设备不在本地，那么也可以通过 Telnet 方式实现对网络中的设备的远程维护，极大地提高了用户操作的灵活性。

2. SSH 介绍

由于 Telnet 缺少安全的认证方式，而且传输过程采用 TCP 进行明文传输，因此存在很大的安全隐患，单纯地提供 Telnet 服务容易招致主机 IP 地址欺骗、路由欺骗等恶意攻击。传统的 Telnet 和 FTP 等通过明文传送密码和数据的方式已经逐渐不被接受。

SSH（Secure Shell）是一个网络安全协议。通过对网络数据的加密，使其能够在一个不安全的网络环境中，提供安全的远程登录和其他网络安全服务。SSH 特性可以提供安全的信息保障和强大的认证功能，以保护路由器不受诸如 IP 地址欺诈、明文密码截取等攻击。SSH 可以将数据加密传输，其认证机制更加安全，而且可以代替 Telnet，已经被广泛使用，成为当前重要的网络协议之一。

SSH 基于 TCP 协议 22 端口传输数据，支持 Password 认证。用户端向服务器发出 Password 认证请求，将用户名和密码加密后发送给服务器；服务器在将该信息解密之后得到用户名和密码的明文，与设备上保存的用户名和密码进行比较，并返回认证成功或失败的消息。

学习小结

本任务介绍了如何在路由器上实现 Telnet 和 SSH，这对网络管理员来说是至关重要的，可以在很大程度上减轻工作负担，要注意 Telnet 和 SSH 的区别，在实际工作中使用 SSH 更多一些，因为 Telnet 是明文传输的，而 SSH 是密文传输的，所以 SSH 相对来说更安全。

任务 5.3　访问控制列表的配置

访问控制列表技术总是与防火墙（Firewall）、路由策略（Routing Policy）、服务质量（Quality of Service，QoS）、流量过滤（Traffic Filtering）等技术结合使用。下面仅从网络安全的角度对访问控制列表的基本知识进行简单介绍。不同厂商的网络设备在访问控制列表技术的实现细节上各不相同。本任务基于神州数码网络设备对访问控制列表进行描述及技术实现。本任务由以下两个活动展开介绍。

活动 1　标准 IP 访问控制列表的配置

活动 2　扩展 IP 访问控制列表的配置

活动 1　标准 IP 访问控制列表的配置

任务情境

某公司包括经理部、财务部和销售部，这 3 个部门分别属于 3 个不同的网段，3 个部门之间用路由器进行信息传递。为安全起见，公司领导要求网络管理员对网络的数据流量进行控制，使销售部不能对财务部进行访问，但经理部可以对财务部进行访问。

情境分析

财务部涉及公司许多重要的财务信息和数据，因此，保障公司经理部对其的安全访问，减少普通部门对其的访问是很有必要的，这样可以尽可能地消除网络安全隐患。

在路由器上应用标准 IP 访问控制列表，对访问财务部的数据流量进行限制，禁止销售部访问财务部的数据流量通过，但对经理部的数据流量不做限制，从而达到保护财务部主机安全的目的。

下面以两台型号为 DCR-2655 的路由器来模拟网络，学习和掌握标准 IP 访问控制列表的配置，其拓扑结构如图 5.3.1 所示。

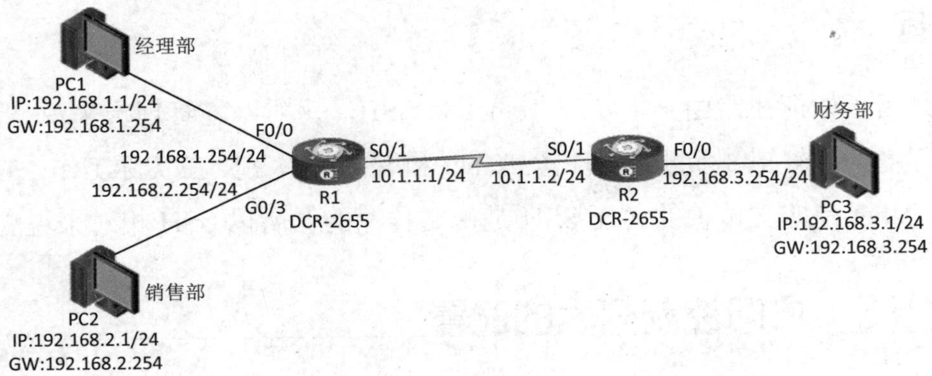

经理部
PC1
IP:192.168.1.1/24
GW:192.168.1.254
F0/0
192.168.1.254/24
192.168.2.254/24
G0/3
S0/1
10.1.1.1/24
R1
DCR-2655
S0/1
10.1.1.2/24
R2
DCR-2655
F0/0
192.168.3.254/24
财务部
PC3
IP:192.168.3.1/24
GW:192.168.3.254
销售部
PC2
IP:192.168.2.1/24
GW:192.168.2.254

图 5.3.1　标准 IP 访问控制列表的配置拓扑结构

具体要求如下。

（1）根据图 5.3.1 所示的拓扑结构，使用直通线连接好所有的计算机。设置每台计算机的IP 地址、子网掩码和网关，如表 5.3.1 所示。

表 5.3.1　每台计算机的 IP 地址、子网掩码和网关

计　算　机	IP 地址	子 网 掩 码	默 认 网 关
PC1	192.168.1.1	255.255.255.0	192.168.1.254
PC2	192.168.2.1	255.255.255.0	192.168.2.254
PC3	192.168.3.1	255.255.255.0	192.168.3.254

（2）路由器的接口、IP 地址和子网掩码如表 5.3.2 所示。

表 5.3.2　路由器的接口、IP 地址和子网掩码

设 备 名 称	接　　口	IP 地址/子网掩码
R1	F0/0	192.168.1.254/24
	G0/3	192.168.2.254/24
	S0/1	10.1.1.1/24
R2	F0/0	192.168.3.254/24
	S0/1	10.1.1.2/24

（3）配置静态路由实现全网互通。

（4）配置标准 IP 访问控制列表，设置销售部所在的 PC2 不能访问财务部所在的 PC3，但允许经理部所在的 PC1 访问财务部所在的 PC3。

任务实施

步骤 1：恢复路由器的出厂配置，此处略。

步骤 2：路由器 R1 的基本配置。

```
Router#config
```

```
Router_config#hostname R1
R1_config#interface fastEthernet 0/0
R1_config_f0/0#ip address 192.168.1.254 255.255.255.0
R1_config_f0/0#no shutdown
R1_config_f0/0#exit
R1_config#interface gigaEthernet 0/3
R1_config_g0/3#ip address 192.168.2.254 255.255.255.0
R1_config_g0/3#no shutdown
R1_config_g0/3#exit
R1_config#interface serial 0/1
R1_config_s0/1#physical-layer speed 64000
R1_config_s0/1#ip address 10.1.1.1 255.255.255.0
R1_config_s0/1#no shutdown
```

步骤 3：路由器 R2 的基本配置。

```
Router#config
Router_config#hostname R2
R2_config#interface fastEthernet 0/0
R2_config_f0/0#ip address 192.168.3.254 255.255.255.0
R2_config_f0/0#no shutdown
R2_config_f0/0#exit
R2_config#interface serial 0/1
R2_config_s0/1#ip address 10.1.1.2 255.255.255.0
R2_config_s0/1#no shutdown
```

步骤 4：查看路由器 R1 的端口配置信息。

```
R1#show ip int brief
Interface              IP-Address       Method     Protocol-Status
Async0/0               unassigned       manual     down
Serial0/1              10.1.1.1         manual     up
Serial0/2              unassigned       manual     down
fastEthernet0/0        192.168.1.254    manual     up
gigaEthernet0/3        192.168.2.254    manual     down
gigaEthernet0/4        unassigned       manual     down
gigaEthernet0/5        unassigned       manual     down
gigaEthernet0/6        unassigned       manual     down
```

步骤 5：查看路由器 R2 的端口配置信息。

```
R2#show ip int brief
Interface              IP-Address       Method     Protocol-Status
Async0/0               unassigned       manual     down
```

```
Serial0/1              10.1.1.2        manual    up
Serial0/2              unassigned      manual    down
fastEthernet0/0        192.168.3.254   manual    down
gigaEthernet0/3        unassigned      manual    down
gigaEthernet0/4        unassigned      manual    down
gigaEthernet0/5        unassigned      manual    down
gigaEthernet0/6        unassigned      manual    down
```

步骤6：配置静态路由实现全网互通。

（1）在路由器R1上配置。

```
R1_config#ip route 192.168.3.0 255.255.255.0 10.1.1.2
```

（2）在路由器R2上配置。

```
R2_config#ip route 192.168.1.0 255.255.255.0 10.1.1.1
R2_config#ip route 192.168.2.0 255.255.255.0 10.1.1.1
```

步骤7：配置标准IP访问控制列表。

```
R2_config#ip access st denyacc
R2_config_std_nacl#deny 192.168.2.0 255.255.255.0
R2_config_std_nacl#permit 192.168.1.0 255.255.255.0
R2_config_std_nacl#exit
```

步骤8：在接口上应用标准IP访问控制列表。

```
R2_config#int f0/0
R2_config_f0/0#ip access-group denyacc out
```

小贴士

访问控制列表总体说来有三个作用：安全控制、流量过滤、数据流量标识。

ACL语句的顺序很重要，约束性最强的语句应该放在列表的顶部，约束性最弱的语句应该放在列表的底部；一般说来，在一条ACL语句中不能只有允许语句，同样，也不能只有拒绝语句。虽然设备设置了默认行为，但是在定义ACL时，应尽量自己定义最后的语句。

当我们根据实际情况定义了一个ACL，并且把它应用到了相应的接口的方向上时，就需要使用access-group来描述这个ACL。access-group是对特定的一条access-list与特定端口的绑定关系的描述。

任务验收

步骤1：在PC1上测试PC3，结果是互通的，说明经理部可以访问财务部，如图5.3.2所示。

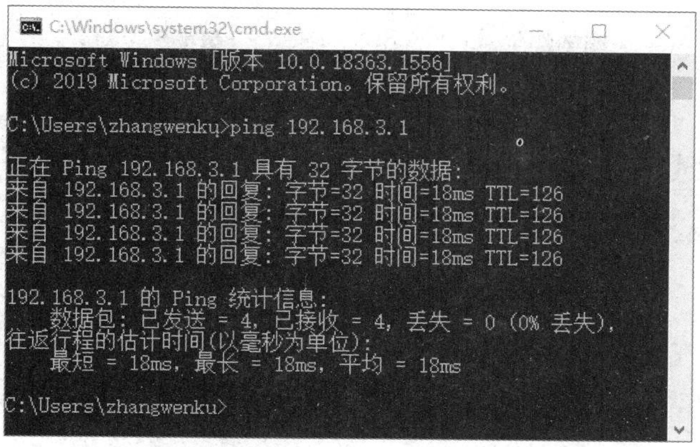

```
C:\Windows\system32\cmd.exe
Microsoft Windows [版本 10.0.18363.1556]
(c) 2019 Microsoft Corporation。保留所有权利。

C:\Users\zhangwenku>ping 192.168.3.1

正在 Ping 192.168.3.1 具有 32 字节的数据:
来自 192.168.3.1 的回复: 字节=32 时间=18ms TTL=126
来自 192.168.3.1 的回复: 字节=32 时间=18ms TTL=126
来自 192.168.3.1 的回复: 字节=32 时间=18ms TTL=126
来自 192.168.3.1 的回复: 字节=32 时间=18ms TTL=126

192.168.3.1 的 Ping 统计信息:
    数据包: 已发送 = 4，已接收 = 4，丢失 = 0 (0% 丢失)，
往返行程的估计时间(以毫秒为单位):
    最短 = 18ms，最长 = 18ms，平均 = 18ms

C:\Users\zhangwenku>
```

图 5.3.2　在 PC1 上测试 PC3

步骤 2：在 PC2 上测试 PC3，结果是不互通的，说明销售部不可以访问财务部，如图 5.3.3 所示。

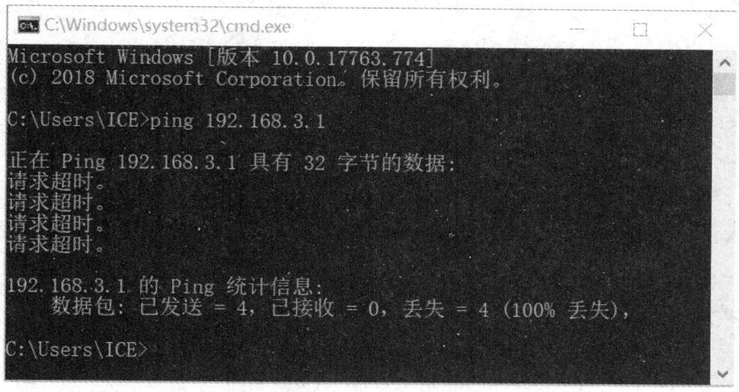

```
C:\Windows\system32\cmd.exe
Microsoft Windows [版本 10.0.17763.774]
(c) 2018 Microsoft Corporation。保留所有权利。

C:\Users\ICE>ping 192.168.3.1

正在 Ping 192.168.3.1 具有 32 字节的数据:
请求超时。
请求超时。
请求超时。
请求超时。

192.168.3.1 的 Ping 统计信息:
    数据包: 已发送 = 4，已接收 = 0，丢失 = 4 (100% 丢失)，

C:\Users\ICE>
```

图 5.3.3　在 PC2 上测试 PC3

步骤 3：查看标准 IP 访问控制列表的应用状态。

```
R2#show ip access-lists
Standard IP access list denyacc
 include 2 rules
 deny   192.168.2.0 255.255.255.0 sequence 10
 (4 matches)
 permit 192.168.1.0 255.255.255.0 sequence 20
 (4 matches)
```

任务资讯

1．ACL 的基本概念

访问控制列表（Access Control List，ACL）是由一系列规则组成的集合。它通过这些规则对报文进行分类，从而使设备可以对不同类型的报文进行不同的处理。

一个 ACL 通常由若干条“deny | permit”都语句组成，一条语句就是该 ACL 的一条规则，

每条语句中的“deny / permit”都是与这条规则相对应的处理动作。处理动作“permit”的含义是“允许”，处理动作“deny”的含义是“拒绝”。特别需要说明的是，ACL 技术总是与其他的技术结合使用，同时，结合的技术不同，“permit”及“deny”的内涵及作用也不同。如当 ACL 技术与流量过滤技术结合使用时，“permit”就是“允许通行”的意思，“deny”就是“拒绝通行”的意思。

ACL 是一种应用非常广泛的网络安全技术，配置了 ACL 的网络设备，其工作过程可以分为以下两个步骤。

（1）根据事先设定好的报文匹配规则对经过该设备的报文进行匹配。

（2）对匹配的报文执行事先设定好的处理动作。

2．ACL 的分类

根据 ACL 具有的不同的特性，可以将 ACL 分成不同的类型，分别是标准 IP 访问控制列表、扩展 IP 访问控制列表、用户自定义访问控制列表。其中，应用最为广泛的是标准 IP 访问控制列表和扩展 IP 访问控制列表。

标准 ACL 只能基于报文的源 IP 地址、报文分片标记和时间段信息来定义规则，编号范围为 2000～2999。

3．ACL 的规则匹配

标准 IP 访问控制列表可以根据数据包的源 IP 地址定义规则，进行数据包的过滤。

访问控制列表通过对数据流进行检查和过滤来限制网络中的通信数据的类型，以及网络用户和用户所访问的设备。ACL 由一系列有序的 ACE（Access Control Entry，访问控制项）组成，每一个 ACE 都定义了匹配条件及行为。标准 ACL 只能针对源 IP 地址制定匹配条件，对于符合匹配条件的数据包，ACE 执行规定的行为：允许或拒绝。

可以在设备的入站方向或者出站方向上应用 ACL。如果在设备的入站方向上应用 ACL，那么设备在端口上收到数据包之后，要先进行 ACL 规定的检查。检查从 ACL 的第一个 ACE 开始，将 ACE 规定的条件和数据包内容进行比较和匹配。如果第一个 ACE 没有匹配成功，则匹配下一个 ACE，以此类推。一旦匹配成功，则执行该 ACE 规定的行为。如果整个 ACL 中的所有的 ACE 都没有匹配成功，则执行设备定义的默认行为。被 ACL 放行的数据包则进一步执行设备的其他策略，如路由转发。

如果在路由器某接口的出站方向上应用 ACL，则路由器首先进行路由转发策略，再对发送到该接口的数据包进行 ACL 规定的检查。检查过程与入站方向的检查过程一致。

定义 ACL，应当遵循以下规则。

（1）在设备接口的一个方向上只能应用一个 ACL。

（2）ACL 匹配自顶向下，逐条匹配。

（3）一旦某一个 ACE 匹配成功，则立即执行该 ACE 的行为，否则停止匹配。

（4）如果所有的 ACE 都没有匹配成功，则执行设备定义的默认行为。

（5）在一般情况下，无论在什么设备、什么接口、什么方向上应用 ACL，都必须遵循以下约定。

① 标准 ACL 一般应用在离数据流的目的地址尽可能近的地方。

② 扩展 ACL 一般应用在离数据流的源地址尽可能近的地方。

尽管大部分厂商都推出了更高级的 ACL，但是绝大部分的网络管理员只使用两种 ACL：标准 ACL 和扩展 ACL。尽管功能比较简单，但标准 ACL 在限制 Telnet 访问路由器、限制通过 HTTP 访问设备，以及路由过滤更新方面，仍然有着较多的应用。

标准 ACL 的编号为 1～99、1300～1999。

在全局配置模式下，配置编号标准 ACL 的命令如下。

```
ip access-list  {deny | permit} {{<sIpAddr> <sMask>} | any-source |
{host-source <sIpAddr>}}
```

该命令用于创建一条数字标准 IP 访问控制列表。如果该列表已经存在，则增加一条 ACL 表项；可以使用 no access-list <num>命令删除一条 ACL 表项。

在一般情况下，配置 ACL 应遵循以下 3 个步骤。

（1）启用设备的过滤功能并配置默认行为。

（2）定义 ACL 规则。

（3）将 ACL 绑定到设备接口的某一方向上。

学习小结

（1）访问控制列表中的网络掩码是子网掩码。

（2）访问控制列表要在接口下应用才能生效。

（3）标准 IP 访问控制列表要应用在尽量靠近目的地址的接口上。

活动 2　扩展 IP 访问控制列表的配置

任务情境

由于网络规模的扩大，某公司架设了 FTP 服务器和 Web 服务器，FTP 服务器只供技术部访问使用，Web 服务器供市场部和技术部使用。市场部拒绝 Web 服务器之外的访问。公司局域网通过路由器进行信息传递，通过配置实现网络数据流量的控制。

情境分析

从公司的需求来看，标准IP访问控制列表是无法实现所需功能的，因此只能使用扩展IP访问控制列表。在路由器上应用扩展IP访问控制列表，控制访问服务器的数据流量。禁止市场部访问FTP服务器的数据流通过；Web服务器向市场部和技术部提供Web服务，但市场部和服务部拒绝服务器的其他访问，从而达到保护服务器和数据的目的。

下面通过两台型号为DCR-2655的路由器来模拟网络，介绍扩展IP访问控制列表的配置，其拓扑结构如图5.3.4所示。

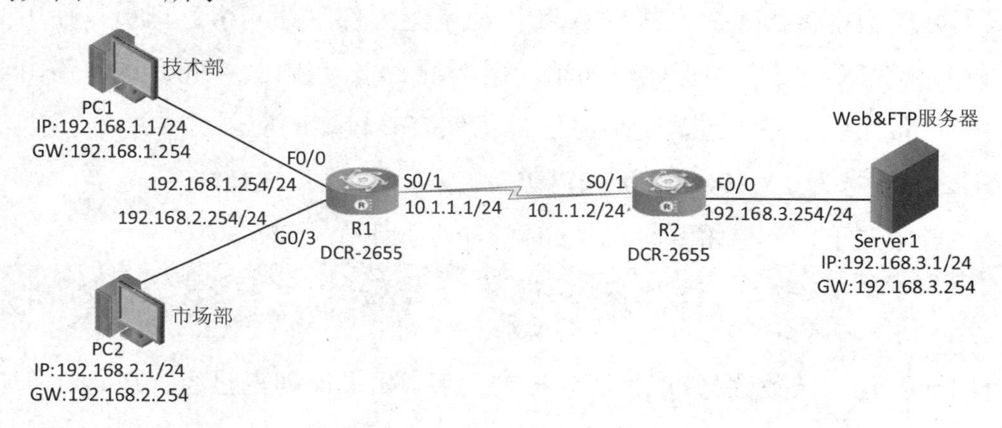

图5.3.4　扩展IP访问控制列表的配置拓扑结构

具体要求如下。

（1）根据图5.3.4所示的拓扑结构，连接好所有的网络设备，包括计算机和Server1服务器。设置两台计算机及一台Server1服务器的IP地址、子网掩码和网关，如表5.3.3所示。

表5.3.3　两台计算机及一台Server1服务器的IP地址、子网掩码和网关

计算机	IP地址	子网掩码	网关
PC1	192.168.1.1	255.255.255.0	192.168.1.254
PC2	192.168.2.1	255.255.255.0	192.168.2.254
Server1	192.168.3.1	255.255.255.0	192.168.3.254

（2）路由器的接口、IP地址和子网掩码如表5.3.4所示。

表5.3.4　路由器的接口、IP地址和子网掩码

设备名	接口	IP地址/子网掩码
R1	F0/0	192.168.1.254/24
	G0/3	192.168.2.254/24
	S0/1	10.1.1.1/24
R2	S0/1	10.1.1.2/24
	F0/0	192.168.3.254/24

（3）配置静态路由实现全网互通。

（4）配置扩展 IP 访问控制列表，限制市场部所在的 PC1 访问服务器上的 FTP 服务，但不限制技术部所在的 PC2。

任务实施

步骤 1：恢复路由器的出厂配置，此处略。

步骤 2：路由器 R1 的基本配置。

```
Router#config
Router_config#hostname R1
R1_config#interface fastEthernet 0/0
R1_config_f0/0#ip address 192.168.1.254 255.255.255.0
R1_config_f0/0#no shutdown
R1_config_f0/0#exit
R1_config#interface gigaEthernet 0/3
R1_config_g0/3#ip address 192.168.2.254 255.255.255.0
R1_config_g0/3#no shutdown
R1_config_g0/3#exit
R1_config#interface serial 0/1
R1_config_s0/1#physical-layer speed 64000
R1_config_s0/1#ip address 10.1.1.1 255.255.255.0
R1_config_s0/1#no shutdown
```

步骤 3：路由器 R2 的基本配置。

```
Router#config
Router_config#hostname R2
R2_config#interface fastEthernet 0/0
R2_config_f0/0#ip address 192.168.3.254 255.255.255.0
R2_config_f0/0#no shutdown
R2_config_f0/0#exit
R2_config#interface serial 0/1
R2_config_s0/1#ip address 10.1.1.2 255.255.255.0
R2_config_s0/1#no shutdown
```

步骤 4：查看路由器 R1 端口的配置信息。

```
R1#show ip int brief
Interface              IP-Address      Method     Protocol-Status
Async0/0               unassigned      manual     down
Serial0/1              10.1.1.1        manual     up
Serial0/2              unassigned      manual     down
```

```
fastEthernet0/0          192.168.1.254   manual     up
gigaEthernet0/3          192.168.2.254   manual     up
gigaEthernet0/4          unassigned      manual     down
gigaEthernet0/5          unassigned      manual     down
gigaEthernet0/6          unassigned      manual     down
```

步骤5：查看路由器R2端口的配置信息。

```
R2#show ip int brief
Interface                IP-Address      Method     Protocol-Status
Async0/0                 unassigned      manual     down
Serial0/1                10.1.1.2        manual     up
Serial0/2                unassigned      manual     down
fastEthernet0/0          192.168.3.254   manual     up
gigaEthernet0/3          unassigned      manual     down
gigaEthernet0/4          unassigned      manual     down
gigaEthernet0/5          unassigned      manual     down
gigaEthernet0/6          unassigned      manual     down
```

步骤6：配置静态路由实现全网互通。

（1）在路由器R1上配置。

```
R1_config#ip route 192.168.3.0 255.255.255.0 10.1.1.2
```

（2）在路由器R2上配置。

```
R2_config#ip route 192.168.1.0 255.255.255.0 10.1.1.1
R2_config#ip route 192.168.2.0 255.255.255.0 10.1.1.1
```

步骤7：配置扩展IP访问控制列表。

```
R1_config#ip access-list extended webftp
R1_config_ext_nacl#deny tcp 192.168.1.0 255.255.255.0 192.168.3.1 255.255.255.0
eq ftp
R1_config_ext_nacl#deny tcp 192.168.1.0 255.255.255.0 192.168.3.1 255.255.255.0
eq ftp-data
R1_config_ext_nacl#permit   tcp   192.168.1.0   255.255.255.0   192.168.3.1
255.255.255.0 eq www
```

步骤8：在接口上应用扩展IP访问控制列表。

```
R1_config#int f0/0
R1_config_f0/0#ip access-group webftp in
```

任务验收

步骤1：在PC2上访问Web服务器是可以正常进行的。

步骤2：在PC2上访问FTP服务器是无法正常进行的。

步骤 3：在 PC1 上访问 FTP 和 Web 服务器都是可以正常进行的。

步骤 4：查看扩展 IP 访问控制列表的应用状态。

```
R1_config_ext_nacl#show ip access-lists
Extended IP access list webftp
 include 4 rules
 deny  tcp 192.168.1.0 255.255.255.0 192.168.3.1 255.255.255.0 eq ftp sequence
10 (0 matches)
 deny  tcp 192.168.1.0 255.255.255.0 192.168.3.1 255.255.255.0 eq ftp-data
sequence 20 (0 matches)
 permit tcp 192.168.2.0 255.255.255.0 192.168.3.1 255.255.255.0 eq www sequence
30 (0 matches)
 permit ip any any sequence 40 (0 matches)
```

小贴士

在本活动中，只制定目的 IP 地址的端口范围即可满足需求。在其他需求中，还需要制定源端口地址。

在端口上应用扩展 ACL 同应用标准 ACL 一样，只是扩展 ACL 检查得比较精确而已。

任务资讯

与标准 ACL 相比，扩展 ACL 所检查的数据包的元素非常丰富，它不仅可以检查数据流的源 IP 地址，还可以检查目的 IP 地址、源端口地址和目的端口地址以及协议类型。扩展 ACL 通常用于那些精确的、高级的访问控制。FTP 服务器通常使用 TCP 协议的 20 和 21 端口，使用扩展 ACL 可以精确匹配那些访问 FTP 服务器的数据包并采取相应措施。

扩展 ACL 的编号为 100～199、2000～2699。

定义扩展 ACL 的命令如下。

```
access-list <num> {deny | permit} icmp {{<sIpAddr> <sMask>} | any-source |
{host-source <sIpAddr>}} {{<dIpAddr> <dMask>} | any-destination | {host-destination
<dIpAddr>}} [<icmp-type> [<icmp-code>]] [precedence <prec>] [tos
<tos>][time-range<time-range-name>]
```

学习小结

（1）扩展 IP 访问控制列表要应用在尽量靠近源地址的接口上。

（2）扩展 IP 访问控制列表最后有隐含的拒绝策略。

（3）对于 FTP 来说，必须指定 ftp(21)和 ftp-data(20)。

任务 5.4 网络地址转换的配置

NAT（Network Address Translation，网络地址转换）的功能是将企业内部自行定义的私有IP地址转换为Internet公网上可识别的合法IP地址。由于现行IP地址标准——IPv4的限制，Internet面临着IP地址空间短缺的问题，因此企业的每位员工都从ISP申请并获得一个合法的IP地址是不现实的。NAT技术能较好地解决现阶段IPv4地址短缺的问题。本任务由以下两个活动展开介绍。

活动1 利用静态NAT技术实现公网主机访问内网服务器

活动2 利用动态NAT技术实现局域网访问Internet

活动1 利用静态NAT技术实现公网主机访问内网服务器

静态NAT技术可以在路由器中将内网IP地址转换为公网IP地址，通常应用在允许公网用户访问内网服务器的场景中。

任务情境

某公司的办公网络接入了Internet，由于需要进行企业宣传，所以建立了用于产品推广和业务交流的网站。目前，公司只向网络运营商申请了两个公网IP地址，服务器位于公司内网。要求公司的Web服务器对外提供服务，使客户可以在互联网上访问公司的内部网站。

情境分析

基于私有地址与公有地址不能直接通信的原则，公网的计算机是不能直接访问内网服务器的。要使内网服务器上的服务能够被公网的计算机访问，就要将内网服务器的私有IP地址通过静态转换映射到公网IP地址上，这样互联网上的用户才能通过公网IP地址访问内网服务器。

下面通过两台型号为DCR-2655的路由器来模拟网络，介绍利用静态NAT技术实现公网主机访问内网服务器的配置，其拓扑结构如图5.4.1所示。

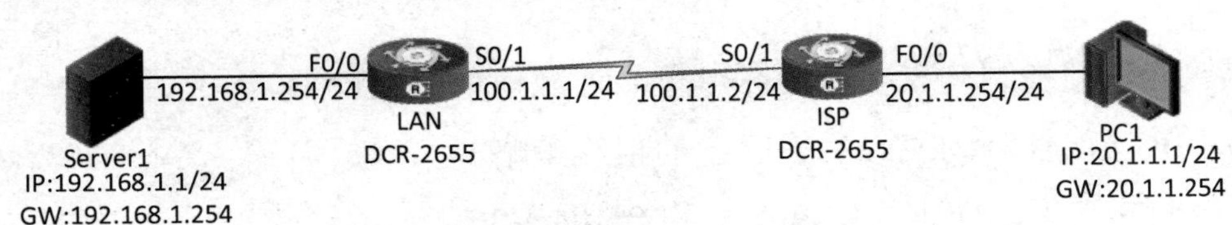

图 5.4.1 利用静态NAT技术实现公网主机访问内网服务器的拓扑结构

具体要求如下。

（1）根据图 5.4.1 所示的拓扑结构，连接好计算机、服务器和路由器。设置计算机及服务器的 IP 地址、子网掩码和网关，如表 5.4.1 所示。

表 5.4.1　计算机及服务器的 IP 地址、子网掩码和网关

计　算　机	IP 地址	子 网 掩 码	网　关
Server1	192.168.1.1	255.255.255.0	192.168.1.254
PC1	20.1.1.1	255.255.255.0	20.1.1.254

（2）路由器的接口、IP 地址和子网掩码如表 5.4.2 所示。

表 5.4.2　路由器的接口、IP 地址和子网掩码

设 备 名 称	接　口	IP 地址/子网掩码
LAN	F0/0	192.168.1.254/24
	S0/1	100.1.1.1/24
ISP	S0/1	100.1.1.2/24
	F0/0	20.1.1.254/24

（3）在 LAN 上使用默认路由实现数据包向外转发。

（4）在 LAN 上进行静态 NAT 技术的配置，使公网的计算机能访问内网服务器，映射地址为 100.1.1.1。

任务实施

步骤 1：恢复路由器的出厂配置，此处略。

步骤 2：路由器 LAN 的基本配置。

```
LAN#config
LAN_config#interface fastEthernet 0/0
LAN_config_f0/0#ip address 192.168.1.254 255.255.255.0
LAN_config_f0/0#no shutdown
LAN_config_f0/0#exit
LAN_config#interface serial 0/1
LAN_config_s0/1#physical-layer speed 64000
LAN_config_s0/1#ip address 100.1.1.1 255.255.255.0
LAN_config_s0/1#no shutdown
```

步骤 3：路由器 ISP 的基本配置。

```
ISP#config
ISP_config#interface fastEthernet 0/0
ISP_config_f0/0#ip address 20.1.1.254 255.255.255.0
```

```
ISP_config_f0/0#no shutdown
ISP_config_f0/0#exit
ISP_config#interface serial 0/1
ISP_config_s0/1#ip address 100.1.1.2 255.255.255.0
ISP_config_s0/1#no shutdown
```

步骤4：在路由器LAN上配置默认路由。

```
LAN_config#ip route 0.0.0.0 0.0.0.0 serial0/1    //配置路由器LAN的默认路由
```

步骤5：在路由器LAN上配置静态NAT技术。

```
LAN_config#ip nat inside source static 192.168.1.1 100.1.1.1
```

步骤6：查看ISP的路由表。

```
ISP#show ip route
Codes: C - connected, S - static, R - RIP, B - BGP, BC - BGP connected
D - DEIGRP, DEX - external DEIGRP, O - OSPF, OIA - OSPF inter area
ON1 - OSPF NSSA external type 1, ON2 - OSPF NSSA external type 2
OE1 - OSPF external type 1, OE2 - OSPF external type 2
DHCP - DHCP type, L1 - IS-IS level-1, L2 - IS-IS level-2
VRF ID: 0
C      192.168.1.0/24 is directly connected, Serial0/1
C      192.168.2.0/24 is directly connected, fastEthernet0/0
```

任务验收

步骤1：测试网络的连通性，测试结果如图5.4.2所示。

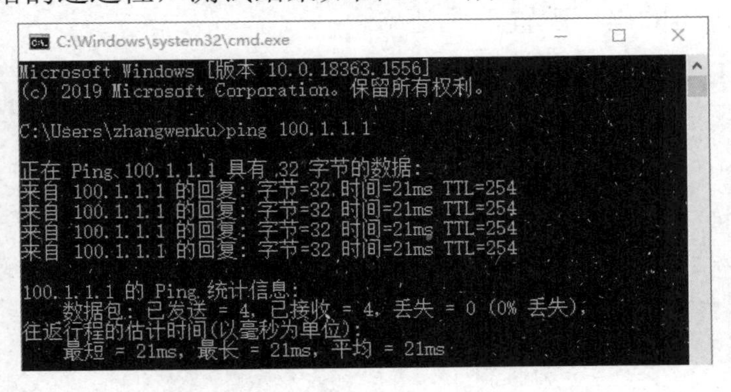

图5.4.2 测试结果

步骤2：查看地址转换表。

```
LAN#show ip nat translations
Pro. Dir Inside local    Inside global    Outside local    Outside global
---- --- 192.168.1.1     100.1.1.1        ---              ---
```

小贴士

在利用NAT技术发布内网服务器时，需要注意每种应用服务通常都有自己的默认端口，这意味着使用一个公网IP地址可以发布多种内网服务。但是，对于任意一种网络服务，都只能有一台内部主机成为被发布的服务器。也就是说，在只有一个公网IP地址的情况下，只能有FTP服务器、E-mail服务器、Web服务器的其中一台被发布到网络中。

解决这个问题其实并不难，如内网中有两台Web服务器，则可以使用公网地址的TCP端口80来发布第一台Web服务器，使用TCP端口8000来发布第二台Web服务器。但是，客户机在访问第二台服务器时，需要添加端口地址，如“http://100.100.100.1:8000”，才可以正确访问。

任务资讯

1. NAT的基本概念

NAT是一个IETF标准，是一种把内部私有网络地址转换成合法的外部公有网络地址的技术。当今的Internet使用TCP/IP实现了全世界的计算机的互联互通，每一台接入Internet的计算机要想和其他计算机通信，都必须拥有一个唯一的、合法的IP地址，该IP地址由Internet管理机构——网络信息中心（Network Information Center，NIC）统一进行管理和分配。NIC分配的IP地址被称为公有的、合法的IP地址，具有唯一性，接入Internet的计算机只要拥有NIC分配的IP地址就可以和其他计算机通信。

但是，当前TCP/IP协议的版本是IPv4，它具有“天生的”缺陷，即IP地址数量不够多，难以满足目前爆发性增长的IP需求。因此，不是每一个计算机用户都能申请并获得NIC分配的IP地址。一般来说，需要接入Internet的个人或家庭用户，可以通过ISP间接获得合法的公有IP地址（如用户通过ADSL线路拨号，从电信获得临时租用的公有IP地址）；大型机构可以直接向NIC申请并使用永久的公有IP地址，也可以通过ISP间接获得永久或临时的公有IP地址。

无论通过哪种方式获得公有IP地址，实际上当前的可用IP地址依然不足。IP地址是有限的资源，因此NIC要为网络中数以亿计的计算机用户分配公有IP地址是不现实的。同时，为了使计算机能够具有IP地址并在专用网络（内部网络）中通信，NIC定义了供专用网络的计算机使用的专用IP地址。这些IP地址是在局部使用的（非全局的，不具有唯一性）非公有的（私有的）IP地址，具体范围如下。

（1）A类IP地址:10.0.0.0～10.255.255.255。

（2）B 类 IP 地址:172.16.0.0～172.31.255.255。

（3）C 类 IP 地址:192.168.0.0～192.168.255.255。

组织和机构可以根据自身园区网的大小及计算机的数量采用不同类型的专用地址范围或者不同类型的地址的组合。但是，这些 IP 地址不可能出现在 Internet 中，也就是说，源地址或目的地址为这些专有 IP 地址的数据包不可能在 Internet 中传输，而只能在专用网络中传输。

如果专用网络的计算机要访问 Internet，则组织和机构中的连接 Internet 的设备至少需要有一个公有 IP 地址，并利用 NAT 技术将内部网络的私有 IP 地址转换为公有 IP 地址，从而让使用私有 IP 地址的计算机能够和 Internet 中的计算机进行通信。NAT 设备能够使私有网络内的私有 IP 地址和公有 IP 地址互相转换，从而使私有网络中的计算机能够和 Internet 中的计算机通信。

2. NAT 的类型

NAT 通常包括以下几种类型。

（1）静态 NAT：由管理员手动设置，其方式为一对一的私有地址和公有地址之间的转换。

（2）动态 NAT：由设备自动设置，其方式为一个内部地址和一个外部地址之间进行转换，每次转换都是一对一进行的。

（3）静态 NAPT：由管理员手动设置，用于将一个私有地址和端口号转换为一个公有地址和端口号。静态 NAPT 可以实现一个公有地址的复用。

（4）动态 NAPT：由设备自动设置，利用不同的端口号来将多个私有地址转换为一个公有地址。

（5）NAT 实现 TCP 均衡：使用 NAT 技术创建一台虚拟主机并提供 TCP 服务，该虚拟主机对应内部的多台主机，并对目的地址进行轮询置换，以达到负载分流的目的。

学习小结

（1）静态 NAT 技术通常应用在允许外网用户访问内网服务器的场景中。

（2）通过 NAT 技术映射内部服务器需要使用专用的公有 IP 地址，故需要申请两个或两个以上的公有 IP 地址，一个用于服务器映射，其他的用于内网的通信。

（3）要加上能使数据包向外转发的路由，如默认路由。

活动 2　利用动态 NAT 技术实现局域网访问 Internet

在通常情况下，园区网中有很多台主机，从 ISP 申请并给园区网中的每台主机都分配一个合法的 IP 地址是不现实的，为了使所有的内部主机都可以连接到 Internet，需要使用网络地址转换技术。此外，网络地址转换技术还可以有效地隐藏内部局域网中的主机，具有一定的保护作用。

任务情境

由于业务的需要，某公司的办公网络需要接入 Internet，网络管理员向网络运营商申请了一条专线，该专线分配了五个公网 IP 地址。要求公司所有部门的主机都能访问外网。

情境分析

公司通过路由器与外网互联，并且只申请到了 5 个公网 IP 地址，即与公网直连的路由器接口的 IP 地址和用来满足公司内部主机上网的地址。传统的 NAT 技术一般是指一对一的地址映射，不能同时满足内部网络中所有的主机与外部网络通信的需求，而动态 NAPT 方法可以转换网络地址，从而使多个本地 IP 地址对应一个或多个全局 IP 地址。采用动态 NAPT 方法可以实现局域网多台主机通过共用一个或几个公网 IP 地址访问互联网。

下面通过两台型号为 DCR-2655 的路由器来模拟网络，介绍利用动态 NAT 技术实现局域网访问 Internet 的配置，其拓扑结构如图 5.4.3 所示。

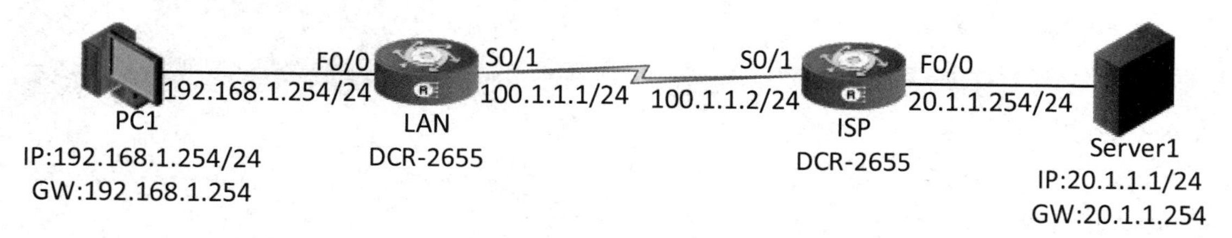

图 5.4.3　利用动态 NAT 技术实现局域网访问 Internet 的拓扑结构

具体要求如下。

（1）根据图 5.4.3 所示的拓扑结构，使用直通线连接好计算机和服务器。设置计算机及服务器的 IP 地址、子网掩码和网关，如表 5.4.3 所示。

表 5.4.3　计算机及服务器的 IP 地址、子网掩码和网关

计　算　机	IP 地址	子 网 掩 码	网　　关
PC1	192.168.1.1	255.255.255.0	192.168.1.254
Server1	20.1.1.1	255.255.255.0	20.1.1.254

（2）路由器的接口、IP 地址和子网掩码如表 5.4.4 所示。

表 5.4.4　路由器的接口、IP 地址和子网掩码

设　备　名	接　　口	IP 地址/子网掩码
LAN	F0/0	192.168.1.254/24
	S0/1	100.1.1.1/24
ISP	S0/1	100.1.1.2/24
	F0/0	20.1.1.254/24

（3）在 LAN 上使用默认路由实现数据包向外转发。

（4）在 LAN 上进行动态 NAT 技术的配置，实现内网的计算机能通过公网 IP 地址访问 Internet，动态 NAT 地址池使用的 IP 地址为 100.1.1.3～100.1.1.5。

任务实施

步骤 1：恢复路由器的出厂配置，此处略。

步骤 2：在路由器 LAN 上设置接口 IP 地址、时钟频率等信息。

```
Router>enable                                          //进入特权配置模式
Router#config                                          //进入全局配置模式
Router _config#hostname LAN                            //修改路由器名称
LAN_config#interface s0/1                              //进入接口配置模式
LAN_config_s0/1#ip address 100.1.1.1 255.255.255.0     //配置 IP 地址
LAN_config_s0/1#physical-layer speed 64000             //配置 DCE 时钟频率
LAN_config_s0/1#no shutdown
LAN_config_s0/1#exit
LAN_config#interface fastethernet0/0
LAN_config_f0/0#ip address 192.168.1.254 255.255.255.0
LAN_config_f0/0#no shutdown
LAN_config_f0/0#^Z
```

步骤 3：在路由器 ISP 上配置 IP 地址。

```
Router>enable
Router#config
Router_config#hostname ISP
ISP_config#interface s0/1
ISP_config_s0/1#ip address 100.1.1.2 255.255.255.0
ISP_config_s0/1#no shutdown
ISP_config_s0/1#exit
ISP_config#interface fastethernet0/0
```

```
ISP_config_f0/0#ip address 20.1.1.254 255.255.255.0
ISP_config_f0/0#no shutdown
ISP_config_f0/0#^Z
```

步骤4：在路由器LAN上配置默认路由。

```
LAN_config#ip route 0.0.0.0 0.0.0.0 serial0/1      //配置路由器LAN的默认路由
```

步骤5：在路由器LAN上配置NAT。

```
LAN#config
LAN_config#ip access-list standard 1                        //定义访问控制列表
LAN_config_std_nacl#permit 192.168.1.0 255.255.255.0
//定义允许转换的源地址范围
LAN_config_std_nacl#exit
LAN_config#ip nat pool overld 100.1.1.3 100.1.1.5 255.255.255.0
//定义名为overld的转换地址池
LAN_config#ip nat inside source list 1 pool overld overload
//将ACL允许的源地址转换成overld中的地址，并且做PAT的地址复用
LAN_config#int f0/0
LAN_config_f0/0#ip nat inside                              //定义F0/0为内部接口
LAN_config_f0/0#int s0/1
LAN_config_s0/1#ip nat outside                             //定义S0/1为外部接口
LAN_config_s0/1#^Z
```

步骤6：查看ISP的路由表。

```
ISP#sh ip route
Codes: C - connected, S - static, R - RIP, B - BGP, BC - BGP connected
D - DEIGRP, DEX - external DEIGRP, O - OSPF, OIA - OSPF inter area
ON1 - OSPF NSSA external type 1, ON2 - OSPF NSSA external type 2
OE1 - OSPF external type 1, OE2 - OSPF external type 2
DHCP - DHCP type
VRF ID: 0
C 100.1.1.0/24 is directly connected, Serial0/1
C 20.1.1.0/24 is directly connected, fastEthernet0/0
//注意：并没有到192.168.1.0的路由
```

任务验收

步骤1：测试网络连通情况，测试结果如图5.4.4所示。

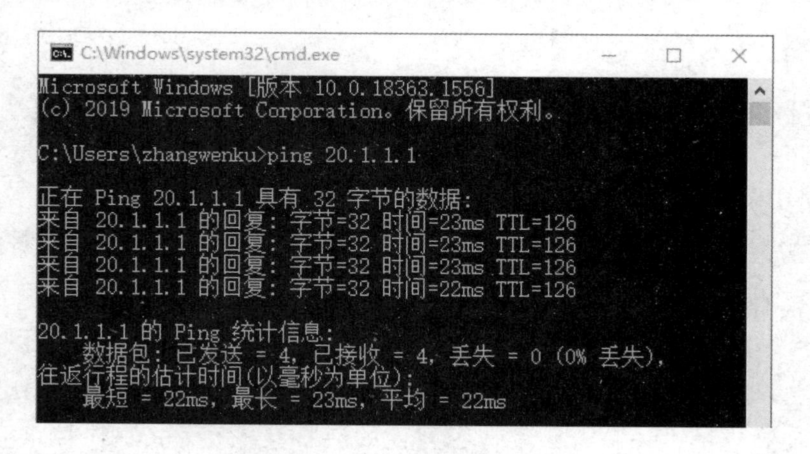

图 5.4.4　测试结果

步骤 2：查看路由器 LAN 的地址转换表。

```
LAN#show ip nat translations
Pro.  Dir Inside local     Inside global      Outside local     Outside global
ICMP  OUT 192.168.1.1:1    100.1.1.3:8193     20.1.1.1:8193     20.1.1.1:8193
```

小贴士

（1）注意转换的方向和接口，不要把 Inside 和 Outside 应用的接口弄错。

（2）注意地址池、ACL 的名称。

（3）在 ISP 中一定不能加指向 192.168.1.0 网络的回指路由，否则将无法判断连通性是否是由 NAT 的设置引起的。

任务资讯

1. NAPT 的概念

NAPT 又称 PAT 或者端口级复用 NAT，是动态 NAT 技术的一种实现形式，常用于公网地址极缺乏，甚至只有一个公网地址的末节网络中。

在 NAPT 转换的过程中，路由器或者防火墙通常会将数据包的源 IP 地址和源端口地址进行转换。NAPT 设备使用不同的端口号来识别内部主机。

NAPT 设备使用访问控制列表识别需要进行地址转换的数据流，将数据包的源 IP 地址（内部私有地址）和端口地址转换为公网地址，并路由到因特网中。这次转换会在 NAPT 设备的 NAT 地址转换表中产生一条记录。在 NAPT 设备收到外部网络发送的应答数据包之后，根据 NAT 转换表的记录，NAPT 设备会识别出与数据包中的端口号对应的内部主机，将应答数据包中的目的 IP 地址（内部公网地址）转换为原来的内部私有地址，并将该数据包转发到内部网络中。

由于NAPT有两个方向上的地址转换，且NAPT向外屏蔽了内部主机的地址信息，所以在一定程度上加强了内部网络的安全性。

NAT是指将网络地址从一个地址空间转换为另一个地址空间的行为。NAT将网络划分为内部网络（Inside）和外部网络（Outside）两部分。局域网主机在利用NAT技术访问网络时，会将局域网内部的本地地址转换为全局地址（互联网中的合法IP地址），之后转发数据包。

一般来说，有两种技术可以实现使用有限的甚至唯一的公有IP地址来满足大量的主机访问因特网的需求，它们是代理服务器技术和网络地址转换技术。其中，NAT技术在大量的末节网络中的应用最为普遍。

2. NAT技术常用的各类术语

（1）内部本地地址：通常指分配给内部主机的私有地址。

（2）内部全局地址：由ISP提供的用于本地网络的公网地址。

（3）外部本地地址：通常指提供给外部网络的私有地址。

（4）外部全局地址：外部网络使用的可路由的公网地址。

（5）外部端口：在内部网络中运行NAT机制的设备，如路由器、防火墙等，是用于连接外网的接口。

（6）内部端口：运行NAT机制的设备，是用于连接内网的接口。

3. 动态NAPT是最为常见的NAT应用

在一般情况下，配置动态NAPT应遵循以下步骤。

（1）定义外部端口。

（2）定义内部端口。

（3）定义需要进行地址转换的数据流（使用访问控制列表来定义）。

（4）定义公网地址池。

（5）建立数据流和公网地址池之间的映射关系。

（6）添加指向外网的静态路由。

学习小结

（1）动态NAPT需要配置IP地址池，用于内网主机的映射。

（2）动态NAPT解决了更多内网终端连接外网的问题。

（3）动态 NAPT 主要用于为内网计算机提供外网访问服务。

任务 5.5　防火墙的基本配置

在计算机中流入或流出的所有网络通信和数据包均要经过防火墙。

任务情境

某公司由于网络扩大升级和在安全方面的考虑，想要在公司网络中引入防火墙设备。防火墙可以使用 Telnet、SSH、WebUI 方式进行管理，通过对防火墙进行基本配置可以使用户很方便地使用这几种方式对其进行管理。

情境分析

本任务使用 Telnet、SSH、WebUI 方式管理防火墙，需要对防火墙进行相关的基本配置。

下面通过一台型号为 DCFW-1800E-N3002 的防火墙来模拟网络，介绍防火墙的基本配置，其拓扑结构如图 5.5.1 所示。

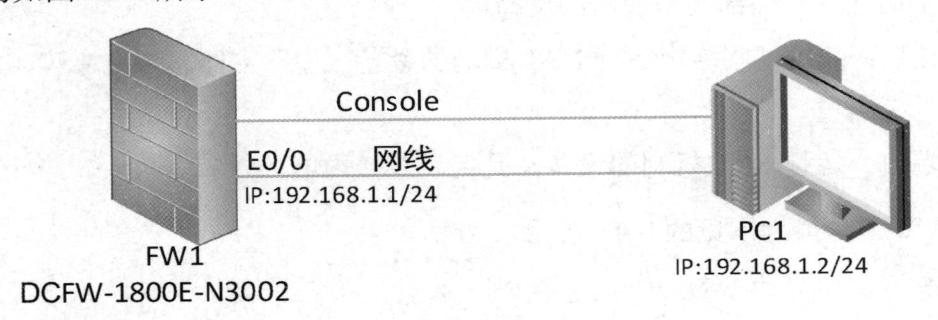

图 5.5.1　防火墙的基本配置拓扑结构

具体要求如下。

根据图 5.5.1 所示的拓扑结构，使用直通线连接好计算机和防火墙。计算机及防火墙的 IP 地址和子网掩码如表 5.5.1 所示。

表 5.5.1　计算机及防火墙的 IP 地址和子网掩码

计　算　机	IP 地址	子 网 掩 码
FW1	192.168.1.1	255.255.255.0
PC1	192.168.1.2	255.255.255.0

任务实施

防火墙可以使用 Telnet、SSH、WebUI 方式进行管理，用户可以很方便地使用这几种方式对其进行管理。

步骤 1：初步认识防火墙。

（1）认识防火墙各接口，理解防火墙各接口的作用，并学会使用线缆连接防火墙、交换机与主机，如图 5.5.2 所示。

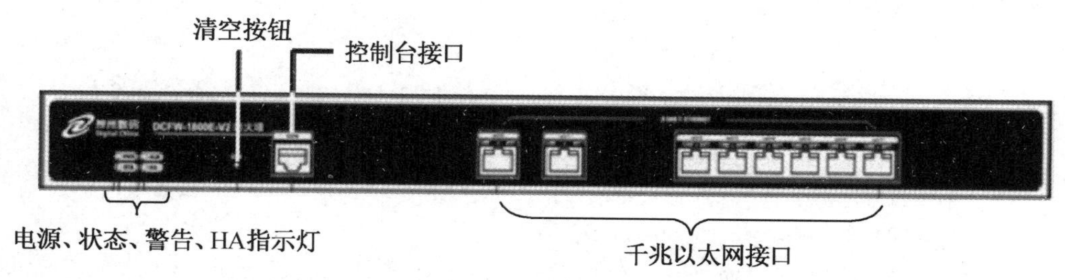

图 5.5.2　初步认识防火墙

（2）使用 Console 线缆将防火墙与主机的串行接口连接起来，如图 5.5.3 所示。

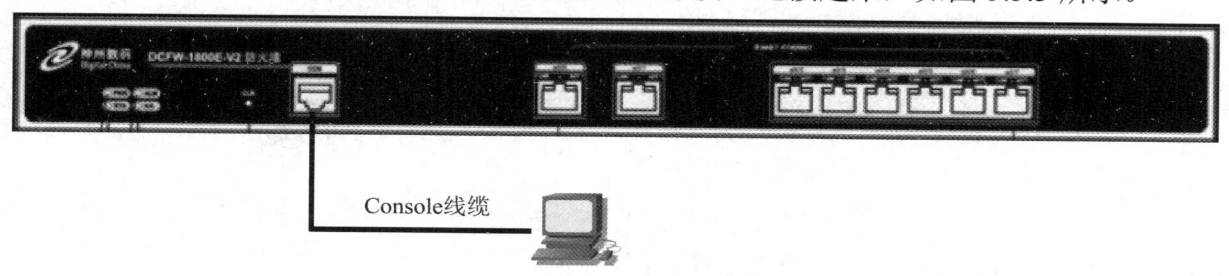

图 5.5.3　防火墙与主机连接

（3）使用 PC1 上的 SecureCRT 软件进行连接，配置终端属性为默认值，接入防火墙命令行模式，设置用户名为 admin，密码为 admin，即可登录并进入防火墙的配置模式，该模式的提示符包含一个数字符号“#”。

```
----------------------------------------------------------------------
                    W e l c o m e


          D i g i t a l   C h i n a   N e t w o r k s
----------------------------------------------------------------------
Digital China DCFOS Software Version 5.5
Copyright (c) 2007-2018 by Digital China Networks Limited.

login: admin                                       //用户名为 admin
password:                                          //密码为 admin，默认不显示
```

```
DCFW-1800#configure                                    //进入全局配置模式
```

（4）防火墙的不同模块功能需要在其对应的命令行子模块模式下进行配置。在全局配置模式下输入特定的命令可以进入相应的子模块配置模式。如运行 interface ethernet0/0 命令可以进入 E0/0 接口配置模式。

```
DCFW-1800(config)# interface ethernet0/0
DCFW-1800(config-if-eth0/0)#
```

（5）恢复防火墙的出厂配置。

```
DCFW-1800#delete  configuration  startup
There will be no start configuration file to load when shutdown, are you sure?
y/[n]: y
DCFW-1800#reboot
System reboot, are you sure? [y]/n: y
2022-04-28 15:03:42, Event CRIT@MGMT: BFM reboot by admin via Console.
The system is going down NOW!
Requesting system reboot
```

步骤 2：搭建 Telnet 和 SSH 管理环境。

（1）运行 manage telnet 命令，开启被连接的接口的 Telnet 管理功能。

```
DCFW-1800#configure
DCFW-1800(config)#interface Ethernet 0/0
DCFW-1800(config-if-eth0/0)#manage telnet
```

（2）运行 manage ssh 命令，开启 SSH 管理功能。

```
DCFW-1800#configure
DCFW-1800(config)#interface Ethernet 0/0
DCFW-1800(config-if-eth0/0)#manage ssh
```

步骤 3：搭建 WebUI 管理环境。

（1）运行 manage https 和 manage http 命令，开启 https 和 http 管理功能。

```
DCFW-1800(config)#interface Ethernet 0/0
DCFW-1800(config-if-eth0/0)#manage https
DCFW-1800(config-if-eth0/0)#manage http
DCFW-1800(config-if-eth0/0)#
```

（2）在初次使用防火墙时，用户可以通过 E0/0 接口访问防火墙的 WebUI 页面。在浏览器地址栏中输入“http://192.168.1.1”并按“Enter”键，防火墙 WebUI 的登录界面如图 5.5.4 所示。

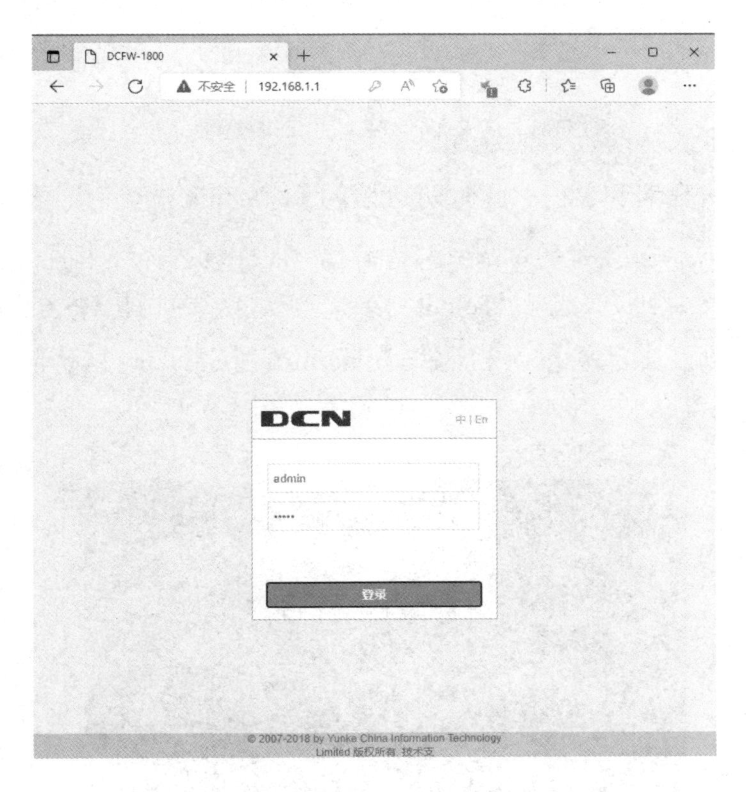

图 5.5.4　防火墙 WebUI 的登录界面

（3）在输入默认用户名和密码 admin 之后，单击“登录”按钮即可进入主界面，登录成功后的主界面如图 5.5.5 所示。

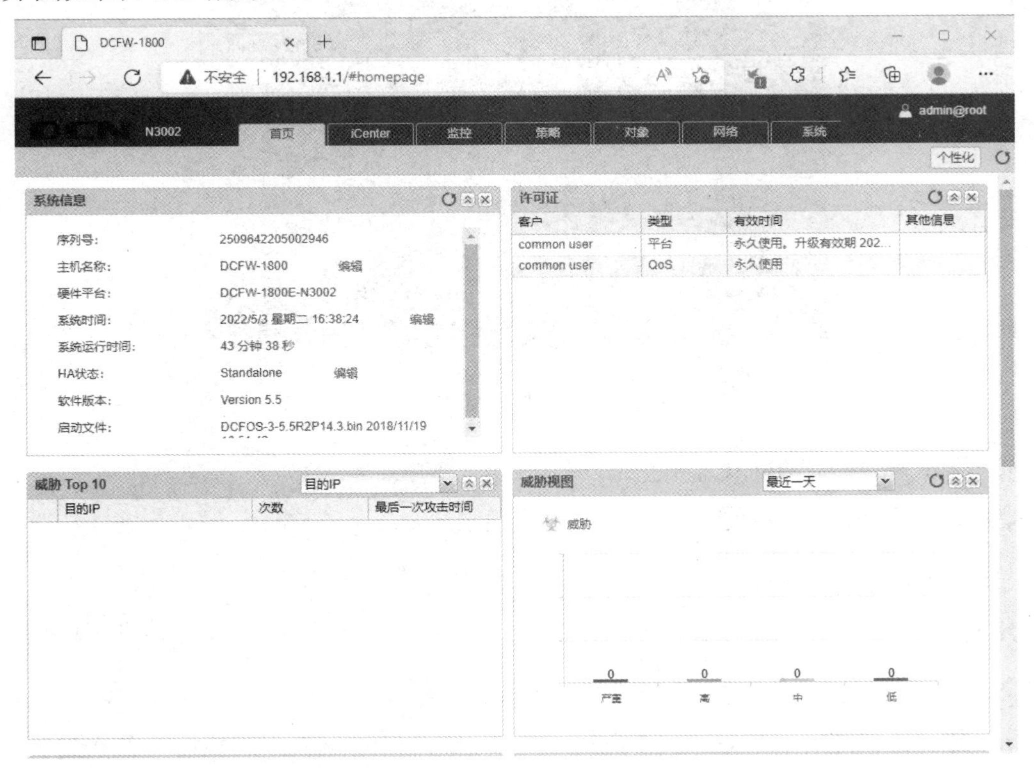

图 5.5.5　登录成功后的主界面

任务验收

步骤1：通过PC1测试防火墙的连通性。

使用交叉线连接防火墙和PC1，此时防火墙的LAN-link灯亮起，表明网络的物理连接已经建立。观察指示灯状态为闪烁，表明有数据在尝试传输。

步骤2：测试从PC1到防火墙的Telnet连接，测试结果如图5.5.6和图5.5.7所示。

注意：用户密码以及默认管理员密码均为admin，在出厂时默认防火墙E0/0接口的IP地址为192.168.1.1/24。

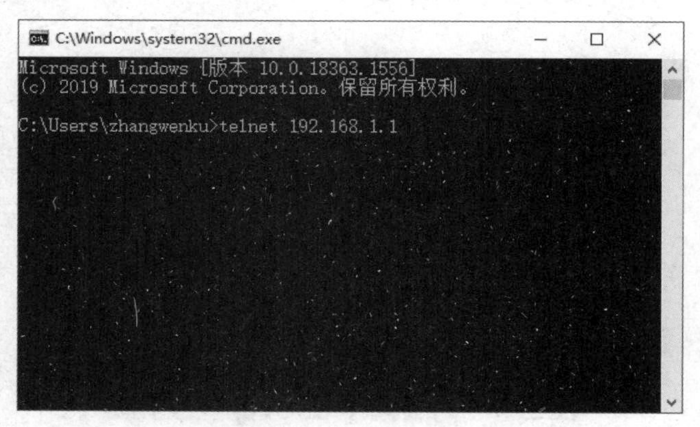

图5.5.6　测试结果（1）

图5.5.7　测试结果（2）

步骤3：测试从PC1到防火墙的SSH连接。

打开SecureCRT软件，选择“File”→“Quick Connect”选项，弹出“Quick Connect”对话框，在“Hostname”文本框中输入“192.168.1.1”，单击“Connect”按钮，如图5.5.8所示。

步骤4：打开“Enter Secure Shell Password”对话框，在“Username”文本框中输入“admin”，在“Password”文本框中输入密码，单击“OK”按钮，如图5.5.9所示。

步骤5：此时会显示DCFW-1800#连接成功的对话框，输入“config”进入全局配置模式，则表示从PC1到防火墙的SSH连接成功，如图5.5.10所示。

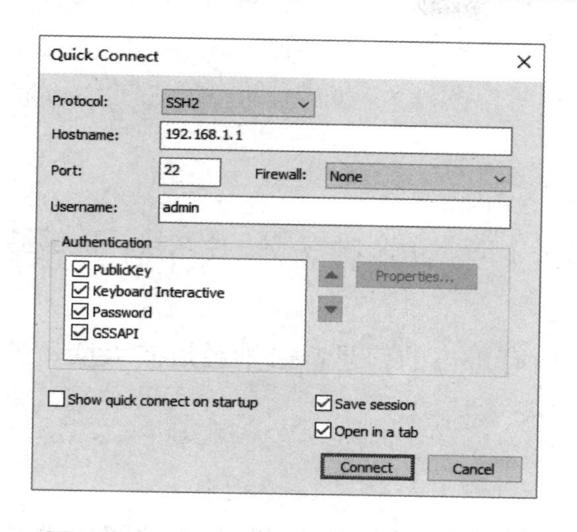

图 5.5.8　“Quick Connect”对话框

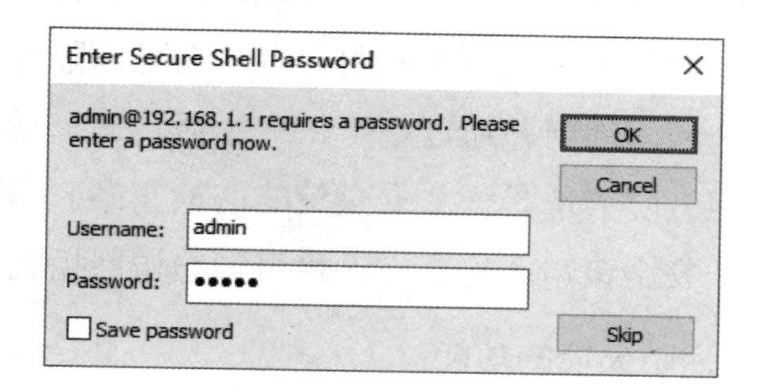

图 5.5.9　“Enter Secure Shell Password”对话框

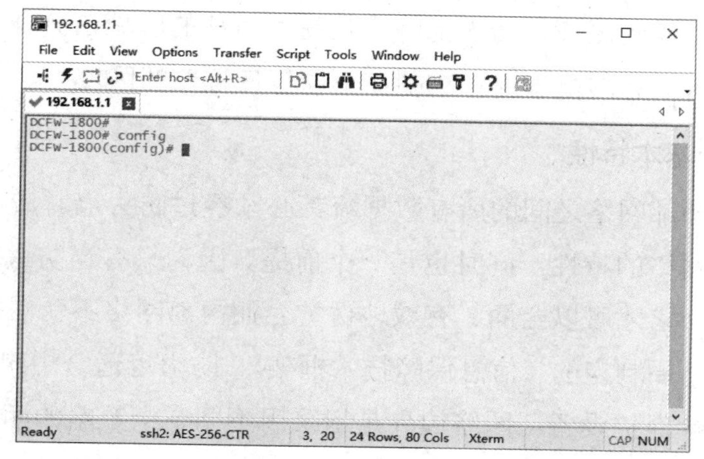

图 5.5.10　从 PC1 到防火墙的 SSH 连接成功

小贴士

主机上已经安装好了 SSH 客户端软件。用户密码以及默认管理员密码均为 admin。

任务资讯

1．防火墙的定义

防火墙指的是一个由软件和硬件设备组合而成，在内部网络和外部网络之间、专用网络与公共网络之间构造的保护屏障。它是计算机硬件和软件的结合，使 Internet 与 Intranet（内联网）之间建立起一个安全网关（Security Gateway），从而保护内部网络免受非法用户的入侵。防火墙主要由服务访问规则、验证工具、包过滤和应用网关四部分组成。

2. 防火墙的优点

（1）防火墙能强化安全策略。

（2）防火墙能有效地记录 Internet 上的活动。

（3）防火墙限制暴露用户点。它可以隔开网络中的一个网段与另一个网段，能够防止影响一个网段的问题通过整个网络传播。

（4）防火墙是一个安全策略的检查站。由于所有进出的信息都必须经过防火墙，防火墙便成了安全策略的检查点，将可疑的访问拒之门外。

3. 防火墙的功能

防火墙最基本的功能之一就是控制在计算机网络中的不同信任程度区域间传送的数据流。如互联网是不可信任的区域，而内部网络是高度信任的区域，分开管理可以避免安全策略禁止一些通信。它将信息的基本任务控制在不同信任程度的区域中。

4. 防火墙的三个基本特性

（1）内部网络和外部网络之间的所有数据流都必须经过防火墙。

这是防火墙所处网络的特性，同时也是一个前提。因为只有当防火墙是内、外部网络之间通信的唯一通道时，它才可以全面、有效地保护企业内部网络不受侵害。

根据美国国家安全局制定的《信息保障技术框架》，防火墙适合用户网络系统的边界，属于用户网络边界的安全保护设备。网络边界是指采用不同安全策略的两个网络的连接处，如用户网络和互联网之间的连接、用户网络和其他有业务往来的单位的网络连接、用户内部网络中的不同部门之间的连接等。使用防火墙的目的就是在网络之间建立一个安全控制点，通过允许、拒绝或重新定向经过防火墙的数据流，实现对进出内部网络的服务和访问的审查和控制。

（2）只有符合安全策略的数据流才能通过防火墙。

防火墙最基本的功能之一是确保网络流量的合法性，并在此前提下将网络流量从一条链路快速转发到其他的链路上去。从最早的防火墙模型开始，原始的防火墙是一台“双穴主机”，即具备两个网络接口，同时拥有两个网络地址。防火墙首先通过相应的网络接口接收网络流量，按照 OSI 七层结构的顺序上传，在合适的协议层上审查访问规则和安全策略，然后将符合条件的报文从相应的网络接口送出，而对于那些不符合条件的报文则予以阻断。因此，从这个角度上来说，防火墙是一个类似于桥接或路由器的、多端口的（网络接口≥2）转发设备，它跨接于多个分离的物理网段之间，并在报文转发过程中完成对其的审查工作。

（3）防火墙自身应具有非常强的抗攻击能力。

这是防火墙能否担当企业内部网络安全防护重任的先决条件。防火墙处于网络边缘，它就像一个边界卫士，每时每刻都要面对黑客的入侵，这样就要求防火墙自身应具有非常强的抗攻击能力。操作系统是防火墙的关键，只有自身具有完整信任关系的操作系统才可以谈论系统的安全性，当然这些安全性只是相对的。其次就是防火墙自身具有非常低的服务功能，除了专门的防火墙嵌入系统外，再没有其他应用程序在防火墙上运行。

防火墙是当今使用最为广泛的安全设备之一，历经几代的发展，拥有非常成熟的硬件体系结构，具有专门的 Console 接口和区域接口。它被串行部署于 TCP/IP 网络中，一般将网络划分为内、外、服务器三个区域，对各区域实施安全策略以保护重要的网络。

5．防火墙的相关命令

出厂时默认防火墙 E0/0 接口的 IP 地址为 192.168.1.1/24，可以将主机的 IP 地址配置为 192.168.1.0/24 网段的 IP 地址，与防火墙 E0/0 接口相连，通过 WebUI 方式登录防火墙系统界面。

在浏览器地址栏中输入以下两种 URL 均可：http://192.168.1.1 或 https://192.168.1.1（经过 SSL 加密，推荐使用）。

防火墙默认的管理员密码是 admin，可以对其进行修改，但不能删除。增加管理员账户的命令如下。

```
DCFW-1800(config)#admin  user  user-name
```

执行该命令后，系统会创建指定名称的管理员，并且进入管理员配置模式；如果指定的管理员的名称已经存在，则直接进入管理员配置模式。

管理员特权为管理员登录设备后拥有的权限。DCFOS 允许的权限有 RX 和 RXW 两种。在管理员配置模式下，输入以下命令配置管理员的特权。

```
DCFW-1800(config-admin)#privilege {RX | RXW}
```

在管理员配置模式下，输入以下命令配置管理员的密码。

```
DCFW-1800(config-admin)#password password
!修改默认管理员 admin 密码
DCN(config)# admin user admin
DCN(config-admin)# password  q!Jiwx$*lc2H64cd#
!修改默认的管理服务端口
DCN(config)# http port 8088
DCN(config)# https port  1211
```

创建具有不同权限的管理员。

（1）使用 admin 账户创建新的管理员账户，可以对其进行修改、删除。

（2）使用 admin 添加的新管理员账户可以被赋予不同的权限（读、写）。

（3）使用 admin 添加的新管理员账户可以被赋予不同的管理方式（Console、Telnet、SSH、

HTTP、HTTPS）。

学习小结

（1）防火墙默认的管理员密码是 admin。

（2）要对防火墙进行 http 或 https 连接，需要开启 https 和 http 管理功能。

项目实训　某园区网络建设

❖ 项目描述

某园区有行政部、财务部、职工宿舍、销售部和网管中心五个部门。其中，行政部、财务部、职工宿舍及网管中心通过园区的核心交换机进行连接，实现数据交换；而销售部则通过一条专线直接连接到出口路由器上。核心交换机与出口路由器直接相连，以实现园区各部门之间的通信。同时，园区向 ISP 申请了一组公网 IP 地址，用于实现园区内部网络用户访问 Internet。

根据设计要求，某园区网络拓扑结构如图 5.5.11 所示。请按要求完成相关网络设备的连接。

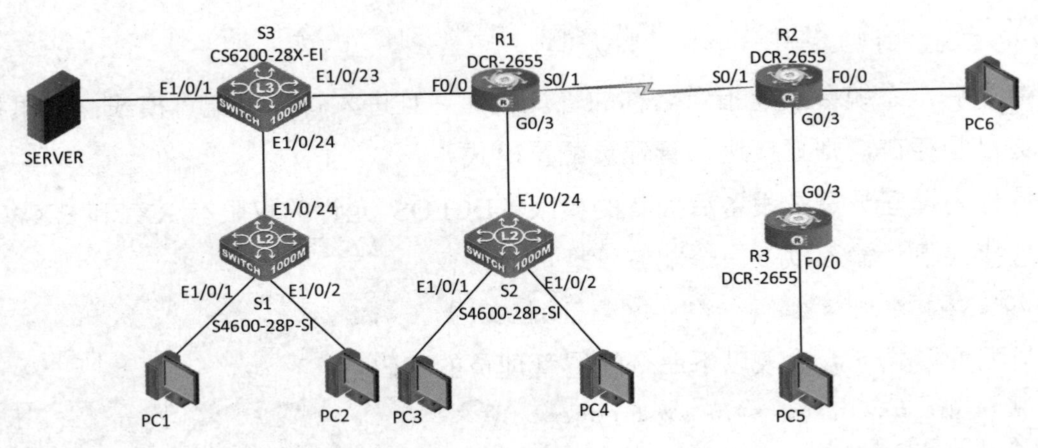

图 5.5.11　某园区网络拓扑结构

网络设备和计算机的 IP 地址信息如表 5.5.2 所示。

表 5.5.2　网络设备和计算机的 IP 地址信息

设　　备	接口（VLAN）	IP 地址	默 认 网 关
R1	F0/0	172.16.2.1/24	
	G0/3.1	192.168.30.254/24	
	G0/3.2	192.168.40.254/24	
	S0/1（DCE）	201.1.1.1/30	

续表

设　　备	接口（VLAN）	IP 地址	默 认 网 关
R2	F0/0	200.1.1.254/24	
	G0/3	172.16.1.1/24	
	S0/1	201.1.1.2/30	
R3	F0/0	192.168.50.254/24	
	G0/3	172.16.1.2/24	
S1	E1/0/1（VLAN 10）		
	E1/0/2（VLAN 20）		
	E1/0/24	Trunk	
S2	E1/0/1（VLAN 30）		
	E1/0/2（VLAN 40）		
	E1/0/24	Trunk	
S3	E1/0/1（VLAN 10）	192.168.5.254/24	
	E1/0/23（VLAN 20）	172.16.2.2/24	
	E1/0/24	Trunk	
	VLAN 10	192.168.10.254/24	
	VLAN 20	192.168.20.254/24	
SERVER	E1/0/1	192.168.5.1/24	192.168.5.254
PC1	E1/0/1	192.168.10.1/24	192.168.10.254
PC2	E1/0/2	192.168.20.1/24	192.168.20.254
PC3	E1/0/1	192.168.30.1/24	192.168.30.254
PC4	E1/0/2	192.168.40.1/24	192.168.40.254
PC5	F0/0	192.168.50.1/24	192.168.50.254
PC6	F0/0	200.1.1.1/24	200.1.1.254

❖ 项目要求

（1）按图 5.5.11 所示的结构制作连接线缆并正确连接设备。

（2）部署园区内部的网络安全功能，保障工作网络正常运行，加强对园区内部网络的管理。

（3）内部网络用户能够正常访问互联网。

（4）向外部网络用户提供园区的网站服务，尽可能地保障内部网络服务器的安全。

（5）实现园区内部网络通信及内部网络用户访问外部网络的链路可达。

（6）在园区内部网络接入的所有交换机上配置端口安全功能，要求设置接口的最大连接数为 1，违例处理方式为 restrict。同时，为了减少在网络建设初期绑定接口与 MAC 地址的工作量，要求配置基于黏性的安全 MAC 地址功能。

（7）在核心交换机上配置端口安全功能，要求绑定服务器 MAC 地址与接口，违例处理方式为 shutdown。

（8）部署内部网络部门间的访问控制列表，要求网管中心服务器只向用户提供 Web 服务和 FTP 服务。其中，FTP 服务器只响应行政部主机的访问，而拒绝其他部门的所有访问流量。

（9）园区申请了公网 IP 地址池（201.1.1.2/24～201.1.1.5/24）。配置动态 NAT 技术实现内部网络用户通过公网 IP 地址池（201.1.1.2/24～201.1.1.4/24）访问互联网。

（10）配置基于端口的静态网络地址映射，实现外部网络用户通过公网 IP 地址 201.1.1.5/24 的 80 端口来访问内部网络的 Web 服务器。

❖ 项目评价

本项目综合应用了交换机端口安全功能的配置、网络设备远程管理的配置、IP 访问控制列表的配置、网络地址转换的配置等知识，必须要将这些知识点掌握熟练。通过本项目可以使学生将进一步提高动手能力。

根据实际情况填写项目实训评价表。

项目实训评价表

	内　容		评　价		
	学 习 目 标	评 价 项 目	3	2	1
职业能力	根据拓扑结构正确连接设备	能区分 T568A、T568B 标准			
		能制作美观实用的网线			
		能合理使用网线			
	根据拓扑结构完成设备命名与基本配置	能正确命名			
		能正确配置相关 IP 地址			
		能合理划分 VLAN			
	SSH 连接成功，Console 接口密码设置正确	能进行 SSH 连接			
		能设置 Console 接口密码			
	利用 OSPF 协议实现网络的连通	动态路由配置合理			
	服务器配置正确	服务器能被访问			
	根据需要设置路由器单臂路由	能对接口封装链路协议			
		能设置子接口 IP 地址			
	设备安全性设置合理	端口绑定成功			
		访问控制列表设置合理			

续表

	内　　容		评　　价		
	学习目标	评价项目	3	2	1
通用能力	交流表达的能力				
	与人合作的能力				
	沟通能力				
	组织能力				
	活动能力				
	解决问题的能力				
	自我提高的能力				
	创新能力				
综合评价					

项目 6

广域网技术配置

项目描述

随着云化和网络 SDN 等新技术的蓬勃发展，信息化的巨大变革正在重构传统的广域网。第一代广域网关注的是连接，用户只需关心网络的连通性问题；第二代广域网更关注网络业务的丰富性和多业务处理能力。而在当前的云时代和全连接时代，广域网正向着更敏捷、更安全、更注重用户体验的方向发展，当今的网络需求对传统的广域网提出了越来越高的要求。

广域网（Wide Area Network，WAN）也称远程网，是一种运行地域超过局域网的数据通信网络，通常跨接很大的物理范围，所覆盖的范围从几十千米到几千千米，它能连接多个城市或国家，甚至横跨几个大洲提供远距离通信，形成国际性的远程网络。广域网和局域网的主要区别是广域网需要向外部的广域网服务提供商申请订购广域网电信网络服务，用户一般使用电信运营商提供的数据链路在广域网范围内访问网络。

本项目主要学习广域网的 HDLC 协议封装、PPP 的协议封装，重点学习广域网 PPP 封装 PAP 认证和 PPP 封装 CHAP 认证。

知识目标

1. 了解广域网的相关概念和常识。
2. 了解 HDLC 封装的作用。
3. 了解 PPP 封装的作用。
4. 了解 PPP 封装中 PAP 与 CHAP 认证的作用和区别。
5. 了解 PAP 与 CHAP 认证的基本过程。

能力目标

1. 能实现 HDLC 封装的配置方法。

2. 能实现 PPP 封装的配置方法。
3. 能实现 PPP 封装 PAP 认证的配置和认证方法。
4. 能实现 PPP 封装 CHAP 认证的配置和认证方法。

素质目标

1. 具有团队合作精神和写作能力，培养协同创新能力。
2. 具有良好的沟通能力和独立思考能力，培养清晰有序的逻辑思维。
3. 具有良好的信息素养和学习能力，能够运用正确的方法和技巧掌握新知识、新技能。
4. 具有系统分析与解决问题的能力，能够掌握任务资讯并完成项目任务。

素养目标

1. 培养严谨的逻辑思维和判断能力，能够正确地处理广域网中的问题。
2. 遵守职业道德规范，培养严谨的职业素养，使其在处理广域网故障时可以做到一丝不苟。

思维导图

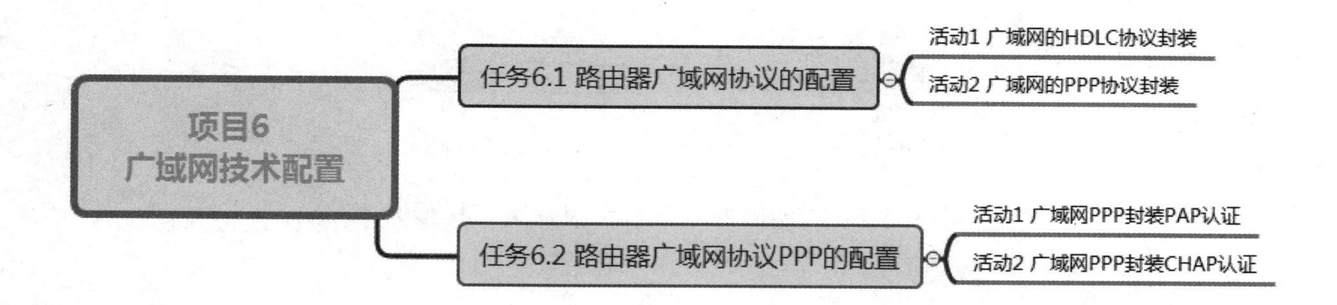

任务 6.1　路由器广域网协议的配置

广域网协议是在 OSI 模型的下三层，定义了在不同的广域网介质上的通信。本任务通过以下两个活动展开介绍。

活动 1　广域网的 HDLC 协议封装

活动 2　广域网的 PPP 协议封装

活动 1　广域网的 HDLC 协议封装

HDLC 协议工作在数据链路层中，是 ISO 以 IBM 公司系统网络架构的 SDLC 协议为基础开发出来的。该协议具有无差错数据传输和流量控制两种功能。作为面向比特的同步通信协议，HDLC 协议不仅支持全双工、点对点的透明传输，还支持对等链路。

任务情境

某公司成功搭建了总公司和分公司的局域网，并且运行状况良好。该公司购置了两台路由器和高速同步串行模块，准备通过专线将总公司和分公司连接起来，以便公司内部进行数据通信。

情境分析

HDLC 协议是一种标准的、用于在同步网络中传输数据的、面向比特的数据链路层协议。将两台路由器通过高速同步串行模块连接起来，使用 HDLC 协议对其进行数据封装和传输。HDLC 协议不仅提供了无差错的按序数据传输功能，还提供了流量控制、差错检测和恢复功能，以保证数据的完整性。

下面通过两台型号为 DCR-2655 的路由器来模拟公网，介绍广域网的 HDLC 协议封装，其拓扑结构如图 6.1.1 所示。

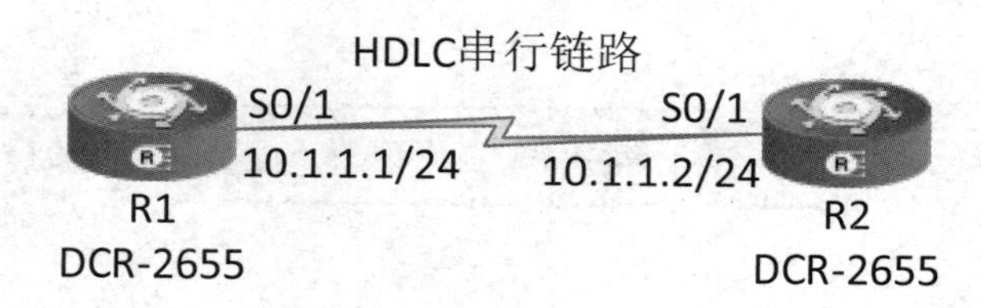

图 6.1.1　广域网的 HDLC 协议封装拓扑结构

具体要求如下。

（1）根据图 6.1.1 所示的拓扑结构，使用 DCE 串口线连接两台路由器来模拟与公网互联。

（2）在两台路由器之间做 HDLC 协议封装，并测试两台路由器的连通性。

任务实施

步骤 1：恢复路由器的出厂配置，此处略。

步骤 2：路由器 R1 的配置。

```
Router>enable                                          //进入特权配置模式
Router#config                                          //进入全局配置模式
Router_config#hostname R1                              //修改路由器名称
R1_config#interface s0/1                               //进入接口配置模式
R1_config_s0/1#ip address 10.1.1.1 255.255.255.0       //配置 IP 地址
```

```
R1_config_s0/1#encapsulation hdlc                     //封装 HDLC 协议
R1_config_s0/1#physical-layer speed 64000             //配置 DCE 时钟频率
R1_config_s0/1#no shutdown
```

步骤 3：查看 R1 的配置。

```
R1#show interface s0/1                                //查看接口状态
Serial0/1 is up, line protocol is down
Mode=Sync DCE Speed=64000                             //查看 DCE
DTR=UP,DSR=UP,RTS=UP,CTS=DOWN,DCD=UP
Interface address is 10.1.1.1/24                      //查看 IP 地址
MTU 1500 bytes, BW 64 kbit, DLY 2000 usec
Encapsulation protocol HDLC, link check interval is 10 sec //查看封装协议
Octets Received0, Octets Sent 0
Frames Received 0, Frames Sent 0, Link-check Frames Received0
Link-check Frames Sent 89, LoopBack times 0
//此处省略部分内容
```

在回显信息中，可以看到“line protocol is down”，“down”表示两台路由器之间没有协商成功。

步骤 4：路由器 R2 的配置。

```
Router>enable                                         //进入特权配置模式
Router#config                                         //进入全局配置模式
Router_config#hostname R2                             //修改路由器名称
R2_config#interface s0/1                              //进入接口配置模式
R2_config_s0/1#ip address 10.1.1.2 255.255.255.0      //配置 IP 地址
R2_config_s0/1#encapsulation hdlc                     //封装 HDLC 协议
R2_config_s0/1#no shutdown
```

任务验收

在路由器 R1 上执行 show interface serial0/1 命令，查看 HDLC 协议的封装情况。

```
R1#show interface serial0/1                           //查看接口状态
Serial0/1 is up, line protocol is up                  //接口和协议都是 up
Mode=Sync DCE                                         //查看 DTE
DTR=UP,DSR=UP,RTS=UP,CTS=DOWN,DCD=UP
Interface address is 10.1.1.1/24                      //查看 IP 地址
MTU 1500 bytes, BW 64 kbit, DLY 2000 usec
Encapsulation protocol HDLC, link check interval is 10 sec  //查看封装协议
Octets Received0, Octets Sent 0
Frames Received 0, Frames Sent 0, Link-check Frames Received0
```

```
Link-check Frames Sent 89, LoopBack times 0
//此处省略部分内容
```

在回显信息中，可以看到“line protocol is up”，“up”表示两台路由器之间协商成功。“Encapsulation protocol HDLC”表示封装的是HDLC协议，由此可知，在HDLC链路上已经可以传递IP报文了。

小贴士

（1）注意查看接口状态，接口和协议都必须是up。

（2）CR-V35FC所连接的接口为DCE，CR-V35MT所连接的接口为DTE。

（3）协议是down，通常是因为封装不匹配、DCE时钟没有配置。

（4）接口是down，通常是因为线缆出现了故障。

（5）在实际工作中，DCE设备通常由服务提供商配置，本活动只是模拟环境。

任务资讯

1. 广域网的基本概念

广域网（Wide Area Network，WAN）是指跨越很大地域范围的数据通信网络。广域网通常使用ISP提供的设备作为信息传输平台，对网络通信的要求较高。在企业网中，广域网主要用来连接距离较远的多个局域网以实现网络通信，它对应OSI模型的物理层、数据链路层和网络层，如图6.1.2所示。

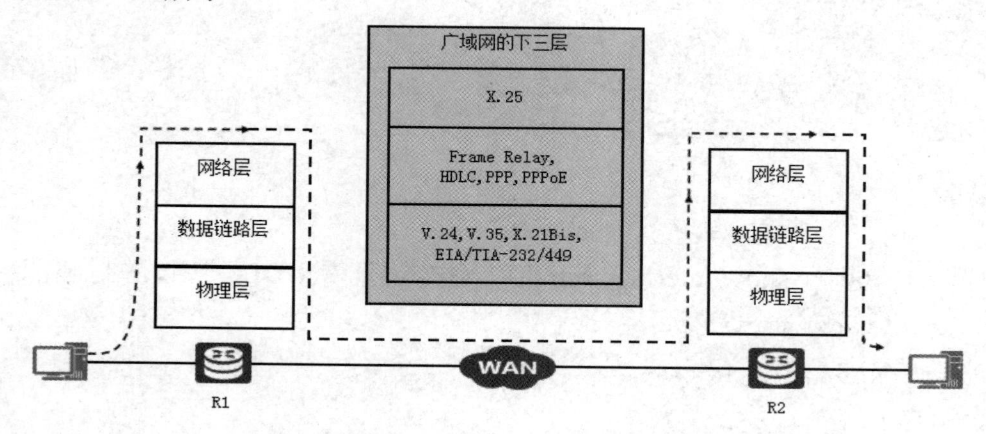

图6.1.2　广域网对应OSI模型的物理层、数据链路层和网络层

2. 广域网的链路类型

广域网可以分为宽带广域网和窄带广域网。宽带广域网包括异步传输模式（Asynchronous Transfer Mode，ATM）网和同步数字系列（Synchronous Digital Hierarchy，SDH）网，窄带广

域网包括综合业务数字网（Integrated Service Digital Network，ISDN）、数字数据网（Digital Data Network，DDN）、帧中继（Frame Relay）网、X.25 公用分组交换网和公共交换电话网（Public Switched Telephone Network，PSTN）。

广域网的接口类型包括同步串口和异步串口。同步串口有数据终端设备（Data Terminal Equipment，DTE）和数据通信设备（Data Communication Equipment，DCE）这两种工作方式，既可以支持多种链路层协议，也可以支持网络层的 IP 协议和 IPX 协议，还可以支持多种类型的线缆。异步串口分为手动设置的异步串口和专用异步串口，可以设置为专线方式和拨号方式。

DTE：数据终端设备，是广义的概念，计算机也可以是终端。一般广域网常用的 DTE 有路由器、终端主机。

DCE：数据通信设备，如 Modem、连接 DTE 的通信设备。一般广域网常用的 DCE 有 CSU/DSU、广域网交换机、Modem。

DTE 和 DCE 的区别：DCE 提供时钟，DTE 不提供时钟，但它依靠 DCE 提供的时钟工作，如计算机和 Modem。数据传输通常先经过 DTE-DCE 的路径，再经过 DCE-DTE 的路径。其实，对于标准的串行端口，通常从外观就能判断是 DTE 还是 DCE，DTE 是针头（俗称公头），DCE 是孔头（俗称母头），这样两种接口才能连接在一起。

3. 广域网的协议

广域网的协议通常是指在 Internet 上负责路由器的连接工作的数据链路层协议。广域网数据封装协议既包括点到点型的 PPP 协议、PPPoE 协议和 HDLC 协议（高级数据链路控制协议），又包括逐渐被淘汰的电路交换型的 ISDN 协议、分组交换型的 ATM 和帧中继协议。其中，HDLC 协议工作在数据链路层中，是 ISO 以 IBM 公司系统网络架构的 SDLC 协议为基础开发出来的协议。PPP 协议和 PPPoE 协议将在后面的内容中进行详细介绍。

4. HDLC 简介

高级数据链路控制（High-level Data Link Control，HDLC）是一种链路层协议，运行在同步串行链路上。HDLC 协议最大的特点是不需要规定数据必须是字符集，对任何一种比特流均可以实现透明传输。

HDLC 协议是由 ISO 制定的，曾广泛应用于通信领域。但是随着技术的进步，目前通信信道的可靠性比过去已经有了非常大的提升，已经没有必要在数据链路层中使用很复杂的协议（包括编号、检错重传等技术）来实现数据的可靠传输了。因此作为窄带通信的 HDLC 协议在公网中的应用逐渐消失，应用范围逐渐减小，只是在部分专网中用来封装透传业务数据。

学习小结

本活动介绍了广域网的HDLC协议封装。路由器在封装广域网协议时，必须具有相应的广域网功能模块。路由器两端封装的协议必须一致，否则无法建立链路。

活动2　广域网的PPP协议封装

PPP协议是一种比HDLC协议功能更加丰富、更加安全的广域网封装协议，具有身份认证、多链路捆绑等功能。

任务情境

某公司的两台路由器在实现广域网线路时采用的是默认的PPP协议封装。PPP协议是功能更加丰富且更加安全的广域网封装协议，能够提供用户验证功能，且易于扩充。

情境分析

PPP协议主要用来在支持全双工的同步/异步链路上进行点到点的数据传输。PPP是一种适合调制解调器、点到点专线、HDLC比特串行线路和其他物理层的多协议帧机制，它支持错误检测、选项协商、头部压缩等机制，在当今的网络中得到了广泛应用。

下面以两台型号为DCR-2655的路由器来模拟公网，介绍广域网的PPP协议封装，其拓扑结构如图6.1.3所示。

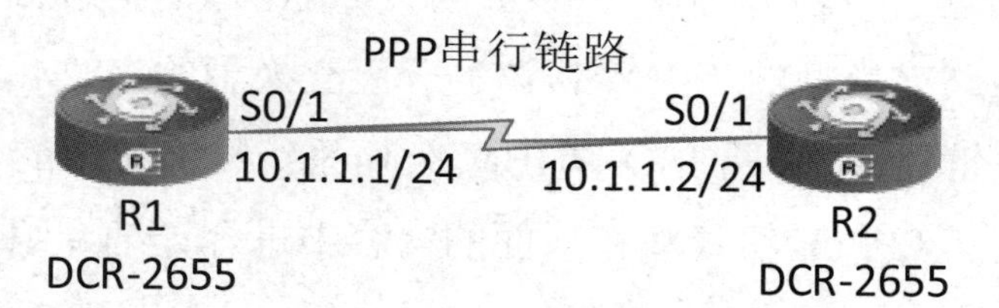

图6.1.3　广域网的PPP协议封装拓扑结构

具体要求如下。

（1）根据图6.1.3所示的拓扑结构，使用DCE串口线连接两台路由器来模拟与公网互联。

（2）在两台路由器之间做PPP协议封装，并测试两台路由器的连通性。

任务实施

步骤1：恢复路由器的出厂配置，此处略。

步骤2：设置R1的主机名称和端口配置。

```
Router>enable                                    //进入特权配置模式
```

```
Router#config                                        //进入全局配置模式
Router_config#hostname R1                            //修改路由器名称
R1_config#interface s0/1                             //进入接口配置模式
R1_config_s0/1#ip address 10.1.1.1 255.255.255.0     //配置 IP 地址
R1_config_s0/1#encapsulation PPP                     //封装 PPP 协议
R1_config_s0/1#physical-layer speed 64000            //配置 DCE 时钟频率
R1_config_s0/1#no shutdown
```

步骤 3：查看 R1 的接口配置信息。

```
R1#show interface s0/1                               //查看接口状态
Serial0/1 is up, line protocol is down
Mode=Sync DCE Speed=64000                            //查看 DCE
DTR=UP,DSR=UP,RTS=UP,CTS=DOWN,DCD=UP
Interface address is 10.1.1.1/24                     //查看 IP 地址
MTU 1500 bytes, BW 64 kbit, DLY 2000 usec
Encapsulation protocol PPP, link check interval is 10 sec //查看封装协议
Octets Received0, Octets Sent 0
Frames Received 0, Frames Sent 0, Link-check Frames Received0
Link-check Frames Sent 89, LoopBack times 0
//此处省略部分内容
```

步骤 4：设置 R2 的主机名称和端口配置。

```
Router>enable                                        //进入特权配置模式
Router#config                                        //进入全局配置模式
Router_config#hostname R2                            //修改路由器名称
R2_config#interface s0/1                             //进入接口配置模式
R2_config_s0/1#ip address 192.168.1.2 255.255.255.0  //配置 IP 地址
R2_config_s0/1#encapsulation PPP                     //封装 PPP 协议
R2_config_s0/1#no shutdown
```

任务验收

在 R1 上执行 show interface s0/1 命令，查看 PPP 协议封装的情况。

```
R1#show interface s0/1                               //查看接口状态
Serial0/1 is up, line protocol is up                 //接口和协议都是 up
Mode=Sync DTE                                        //查看 DTE
DTR=UP,DSR=UP,RTS=UP,CTS=DOWN,DCD=UP
Interface address is 10.1.1.1/24
  Encapsulation PPP, loopback not set
  Keepalive set(10 sec)
```

```
  LCP  Opened
  IPCP Opened
      local IP address: 10.1.1.1  remote IP address: 10.1.1.2
  60 second input rate 44 bits/sec, 0 packets/sec!
  60 second output rate 44 bits/sec, 0 packets/sec!
//此处省略部分内容
```

在回显信息中，“Interface address is 10.1.1.1/24”表示路由器 R2 的 S0/1 接口的 IP 地址为 10.1.1.1/24；“Encapsulation PPP”表示路由器 R2 的 S0/1 接口的数据链路层协议为 PPP 协议；“LCP Opened,IPCP Opened”表示 LCP 和 IPCP 已经协商成功。需要注意的是，既然 NCP 采用的是 IPCP，就说明在 PPP 链路上已经可以传递 IP 报文了。

任务资讯

PPP 协议位于 OSI 模型的数据链路层，按照功能可以划分为两个子层：LCP、NCP。LCP 主要负责链路的协商、建立、回拨、认证、数据的压缩、多链路捆绑等工作。NCP 主要负责和上层的协议进行协商，并为网络层协议提供服务。

PPP 的认证功能是指在建立 PPP 链路的过程中进行密码验证，验证通过则建立连接，验证不通过则拆除连接。

PPP 的应用范围：PPP 是一种多协议帧机制，适合在调制解调器、HDLC 位序列线路、SONET（Synchronous Optical Network，同步光纤网）和其他物理层上使用。它支持错误检测、选项协商、头部压缩以及使用 HDLC 类型帧格式（可选）的可靠传输。

PPP 提供了以下三种功能。

（1）成帧：可以毫无歧义地分割出每帧的起始和结束。

（2）链路控制：LCP 支持同步和异步线路，也支持面向字节的和面向位的编码方式，可用于启动线路、测试线路、协商参数、关闭线路。

（3）网络控制：具有协商网络层选项的方法，协商方法独立于使用的网络层协议。

PPP 的工作流程：当用户拨号接入 ISP 时，路由器的调制解调器对拨号做出确认，并建立一条物理连接。PC 向路由器发送一系列的 LCP 分组（封装成多个 PPP 帧）。这些分组及其响应选择一些 PPP 参数来进行网络层的配置，NCP 给新接入的 PC 分配一个临时的 IP 地址，使该 PC 成为因特网中的一个主机。在通信完毕时，NCP 释放网络层连接，收回原来分配的 IP 地址，LCP 先释放数据链路层连接，然后释放物理层连接。

学习小结

本活动介绍了广域网的 PPP 协议封装。路由器在封装广域网协议时，必须具有相应的广域网功能模块，并能分辨出线缆的 DCE 和 DTE。路由器两端封装的协议必须一致，否则无法建立链路。

任务 6.2　路由器广域网协议 PPP 的配置

广域网协议的 PPP 具有 PAP 和 CHAP 两种认证方式，PAP 认证只在链路建立的初期进行，只有两次信息的交换，因此被称为两次握手；CHAP 认证比 PAP 认证安全。本任务通过以下两个活动展开介绍。

活动 1　广域网 PPP 封装 PAP 认证

活动 2　广域网 PPP 封装 CHAP 认证

活动 1　广域网 PPP 封装 PAP 认证

任务情境

要保障通信线路的数据安全，则需要在路由器上配置安全认证，以实现总公司路由器对分公司路由器的身份验证。

情境分析

串行链路默认采用 PPP 封装协议，可以通过 PAP 认证使链路的建立更安全。PAP 认证通过用户名和密码进行认证。网络管理员决定在总公司和分公司之间的广域网链路上启用 PAP 认证，用于分公司的安全接入。

下面以两个型号为 DCR-2655 的路由器来模拟公网，介绍广域网 PPP 封装 PAP 认证，其拓扑结构如图 6.2.1 所示。

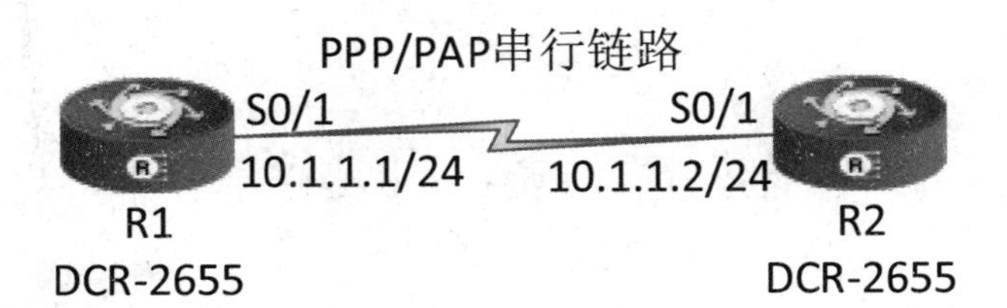

图 6.2.1　广域网 PPP 封装 PAP 认证的拓扑结构

具体要求如下。

（1）使用 DCE 串口线连接两台路由器，来模拟与公网互联。

（2）在两台路由器之间做 PPP 协议封装，实现 PAP 方式认证，需要配置 aaa 认证方式，路由器的数据库中必须设置好要进行认证的用户名和密码，并测试两个路由器的连通性。

任务实施

步骤1：恢复路由器的出厂配置，此处略。

步骤2：路由器R1的基本配置。

```
router>enable                                       //进入特权配置模式
router#config                                       //进入全局配置模式
router_config#hostname R1                           //设置路由器名称
R1_config#username R2 password digitalb             //设置用户名和密码
R1_config#interface serial 0/1                      //进入接口配置模式
R1_config_s0/1#ip address10.1.1.1 255.255.255.0     //设置 IP 地址
R1_config_s0/1#physical-layer speed 64000           //设置时钟频率
R1_config_s0/1#no shutdown                          //开启端口
```

步骤3：路由器R2的基本配置。

```
Router>enable                                       //进入特权配置模式
Router#config                                       //进入全局配置模式
Router_config#hostname R2                           //设置路由器名称
R2_config#username R1 password digitala             //设置用户名和密码
R2_config#interface s0/1                            //进入接口配置模式
R2_config_s0/1#ip address 10.1.1.2 255.255.255.0 //设置 IP 地址
R2_config_s0/1#no shutdown                          //开启端口
```

步骤4：在路由器R1上配置PAP认证。

```
R1_config#interface s0/1                            //进入接口模式
R1_config_s0/1#encapsulation ppp                    //封装 PPP 协议
R1_config_s0/1#ppp authentication pap               //设置认证方式为 PAP
R1_config_s0/1#ppp pap sent-username R1 password digitala
                                                    //发送认证时使用的用户名和密码
R1_config_s0/1#exit
R1_config#aaa authentication ppp default local
//设置 PPP 认证方式为本地用户认证
R1_config_s0/1#no shutdown                          //开启端口
```

步骤5：在路由器R2上配置PAP认证。

```
R2_config#interface s0/1                            //进入接口配置模式
R2_config_s0/1#encapsulation ppp                    //封装 PPP 协议
R2_config_s0/1#ppp authentication pap               //设置认证方式为 PAP
R2_config_s0/1#ppp pap sent-username R2 password digitalb
```

```
                                              //发送认证时使用的用户名和密码
R2_config_s0/1#exit
R2_config#aaa authentication ppp default local
//设置 PPP 认证方式为本地用户认证
```

步骤 6：查看 R1 的链路状态信息。

```
R1#show ip interface brief
Interface                 IP-Address        Method      Protocol-Status
Async0/0                  unassigned        manual      down
Serial0/1                 10.1.1.1          manual      up
Serial0/2                 unassigned        manual      down
fastEthernet0/0           unassigned        manual      down
gigaEthernet0/3           unassigned        manual      down
gigaEthernet0/4           unassigned        manual      down
gigaEthernet0/5           unassigned        manual      down
gigaEthernet0/6           unassigned        manual      down
//可以观察到，现在 R1 与 R2 间的链路层协议状态是正常的
```

任务验收

步骤 1：在 R2 上查看端口的链路状态信息。

```
R2#show interface s0/1
Serial0/1 is up, line protocol is up
 Mode=Sync  Speed=64000
  DTR=UP,DSR=UP,RTS=UP,CTS=UP,DCD=UP
  MTU 1500 bytes, BW 64 kbit, DLY 2000 usec
  Interface address is 10.1.1.2/24
  Encapsulation PPP, loopback not set
  Keepalive set(10 sec)
  LCP  Opened
  PAP  Opened,  Message: 'Welcome to Digitalchina Router'
  IPCP Opened
       local IP address: 10.1.1.2  remote IP address: 10.1.1.1
  60 second input rate 44 bits/sec, 0 packets/sec!
//此处省略部分内容
```

步骤 2：在 R1 上 ping R2，测试路由器之间的连通性，发现结果是连通的。

```
R1#ping 10.1.1.2
PING 10.1.1.2 (10.1.1.2): 56 data bytes
!!!!!
--- 10.1.1.2 ping statistics ---
```

```
5 packets transmitted, 5 packets received, 0% packet loss
round-trip min/avg/max = 20/22/30 ms
```

小贴士

PAP通过两次握手机制，为建立远程结点的验证提供了一个简单的方法。

路由器的接口默认为关闭状态，必须使用命令来启动接口。对于串行链路，DCE 需要提供时钟信号。在上述内容配置完成后，使用 ping 命令检验两个路由器之间的链路能否正常通信。

链路两端的用户名和密码一定要保持一致，否则会导致链路认证失败。

广域网链路的两端封装的协议必须一致，否则无法建立正确的连接。

任务资讯

PPP 支持两种认证方式——PAP 和 CHAP。PAP 是指验证双方通过两次握手完成验证过程，它是一种用于对试图登录到点对点协议服务器上的用户进行身份验证的方式。被验证方主动发出验证请求，发送的验证信息包含用户名和密码。验证方验证后做出回复，即通过验证或验证失败。在验证过程中，用户名和密码以明文的方式在链路上传输。

PAP 是一种简单的明文认证方式。NAS（Network Access Server，网络接入服务器）要求用户提供用户名和密码，PAP 会以明文认证方式返回用户信息。很明显，这种认证方式的安全性较差，第三方可以很容易地获取被传送的用户名和密码，并利用这些信息与 NAS 建立连接，获取 NAS 提供的所有资源。所以，一旦用户密码被第三方窃取，PAP 将无法提供能避免受到第三方攻击的保障措施。

学习小结

本活动介绍了广域网 PPP 封装 PAP 认证。PAP 是一种简单的身份认证，适合对安全性要求不是很高的网络环境，其原理和工作过程比较简单。在配置时需要注意两端的用户名和密码必须保持一致。PAP 本身并不是一种很安全的认证方式，其明文传输方式有一定的安全隐患。

活动 2　广域网 PPP 封装 CHAP 认证

任务情境

某公司的网络管理员发现 PAP 认证方式的安全性能不高，为了进一步增强网络安全性，他决定在总公司和分公司之间的广域网链路上启用CHAP认证方式，以实现总公司路由器对分公司路由器的身份验证。

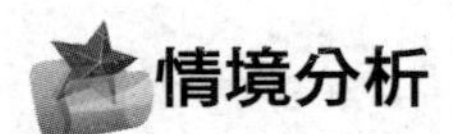

情境分析

串行链路默认采用PPP封装协议，可以通过CHAP认证使链路的建立更安全。CHAP使用三次握手机制来启动一条链路和周期性的远程验证结点。与PAP认证相比，CHAP认证更具有安全性。CHAP认证是指由NAS向被验证方提出验证请求，通过用户名和密码进行验证，因此安全性更高。

下面以两个型号为DCR-2655的路由器来模拟公网，介绍广域网PPP封装CHAP认证，其拓扑结构如图6.2.2所示。

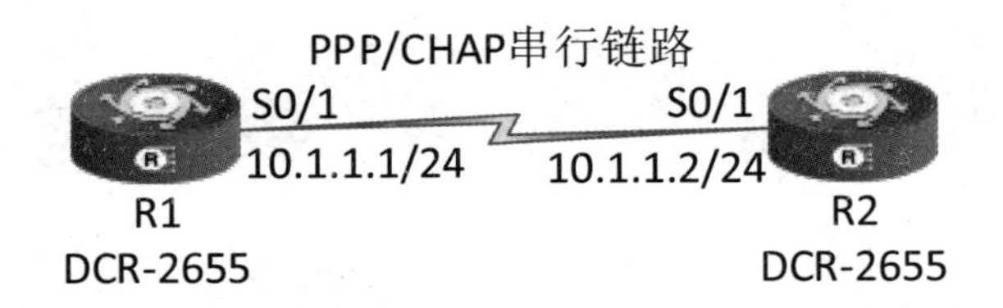

图6.2.2 广域网PPP封装CHAP认证的拓扑结构

具体要求如下。

（1）使用DCE串口线连接两台路由器，来模拟与公网互联。

（2）在两个路由器之间做PPP协议封装，实现CHAP方式认证，需要配置aaa认证方式，在路由器的数据库中必须设置好要进行认证的用户名和密码，并测试两个路由器的连通性。

任务实施

步骤1：恢复路由器的出厂配置，此处略。

步骤2：路由器R1的基本配置。

```
Router>enable                                    //进入特权配置模式
Router#config                                    //进入全局配置模式
Router_config#hostname R1                        //设置路由器名称
R1_config#username R2 password digital           //设置用户名和密码
R1_config#aaa authentication ppp default local   //设置CHAP认证方式为本地用户认证
R1_config#interface s0/1                         //进入接口配置模式
R1_config_s0/1#ip address 10.1.1.1 255.255.255.0 //设置IP地址
R1_config_s0/1#physical-layer speed 64000        //设置时钟频率
R1_config_s0/1#no shutdown                       //开启端口
```

步骤3：路由器R2的基本配置。

```
Router>enable                                      //进入特权配置模式
Router#config                                      //进入全局配置模式
Router_config#hostname R2                          //设置路由器名称
R2_config#username R1 password digital             //设置用户名和密码
R2_config#aaa authentication ppp default local     //设置 CHAP 认证方式为本地用户认证
R2_config#interface s0/1                           //进入接口配置模式
R2_config_s0/1#ip address 10.1.1.2 255.255.255.0 //设置 IP 地址
R2_config_s0/1#no shutdown                         //开启端口
```

步骤4：在R1上配置CHAP认证。

```
R1_config#interface s0/1                           //进入接口配置模式
R1_config_s0/1#encapsulation ppp                   //封装点对点协议
R1_config_s0/1#ppp authentication chap             //设置认证方式为 CHAP
R1_config_s0/1#ppp chap hostname R1                //设置发送给对方的用户名
R1_config_s0/1#ppp chap password digital           //设置发送给对方的密码
```

步骤5：查看R1的链路状态信息。

```
R1#show ip interface brief
Interface            IP-Address      Method     Protocol-Status
Async0/0             unassigned      manual     down
Serial0/1            10.1.1.1        manual     down
Serial0/2            unassigned      manual     down
fastEthernet0/0      unassigned      manual     down
gigaEthernet0/3      unassigned      manual     down
gigaEthernet0/4      unassigned      manual     down
gigaEthernet0/5      unassigned      manual     down
gigaEthernet0/6      unassigned      manual     down
//可以观察到，现在 R1 和 R2 间无法正常通信，链路物理状态正常，但是链路层协议状态不正常。这是因为此时 PPP 链路上的 CHAP 认证未通过。
```

步骤6：在R2上配置CHAP认证。

```
R2_config#interface s0/1                           //进入接口配置模式
R2_config_s0/1#encapsulation ppp                   //封装点对点协议
R2_config_s0/1#ppp authentication chap             //设置认证方式为 CHAP
R2_config_s0/1#ppp chap hostname R2                //设置发送给对方的用户名
R2_config_s0/1#ppp chap password digital           //设置发送给对方的密码
```

任务验收

步骤1：在R2上执行show interface s0/1命令，查看链路状态。

```
R2#show interface s0/1
```

```
Serial0/2 is up, line protocol is up              //已经变为 up
 Mode=Sync DCE Speed=64000
  DTR=UP,DSR=UP,RTS=UP,CTS=UP,DCD=UP
  MTU 1500 bytes, BW 64 kbit, DLY 2000 usec
  Interface address is 10.0.0.1/24
  Encapsulation PPP, loopback not set
  Keepalive set(10 sec)
  LCP  Opened
  CHAP Opened,  Message: ' Welcome to Digitalchina Router'  //表示认证成功
  IPCP Opened
      local IP address: 10.1.1.2  remote IP address: 10.1.1.1
  60 second input rate 44 bits/sec, 0 packets/sec!
//此处省略部分内容
```

步骤 2：在 R1 上 ping R2，测试路由器之间的连通性，发现结果是连通的。

```
R1#ping 10.1.1.2
PING 10.1.1.2 (10.1.1.2): 56 data bytes
!!!!!
--- 10.1.1.2 ping statistics ---
5 packets transmitted, 5 packets received, 0% packet loss
round-trip min/avg/max = 20/22/30 ms
```

任务资讯

CHAP 是一种加密的认证方式，能够避免在建立连接时传送用户的真实密码。NAS 向远程用户发送一个挑战口令，其中包括会话 ID 和一个随机生成的挑战字串。远程用户必须使用 MD5 单向哈希算法返回用户名和加密的挑战口令、会话 ID 及用户密码，其中用户名以非哈希的方式发送。

CHAP 对 PAP 进行了改进，不再直接通过链路发送明文密码，而是通过哈希算法返回挑战口令来加密密码。因为服务器端存有用户的明文密码，所以服务器可以重复客户端的操作，并将结果与用户返回的密码进行对照。CHAP 通过为每一次验证随机生成一个挑战字串来防止受到在线攻击。在整个连接过程中，CHAP 将不定时地向客户端重复发送挑战口令，从而避免第三方冒充远程用户进行攻击。

学习小结

本活动介绍了广域网 PPP 封装 CHAP 认证。在 Internet 中传输信息时，CHAP 表现出了足够强大的抗攻击能力，可以用于对安全性要求比较高的网络环境。在验证过程中，链路上

传递的信息都进行了加密处理。在配置时需要注意两端的用户名和密码要保持一致。

项目实训　某市“数字政务”网络建设

❖ 项目描述

某市政府计划实现“数字政务”，主要目的是搭建数字化网络平台，实现电子政务网与各企事业单位的网络互联，并提供统一的网络信息发布平台，共享信息资源。本项目的目标是将市政府网络与教育局网络对接，将该市的教育资源统一到数字化电子政务平台上，实现教育资源的统一管理，并实现教育局的管理人员（VLAN 10）和信息管理处（VLAN 20）之间不能互相访问，但都能够访问市政府网站。

根据设计要求，某市网络拓扑结构如图 6.2.3 所示，请按图示要求完成相关网络设备的连接。

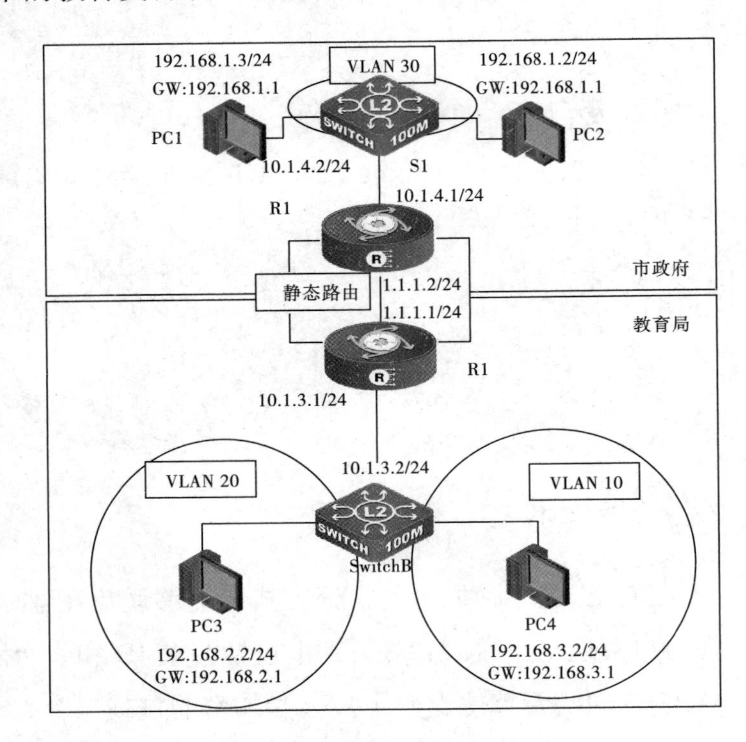

图 6.2.3　某市网络拓扑结构

❖ 项目要求

（1）按图 6.2.3 所示的拓扑结构制作连接电缆并正确连接设备。

（2）按拓扑结构搭建市政府园区网络和教育局园区网络。

（3）按图示要求为网络设备命名，并完成相关的基本配置。

（4）配置各设备的远程登录用户名为 admin，密码为 admin123；配置 Console 接口监控密码为 dcncloud。

（5）市政府与教育局之间采用路由器连接，通过 PPP 封装 PAP 认证实现安全的连接。

（6）通过静态路由协议实现全网互通。

（7）在 PC1 上架设 Web 服务器（Web 服务器的 IP 地址为 1.1.1.3）。

（8）在 PC1 和 PC2 上实现端口与 MAC 地址的绑定。

（9）教育局的管理人员所属的 VLAN 10 和信息管理处所属的 VLAN 20 出于安全考虑不能互相访问，但都能够访问市政府网站。

❖ 项目评价

本项目综合应用了所学的安全知识，以及非本项目中的知识，包括计算机的安全接入、通过访问控制列表实现访问控制、设置网络设备权限、路由器的安全连接和网线制作等，必须要将这些知识点掌握熟练。通过本项目可以使学生进一步提高动手能力和综合素质。

根据实际情况填写项目实训评价表。

项目实训评价表

<table>
<tr><th rowspan="2"></th><th colspan="2">内　容</th><th colspan="3">评　价</th></tr>
<tr><th>学习目标</th><th>评价项目</th><th>3</th><th>2</th><th>1</th></tr>
<tr><td rowspan="17">职业能力</td><td rowspan="3">根据拓扑结构正确连接设备</td><td>能区分 T568A、T568B 标准</td><td rowspan="3"></td><td rowspan="3"></td><td rowspan="3"></td></tr>
<tr><td>能制作美观实用的网线</td></tr>
<tr><td>能合理使用网线</td></tr>
<tr><td rowspan="3">根据拓扑结构完成设备命名与基本配置</td><td>能正确命名</td><td rowspan="3"></td><td rowspan="3"></td><td rowspan="3"></td></tr>
<tr><td>能正确配置相关 IP 地址</td></tr>
<tr><td>能合理划分 VLAN</td></tr>
<tr><td rowspan="2">Telnet 连接成功，Console 接口密码设置正确</td><td>能进行 Telnet 连接</td><td rowspan="2"></td><td rowspan="2"></td><td rowspan="2"></td></tr>
<tr><td>能设置 Console 接口密码</td></tr>
<tr><td rowspan="2">根据需要设置路由器之间安全连接</td><td>能对接口封装链路协议</td><td rowspan="2"></td><td rowspan="2"></td><td rowspan="2"></td></tr>
<tr><td>能设置安全验证方式</td></tr>
<tr><td>服务器配置正确</td><td>服务器能被访问</td><td></td><td></td><td></td></tr>
<tr><td rowspan="2">路由设置合理、可用</td><td>静态路由配置合理</td><td rowspan="2"></td><td rowspan="2"></td><td rowspan="2"></td></tr>
<tr><td>网关指定正确</td></tr>
<tr><td rowspan="2">设备安全性设置合理</td><td>端口绑定成功</td><td rowspan="2"></td><td rowspan="2"></td><td rowspan="2"></td></tr>
<tr><td>访问控制列表设置恰当</td></tr>
<tr style="display:none"></tr>
<tr style="display:none"></tr>
<tr><td rowspan="8">通用能力</td><td colspan="2">交流表达的能力</td><td></td><td></td><td></td></tr>
<tr><td colspan="2">与人合作的能力</td><td></td><td></td><td></td></tr>
<tr><td colspan="2">沟通能力</td><td></td><td></td><td></td></tr>
<tr><td colspan="2">组织能力</td><td></td><td></td><td></td></tr>
<tr><td colspan="2">活动能力</td><td></td><td></td><td></td></tr>
<tr><td colspan="2">解决问题的能力</td><td></td><td></td><td></td></tr>
<tr><td colspan="2">自我提高的能力</td><td></td><td></td><td></td></tr>
<tr><td colspan="2">创新能力</td><td></td><td></td><td></td></tr>
<tr><td colspan="3">综合评价</td><td colspan="3"></td></tr>
</table>

项目 7

中小型企业网络工程案例

本项目重点介绍网络设备的综合应用，为计算机网络技术的初学者提供了设计拓扑结构、配置技术和功能、排除网络故障的案例，使初学者能更熟悉网络设备的配置和其在企业中的综合应用。

能力目标

1. 能实现 IP 地址划分。
2. 能实现网络设备安全访问的配置方法。
3. 能实现防火墙 NAT 的配置和验证方法。
4. 能实现 VLAN 的划分、端口聚合、生成树协议的配置方法。
5. 能实现路由安全连接和动态路由协议的配置方法。

素质目标

1. 具有团队合作精神和写作能力，培养协同创新能力。
2. 具有良好的沟通的能力和独立思考的能力，培养清晰有序的逻辑思维。
3. 具有良好的信息素养和学习能力，能够运用正确的方法和技巧掌握新知识、新技能。
4. 具有系统分析与解决问题的能力，能够掌握任务资讯并完成项目任务。

素养目标

1. 培养团队合作精神，提高学习兴趣。
2. 培养诚信、务实、严谨的职业素养。

项目描述

某公司由一条马路分隔成了南、北两个厂区。南、北两厂区之间通过路由器 VPN 专线实现互联。南厂区是公司互联网的出口，南、北两个厂区均通过该接口访问互联网。公司的主要服务器放在南厂区防火墙的DMZ（Demilitarized Zone，非军事区）中。在北厂区中使用两台三层交换机作为双核心，并设置链路聚合以提高交换机之间的带宽，另外在交换机之间还提供了一条线路作为备份链路，以备在聚合链路出现故障时使用。北厂区各大楼划分VLAN管理。两厂区之间的数据通过VPN实现加密传输。优化网络配置，使整个公司网络更加高效、稳定、安全。公司需要搭建多种网络服务，提供主页发布、文件共享、邮件收发等常用的功能。

项目要求

1. 网络连接

根据项目描述与下列的详细要求完成网络拓扑结构的设计与设备的连接，画出完整的网络拓扑结构。在图中需要明确列出设备接线的端口号，以及端口的IP地址。实际接线与配置必须按照拓扑结构进行。

在完成网络的规划设计之后，请按以下要求进行网络的连接与配置。

（1）南厂区使用一台防火墙设备作为网络中唯一的出口接入互联网，用PC1模拟互联网中的计算机；SERVER也接入该防火墙的E0/1端来作为公司内网服务器。

（2）SERVER作为服务器主机，所有服务都在虚拟机中运行。

（3）北厂区使用一台路由器与南厂区路由器通过VPN（IPSec）技术连接；南厂区的路由器通过F0/0端口与防火墙相连；北厂区的路由器分别下连两台三层交换机作为汇聚交换机，分别通过三层连接；两台三层聚合交换机之间通过两条线路进行链路聚合通信，另外留有一条线路作为备份链路。

（4）STATION1和STATION2分别接入三层交换机S1和三层交换机S2；STATION1划归VLAN 10，STATION2划归VLAN 20。

（5）根据设计估算所需要的耗材数量，准备好领料清单。

（6）在根据上述要求完成拓扑结构设计之后，制作线缆完成设备的连接。

（7）搭配的跳线使用T568B线序，制作的线缆必须稳固耐用。

根据要求画出公司网络拓扑结构，如图7.1.1所示。

小贴士

（1）画图时应标出各设备的名称及所连端口号。

（2）PC和路由器相连、交换机和交换机相连必须用交叉线。

（3）线路连接好之后应检查指示灯是否工作正常。

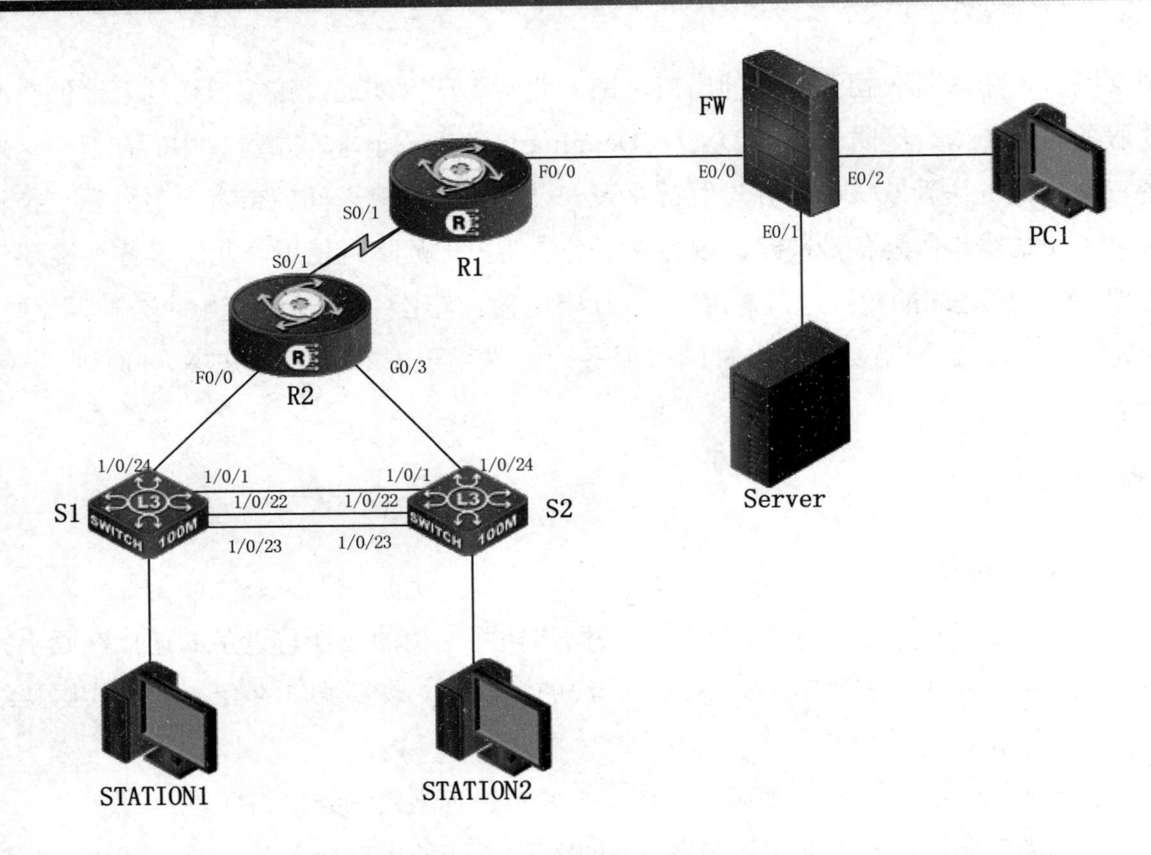

图 7.1.1　公司网络拓扑结构

2．网络地址划分

（1）路由器 R1 的 S0/1 端口地址为 172.16.1.1/30；路由器 R2 的 S0/1 端口地址为 172.16.1.2/30，作为厂区间的互联地址。

（2）南厂区使用 172.16.2.0/24 作为内部网络地址段，其中以最后一个有效 IP 作为网关。SERVER 主机使用第一个有效 IP 作为地址。

（3）南厂区防火墙接入互联网的地址为 1.1.1.1/30。PC1 模拟互联网中的计算机，地址为 1.1.1.2/30。

（4）南厂区路由器的 F0/0 端口地址为 172.16.1.5/30；南厂区防火墙的 E0/0 端口地址为 172.16.1.6/30。

（5）北厂区有两栋办公楼，每栋办公楼有 40～50 个用户。请使用 192.168.1.0/24 网段进行子网规划，划分两个 VLAN，分别为 VLAN 10 和 VLAN 20。VLAN 10 使用 192.168.1.0/24 网段子网划分后的第一个有效子网；VLAN 20 使用 192.168.1.0/24 网段子网划分后的第二个有效子网，使得每栋楼都有一个独立的网段，每个网段的网关都使用该网段的最后一个有效的网络地址。

（6）将三层交换机 S1 的 E1/0/2～1/0/10 端口划归 VLAN 10，三层交换机 S2 的 E1/0/2～E1/0/10 端口划归 VLAN 20，根据子网规划，在网络设备中设定 VLAN。

（7）交换机的端口地址（根据要求设定各子网网关的端口地址）。

交换机 S1 的端口 E1/0/24 指定网关路由地址为 192.168.2.1/24。

交换机 S2 的端口 E1/0/24 指定网关路由地址为 192.168.3.1/24。

（8）路由器 R2 的以太网端口 IP 地址分别是：端口 F0/0:192.168.2.2/24 和端口 G0/3:192.168.3.2/24。

根据要求确定各接口 IP 地址，IP 地址配置如表 7.1.1 所示。

表 7.1.1　IP 地址配置

设　　备	端　　口	IP 地址	网　　关
R1	F0/0	172.16.1.5/30	
R1	S0/1	172.16.1.1/30	
R2	F0/0	192.168.2.2/24	
R2	G0/3	192.168.3.2/24	
R2	S0/1	172.16.1.2/30	
S1	VLAN 10	192.168.2.1/24	192.168.2.2
S1	VLAN 10	192.168.1.126/26	
S2	VLAN 20	192.168.3.1/24	192.168.3.2
S2	VLAN 20	192.168.1.190/26	
PC1		1.1.1.2/30	1.1.1.1
SERVER		172.16.2.1/24	172.16.2.254
FW	E0/0	172.16.1.6/30	
FW	E0/1	172.16.2.254/24	
FW	E0/2	1.1.1.1/30	
STATION1	E1/0/2～E1/0/10	自动获取	自动获取
STATION2	E1/0/2～E1/0/10	自动获取	自动获取

小贴士

（1）划分子网时应看清楚要求。

（2）数制转换应细心，在转换之后一定要对转换的结果进行检验。

（3）IP 地址的使用以尽量节约为原则。

3. 任务要求

（1）设定各设备的名称，交换机命名为“S1”和“S2”；路由器命名为“R1”和“R2”。

（2）R1 设置为 Telnet 登录，登录用户名为 teluser，密码为 admin，防火墙设置为 Telnet 登录。

（3）为两台三层交换机的特权用户增加密码 super123，并以加密方式存储。

（4）将两个三层交换机手动配置为通过 22、23 号端口实现链路聚合。

（5）在两个三层交换机上开启生成树协议，连接两个三层交换机的 1 号端口，设置聚合链路为主链路，1 号端口间链路为备份链路。

（6）为 S1 的 4 号端口设定端口带宽限制，出入口均限速为 1Mbit/s。

（7）在 S2 的 8 号端口上配置广播风暴抑制，允许通过的广播包数为每秒 5000 个。

（8）配置串口二层链路为 PPP 封装模式，采用 CHAP 认证方式实现双向认证，R1 上的用户名为 userB，密码为 digital；R2 上的用户名为 userA，密码为 digital。

（9）利用 OSPF 路由协议实现南、北厂区之间的网络互联。

（10）在 R2 中配置 DHCP 服务，并在交换机上配置 DHCP 中继，使得北厂区中的接入不同 VLAN 的设备能够获取正确的 IP 地址、网关与 DNS。将获取的 IP 地址范围分配为各 VLAN 都可用的 IP（网关除外），租约为 3 天。

（11）配置 R1，禁止 VLAN 20 访问互联网。

（12）在 R1 和 R2 上分别建立 VPN 通道，要求使用 IPSec 协议的 ISAKMP 策略算法保护数据，配置预共享密钥，建立 IPSEC 隧道的报文并使用 MD5 加密，将 IPSEC 变换集合定义为“esp-3des ah-md5-hmas”。两台路由器通过串口进行连接，R1 作为 DCE 端。

（13）为保证内部网络安全，防止互联网设备窥探内部网络，需要利用防火墙隐藏内部网络地址，使外网用户不能直接访问园区网内的设备。

（14）配置防火墙，实现内部地址能通过网络地址转换的方式访问互联网。

（15）在防火墙中使用合法 IP 1.1.1.1 为 SERVER 配置 IP 映射，允许内外网用户通过外网 IP 对该 SERVER 的 Web 进行访问。

（16）震荡波病毒常用的协议端口为 TCP5554 和 445，请配置三层交换机以防止病毒在局域网内肆虐。

（17）配置 Qos 策略，保证南厂区中的虚拟服务器能获得 1Mbit/s 以上的网络带宽。

（18）在 S2 上使用 DVMRP 方式开启组播，让 VLAN 10 和 VLAN 20 之间可以传送组播包。

（19）在 STATION2 中已经搭建好了 TFTP 服务，将所有网络设备的配置文件通过 TFTP 服务备份到 STATION2 的 TFTP 服务器根目录中。

公司网络拓扑结构如图 7.1.2 所示。

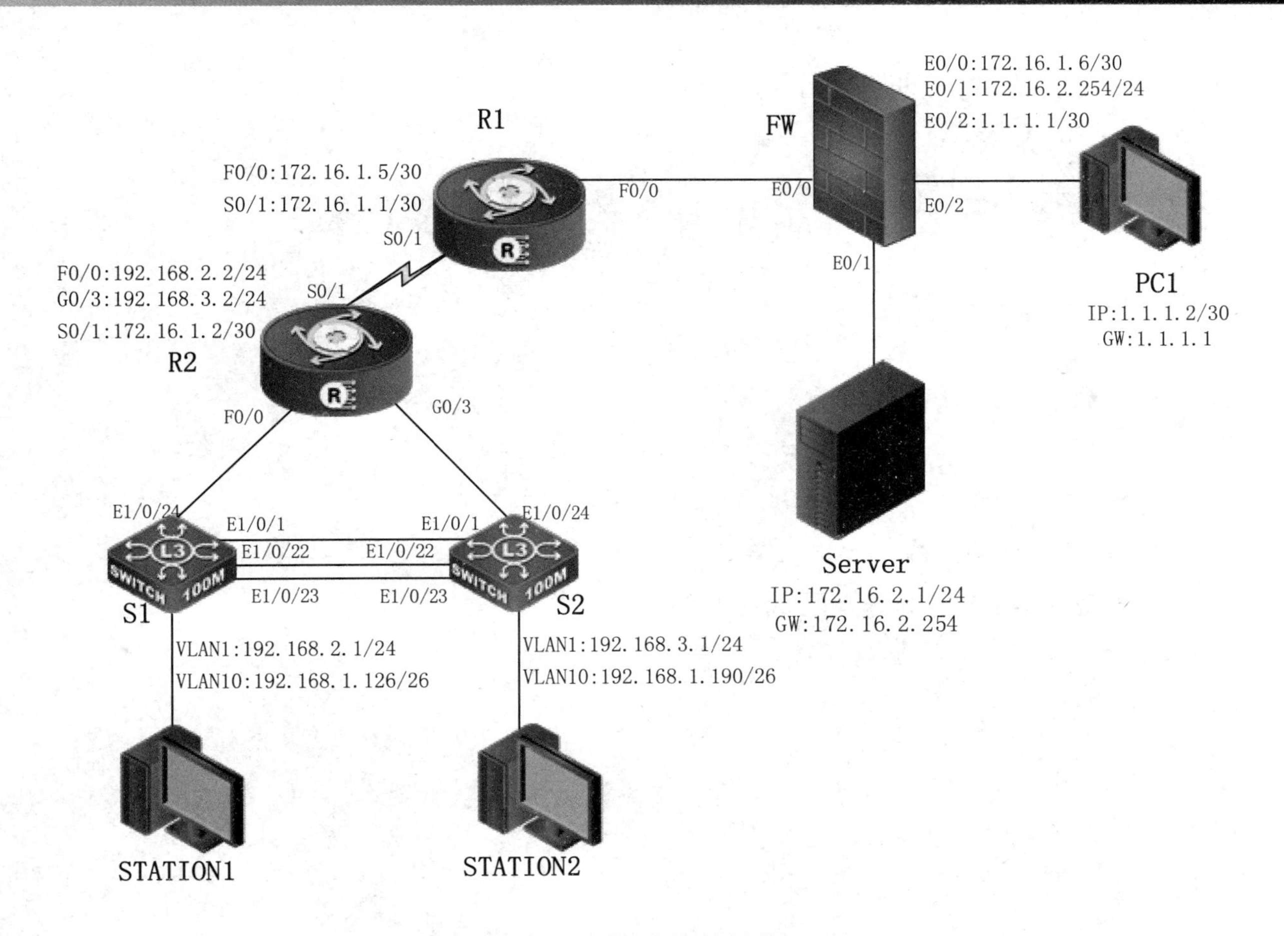

图 7.1.2　公司网络拓扑结构

项目实施

步骤 1：基本配置。

（1）交换机的基本配置。

① 在交换机 S1 上的基本配置。

```
CS6200-28X-EI>enable
CS6200-28X-EI#config
CS6200-28X-EI(config)#hostname S1                //设置交换机名为 S1
S1(config)#interface vlan 10                     //设置 VLAN 10
S1(Config-if-Vlan10)#ip address 192.168.1.126 255.255.255.192
                                                 //IP 地址为 192.168.1.126/26
S1(config)#interface vlan 10                     //设置 VLAN 10
S1(Config-if-Vlan30)#ip address 192.168.2.1 255.255.255.0
                                                 //IP 地址为 192.168.2.1/24
```

② 在交换机S2上的基本配置。

```
CS6200-28X-EI>enable
CS6200-28X-EI#config
CS6200-28X-EI(config)#hostname S2                    //设置交换机名为S2
S2(config)#interface vlan 20                         //设置VLAN 20
S2(Config-if-Vlan10)#ip address 192.168.1.190 255.255.255.192
                                                     //IP地址为192.168.1.190/26
S2(config)#interface vlan 10                         //设置VLAN 10
S2(Config-if-Vlan30)#ip address 192.168.3.1 255.255.255.0
                                                     //IP地址为192.168.3.1/24
```

（2）路由器和防火墙的基本配置。

① 在路由器R1上的基本配置。

```
Router>enable
Router#config
Router_config#hostname R1                            //设置路由器名为R1
R1_config#interface serial 0/1                       //设置S0/1
R1_config_s0/1#ip address 172.16.1.1 255.255.255.252

                                                     //IP地址为172.16.1.1/30
R1_config#interface fastEthernet 0/0                 //设置F0/0
R1_config_f0/0#ip address 172.16.1.5 255.255.255.252

                                                     //IP地址为172.16.1.5/30
```

② 在路由器R2上的基本配置。

```
Router>enable
Router#config
Router_config#hostname R2                      //设置路由器名为R2
R2_config#interface serial 0/1                 //设置S0/1
R2_config_s0/1#ip address 172.16.1.2 255.255.255.252

                                               //IP地址为172.16.1.2/30
R2_config_s0/1#no shutdown
R2_config#interface fastEthernet 0/0           //设置F0/0
R2_config_f0/0#ip address 192.168.2.2 255.255.255.0

                                               //IP地址为192.168.2.2/24
```

```
R2_config#interface gigaEthernet 0/3          //设置 G0/3
R2_config_g0/3#ip address 192.168.3.2 255.255.255.0
                                              //IP 地址为 192.168.3.2/24
```

③ 在防火墙 FW 上的基本配置。

```
DCFW-1800(config)#hostname FW                 //设置防火墙名为 FW
FW(config)# interface eth0/0
FW(config-if-eth0/0)#zone trust               //将 E0/0 接口加入 trust 安全域
FW(config-if-eth0/0)#ip add 172.16.1.6/30
```

小贴士

（1）IP 地址的配置是组建网络的基础，要求能迅速准确地配置好 IP 地址，尤其是子网掩码的换算，如 IP 地址为 10.1.6.1/29，需要能迅速将子网掩码换算为 255.255.255.248。

（2）CR-V35FC 所连的接口为 DCE，需要配置时钟频率，CR-V35MT 所连的接口为 DTE 端，直接用肉眼观察就能确定 DCE 端和 DTE 端，即公头为 DTE 端，母头为 DCE 端。

（3）查看接口状态信息，如果接口是 down，通常是线缆故障；如果协议是 down，通常是时钟频率没有配置好，或者两端的封装协议不一致。

（3）配置各设备的 Telnet 登录和特权密码。

在 R1 上配置 Telnet 登录，登录用户名为 teluser，密码为 admin。为两台三层交换机的特权用户增加密码 super123，并以加密方式存储。

① 在 R1 上配置 Telnet 登录。

```
R1_config#username teluser password 0 admin          //增加 Telnet 用户名和密码
R1_config#aaa authentication login default local     //使用本地用户信息进行认证
```

② 在 S1 上配置 enable 密码。

```
S1(config)#enable password 8 super123                //设置交换机的 enable 密码
```

③ 在 S2 上配置 enable 密码。

```
S2(config)#enable password 8 super123                //设置交换机的 enable 密码
```

④ 在 FW 上配置 Telnet 登录。

```
FW(config)#interface Ethernet 0/0
FW(config-if-eth0/0)#manage telnet
```

小贴士

（1）应区别密码以明文或加密方式存储。

（2）必须开启 aaa 认证，否则配置无法生效。

步骤 2：配置 VLAN 和聚合端口。

（1）交换机 VLAN 划分、配置聚合端口。

将三层交换机 S1 的 2～10 号端口划归 VLAN 10，三层交换机 S2 的 2～10 号端口划归 VLAN 20，根据子网规划，在网络设备中设定 VLAN。将两个三层交换机手动配置为通过 22、23 号端口实现链路聚合。

① 在 S1 上划分 VLAN，将 E1/0/22～E1/0/23 设为聚合端口。

```
S1(config)#vlan 10                                  //创建 VLAN 10
S1(Config-Vlan10)#switchport interface ethernet 1/0/2-10
                                                    //把 E1/0/2～E1/0/10 端口加入 VLAN 10
S1(Config-Vlan10)#exit                              //退出 VLAN 模式
S1(config)#port-group 1                             //创建 port-group
S1(Config)#interface ethernet 1/0/22-23             //进入端口 E1/0/22～E1/0/23
S1(Config-If-Port-Range)#port-group 1 mode on
//强制端口加入 port channel，不启动 LACP 协议
S1(Config-If-Port-Range)#interface port-channel 1      //进入聚合端口
S1(Config-If-Port-Channel)#switchport mode trunk       //将聚合端口设置为骨干端口
```

② 在 S2 上划分 VLAN，将 E1/0/22～E1/0/23 设为聚合端口。

```
S2(config)#vlan 20                                  //创建 VLAN 20
S2(Config-Vlan20)#switchport interface ethernet2/0/1-10
                                                    //把 E1/0/2～E1/0/10 端口加入 VLAN 20
S2(Config-Vlan20)#exit                              //退出 VLAN 模式
S2(config)#port-group 1                             //创建 port-group
S2(Config)#interface ethernet1/0/22-23              //进入端口 E1/0/22～E1/0/23
S2(Config-If-Port-Range)#port-group 1 mode on
//强制端口加入 port channel，不启动 LACP 协议
S2(Config-If-Port-Range)#interface port-channel 1      //进入聚合端口
S2(Config-If-Port-Channel)#switchport mode trunk       //将聚合端口设置为骨干端口
```

小贴士

（1）为使 port channel 正常工作，其成员端口必须具备相同的属性：

① 端口均为全双工模式。

② 端口速率相同。

③ 端口类型必须一致，如同为以太口或同为光纤口。

④ 端口同为 Access 端口并且属于同一个 VLAN，或同为 Trunk 端口。

⑤ 如果端口为 Trunk，则其 allowed vlan 和 native vlan 属性也应该相同。

（2）支持任意两个交换机物理端口的聚合，最大组数为 6，组内最大端口数为 8。

（3）一些命令不能在 port channel 的端口上使用，包括 arp、bandwidth、ip、ip-forward 等。

（4）在使用强制生成端口聚合组时，由于聚合是手动配置触发的，因此如果端口的 VLAN 信息不一致导致聚合失败的话，则聚合组会一直停留在没有聚合的状态，必须通过向该 gorup 中增加或删除端口来触发端口再次聚合，如果 VLAN 信息还是不一致，则仍然不能成功聚合。只有在 VLAN 信息都一致并且有增加或删除端口触发聚合的情况下，端口才能聚合成功。

（5）检查对端交换机的对应端口是否配置了端口聚合组，且要查看配置方式是否相同，如果本端是手动配置，则对端也应该是手动配置，如果本端是 LACP 动态生成，则对端也应该是 LACP 动态生成，否则端口聚合组不能正常工作；还有一点要注意的是，如果两端收发的都是 LACP 协议，则至少有一端是 active 的，否则两端都不会发起 LACP 数据报。

（6）port channel 一旦形成，所有对于端口的配置都只能在 port channel 端口上进行。

（7）LACP 必须和 Security 和 802.1X 的端口互斥，如果端口已经配置上述两种协议，则不允许启用 LACP。

（2）利用生成树协议避免环路的产生。

在两个三层交换机上开启生成树协议，连接两个三层交换机的 E1/0/1 端口，设置交换机 S1 为根交换机，聚合链路为主链路，E1/0/1 端口间链路为备份链路。

① 在 S1 上开启生成树协议，设置交换机优先级。

```
S1(config)#spanning-tree
S1(config)#spanning-tree mst 0 priority 4096
```

② 在 S2 上开启生成树协议，设置聚合端口优先级。

```
S2(config)#spanning-tree
S2(Config-If-Port-Channel1)#spanning-tree mst 0 port-priority 16
```

小贴士

（1）交换机优先级的取值范围为0～61440中的4096的倍数，交换机默认的优先级为32768，交换机优先级的值越小，优先级越高。

（2）交换机端口优先级的取值范围为0～240中的16的倍数，交换机端口默认的优先级为128，交换机端口优先级的值越小，优先级越高。

步骤3：配置PPP协议。

路由器封装PPP协议并使用双向CHAP认证。

配置串口二层链路为PPP封装模式，采用CHAP认证方式实现双向认证，R1上的用户名为userB，密码为digital；R2上的用户名为userA，密码为digital。

① R1的基本配置。

```
R1_config#username userB password digital     //设置用户名和密码
R1_config#aaa authentication ppp default local
                                              //设置PPP认证方式为本地用户认证
R1_config#interface s0/1                      //进入接口模式
R1_config_s0/1#no shutdown                    //开启端口
R1_config_s0/1#encapsulation ppp              //封装点对点协议
R1_config_s0/1#ppp authentication chap        //设置认证方式为CHAP
R1_config_s0/1#ppp chap hostname userA        //设置发送给对方的用户名
R1_config_s0/1#ppp chap password digital      //设置发送给对方的密码
```

② R2的基本配置。

```
R2_config#username userA password digital     //设置用户名和密码
R2_config#aaa authentication ppp default local
                                              //设置PPP认证方式为本地用户认证
R2_config#interface s0/2                      //进入串口0/2接口模式
R2_config_s0/2#no shutdown                    //开启端口
R2_config_s0/2#encapsulation ppp              //封装点对点协议
R2_config_s0/2#ppp authentication chap        //设置认证方式为CHAP
R2_config_s0/2#ppp chap hostname userB        //设置发送给对方的用户名
R2_config_s0/2#ppp chap password digital      //设置发送给对方的密码
```

步骤4：配置DHCP服务。

在路由器R2上配置DHCP服务。

在R2上配置DHCP服务，并在交换机上配置DHCP中继，使得北厂区中的接入不同VLAN

的设备能够获取正确的 IP 地址、网关与 DNS。将获取的 IP 地址范围分配为各 VLAN 都可用的 IP（网关除外），租约为 3 天。

① 在 R2 上配置 DHCP 服务器。

```
R2_config#ip dhcpd enable                                  //启动 DHCP 服务
R2_config#ip dhcpd pool vlan10                             //定义地址池
R2_config_dhcp#network 192.168.1 .64 255.255.255.192 //定义网络号
R2_config_dhcp#default-router 192.168.1.126                //定义分配给客户端的默认网关
R2_config_dhcp#dns-server 172.16.2.2                       //定义客户端 DNS
R2_config_dhcp#range 192.168.1.65 192.168.1.125            //定义地址池范围
R2_config_dhcp#lease 3                                     //定义租约为 3 天
R2_config#ip dhcpd pool vlan20                             //定义地址池
R2_config_dhcp#network 192.168.1.128 255.255.255.192 //定义网络号
R2_config_dhcp#default-router 192.168.1.190                //定义默认网关
R2_config_dhcp#dns-server 172.16.2.2                       //定义客户端 DNS
R2_config_dhcp#range 192.168.1.129 192.168.1.189           //定义地址池范围
R2_config_dhcp#lease 3                                     //定义租约为 3 天
```

② 在 S1 上配置 DHCP 中继。

```
S1(config)#ip forward-protocol udp bootps //配置 DHCP 中继转发 DHCP 广播报文
S1(Config-if-Vlan10)#ip helper-address 192.168.2.2
//设定中继的 DHCP 服务器地址
```

③ 在 S2 上配置 DHCP 中继。

```
S2(config)#ip forward-p udp bootps                 //配置 DHCP 中继转发 DHCP 广播报文
S2(Config-if-Vlan20)#ip helper-ad 192.168.3.2 //设定中继的 DHCP 服务器地址
```

小贴士

（1）路由器与 PC 应使用交叉线相连。

（2）应启动 DHCP 服务。

（3）在配置中继时应区分 bootps 和 bootpc。

步骤 5：配置路由协议。

（1）配置 OSPF 路由。

利用 OSPF 路由协议实现厂区之间的网络互联，并把直连接口以外部路由的方式送入全网 OSPF 路由协议。

① 在 R1 上配置 OSPF 路由。

```
R1_config#router ospf 1                          //启动 OSPF 进程，进程号为 1
```

```
R1_config_ospf_1#network 172.16.1.0 255.255.255.252 area 0
                                                  //声明R1的直连网段
R1_config_ospf_1#network 172.16.1.4 255.255.255.252 area 0
                                                  //声明R1的直连网段
```

② 在R2上配置OSPF路由。

```
R2_config#router ospf 1                           //启动OSPF进程，进程号为1
R2_config_ospf_1#network 172.16.1.0 255.255.255.252 area 0
                                                  //声明R2的直连网段
R2_config_ospf_1#network 192.168.2.0 255.255.255.0 area 0
                                                  //声明R2的直连网段
R2_config_ospf_1#network 192.168.3.0 255.255.255.0 area 0
                                                  //声明R2的直连网段
```

③ 在S1上配置OSPF路由。

```
S1(config)#router ospf 1                              //启动OSPF进程，进程号为1
S1(config-router)#network 192.168.1.64/26 area 0 //声明S1的直连网段
S1(config-router)#network 192.168.2.0/24 area 0  //声明SWITCHA的直连网段
```

④ 在S2上配置OSPF路由。

```
S2(config)#router ospf 1                              //启动OSPF进程，进程号为1
S2(config-router)#network 192.168.1.128/26 area 0//声明S2的直连网段
S2(config-router)#network 192.168.3.0/24 area 0   //声明S2的直连网段
```

（2）设置ACL预防震荡波病毒。

震荡波病毒常用的协议端口为TCP 5554和445，请配置三层交换机以防止病毒在局域网内肆虐。

① 在S1上配置ACL。

```
S1(config)#ip access-list extended gongji  //定义名为gongji的扩展访问列表
S1(Config-IP-Ext-Nacl-gongji)#deny tcp any_source any_destination d-port 445
//关闭445端口
S1(Config-IP-Ext-Nacl-gongji)#deny tcp any_source any_destination d-port 5554
//关闭5554端口
S1(Config-IP-Ext-Nacl-gongji)#permit ip any_source any_destination
//允许通过所有IP数据包
S1(Config-IP-Ext-Nacl-gongji)#exit                  //退回全局配置模式
S1(config)#firewall enable                          //开启访问控制列表功能
S1(config)#fire default permit                      //默认动作为全部允许通过
S1(config)#interface e0/0/1-24                      //进入接口配置模式
S1(Config-If-Ethernet0/0/24)#ip access-group gongji in //绑定ACL到各端口
```

② 在S2上配置ACL。

```
S2(config)#ip access-list extended gongji  //定义名为 gongji 的扩展访问列表
S2(Config-IP-Ext-Nacl-gongji)#deny tcp any_source any_destination d 445
//关闭 445 端口
S2(Config-IP-Ext-Nacl-gongji)#deny tcp any_source any_destination d 5554
//关闭 5554 端口
S2(Config-IP-Ext-Nacl-gongji)#permit ip any_source any_destination
//默认允许所有 IP 数据包通过
S2(Config-IP-Ext-Nacl-gongji)#exit                    //退回全局配置模式
S2(config)#firewall enable                            //开启访问控制列表功能
S2(config)#firewall default permit                    //默认动作为全部允许通过
S2(config)#interface e0/0/1-24                        //进入接口配置模式
S2(Config-If-Ethernet0/0/24)#ip access-group gongji in //绑定 ACL 到各端口
```

③ 配置 R1，禁止 VLAN 20 访问互联网。

```
R1_config#ip access-list extended denyvlan20  //定义名为 denyvlan20 的扩展访问列表
R1_Config -Ext-Nacl#deny ip 192.16.1.128 0.0.0.63 any
//拒绝 VLAN20 的 IP 地址访问外网
R1_Config -Ext-Nacl#permit ip any_source any_destination
//允许通过所有 IP 数据包
R1_config#interface f0/0                              //进入接口配置模式
R1_Config-If#ip ac denyvlan20 out                     //绑定 ACL 到各端口
```

小贴士

（1）有些端口对于网络应用来说是非常有用的，如 UDP69 端口是 TFTP 端口号，如果为了防范病毒而关闭了该端口，则 TFTP 也不能够使用。因此在关闭端口时，应该注意该端口的其他用途。

（2）标准 IP 访问控制列表是基于源地址的，扩展 IP 访问控制列表是基于协议、源地址、目的地址、端口号的。

（3）每条访问控制列表都有隐含的拒绝。

（4）标准 IP 访问控制列表一般绑定在离目标近的接口上，扩展 IP 访问控制列表一般绑定在离源地址近的接口上。

（5）注意方向，以该接口为参考点，IN 是流入的方向，OUT 是流出的方向。

步骤 6：配置 NAT。

通过配置防火墙实现内部地址能通过网络地址转换方式访问互联网。

（1）首先通过防火墙 Eth0/0 接口地址 172.16.1.6 登录到防火墙界面进行接口的配置，通过防火墙 WebUI 的登录界面，设置用户名为 admin，密码为 admin，单击“登录”按钮，如

图 7.1.3 所示。

图 7.1.3　防火墙 WebUI 的登录界面

（2）在进入主界面之后，选择“网络”→“接口”→“ethernet0/2”→“编辑”选项，配置外网接口地址，弹出“Ethernet 接口”对话框，设置绑定安全域为三层安全域，安全域为 untrust，IP 配置的类型为静态 IP，IP 地址为 1.1.1.1，网络掩码为 255.255.255.252，管理方式为 Telent、SSH、Ping、HTTPS，单击“确定”按钮，如图 7.1.4 所示。

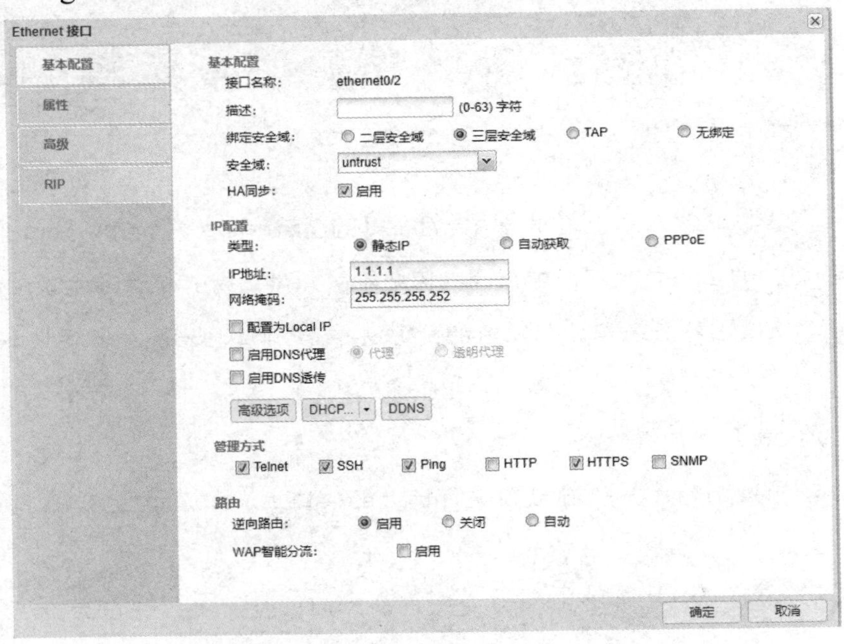

图 7.1.4　“Ethernet 接口”对话框

（3）在主界面上选择“网络”→“路由”→“目的路由”→“新建”选项，添加到外网的默认路由，弹出“目的路由配置”对话框，设置所属虚拟路由器为 trust-vr，目的地为 0.0.0.0，子网掩码为 0，下一跳为接口，接口为 ethernet0/2，单击“确定”按钮，如图 7.1.5 所示。

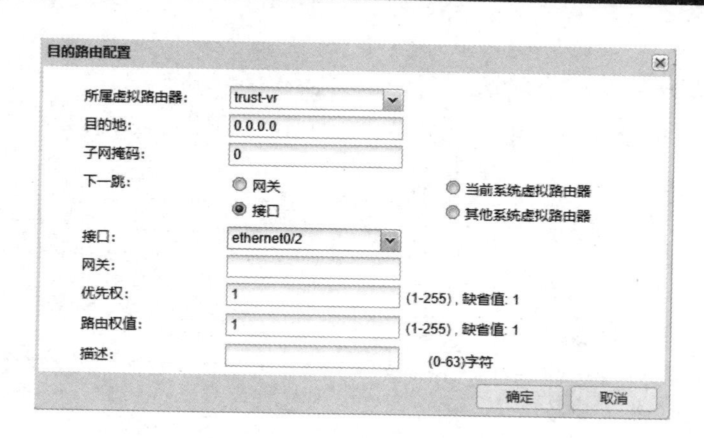

图 7.1.5　“目的路由配置”对话框

（4）在主界面上选择“策略”→“NAT”→“源 NAT”→“新建”选项，添加源 NAT 策略，弹出“源 NAT 配置”对话框，设置源地址为 IP/掩码、0.0.0.0、0，目的地址为 IP/掩码、0.0.0.0、0，单击“确定”按钮，如图 7.1.6 所示。

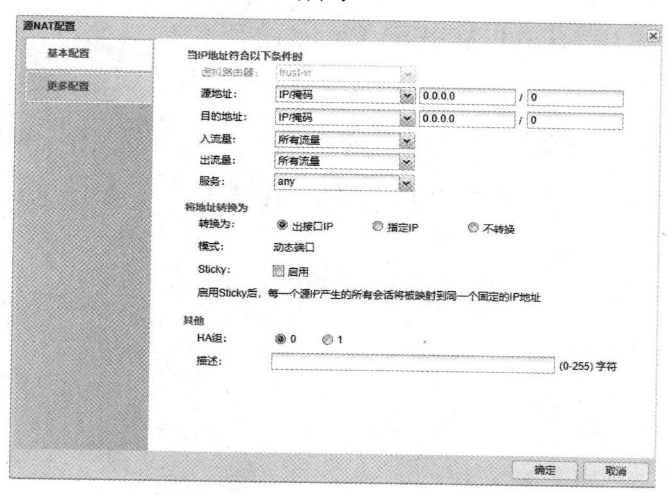

图 7.1.6　“源 NAT 配置”对话框

（5）在主界面上选择“策略”→“安全”选项，选中“Trust->UnTrust”策略，如图 7.1.7 所示。

新建　编辑　删除　复制　粘贴　移动　更多

	ID	名称	源		
			安全域	地址	用户
☑	1	Trust->UnTrust	trust	any	

图 7.1.7　选中“Trust→UnTrust”策略

（6）在图 7.1.7 所示的界面上单击“新建”按钮，弹出“策略配置”对话框，设置名称为 Trust→UnTrust，源信息中的安全域为 trust，目的中的安全域为 untrust，操作为允许，单击“确定”按钮，如图 7.1.8 所示。

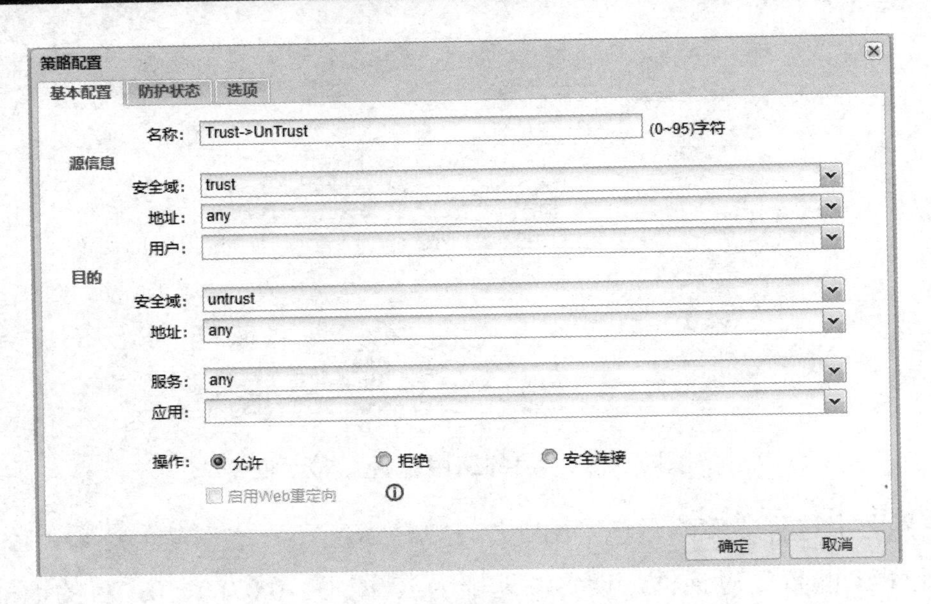

图 7.1.8 “策略配置”对话框

在防火墙中使用合法 IP 1.1.1.1 为 SERVER 配置 IP 映射，允许内外网用户对该 Server 的 Web 访问。

（1）在主界面上选择“对象”→“地址簿”→“新建”选项，弹出“配置地址簿”对话框，设置名称为 SERVER，地址成员中的成员为 IP/掩码、172.16.2.1、32，单击“确定”按钮，按图 7.1.9 所示设置地址簿一。

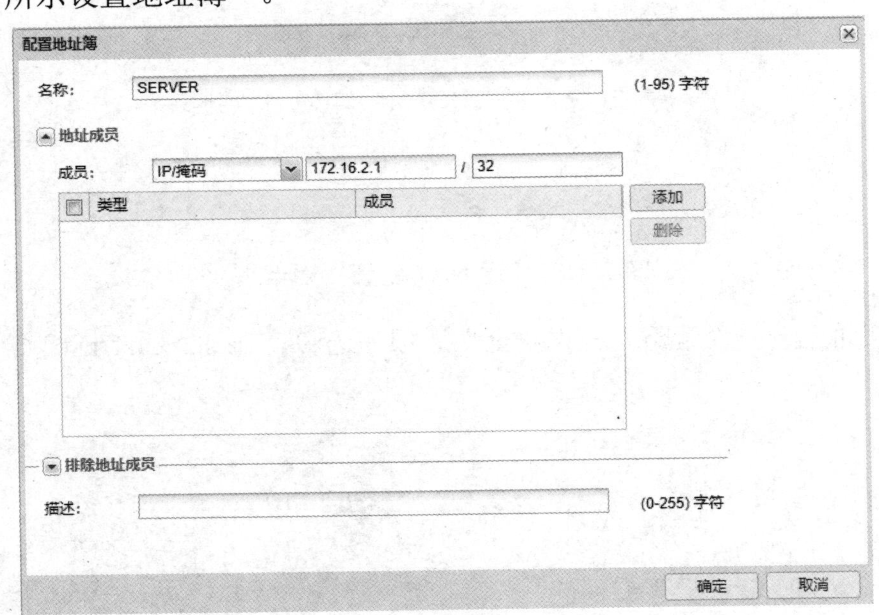

图 7.1.9 设置地址簿一

（2）按照上面的步骤继续新建地址簿，设置名称为 IP_1.1.1.1，地址成员中的成员为 IP/掩码、1.1.1.1、32，单击“确定”按钮，按图 7.1.10 所示设置地址簿二。

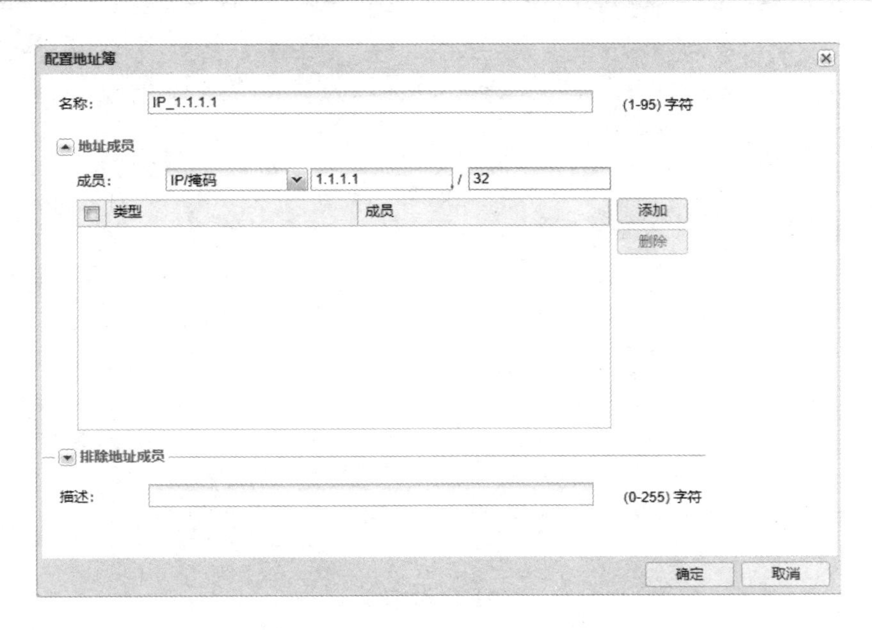

图 7.1.10　设置地址簿二

（3）在主界面上选择“策略”→“NAT”→“目的 NAT”→“新建”→“IP 映射”选项，弹出“IP 映射配置”对话框，设置虚拟路由器为 trust-vr，目的地址中的地址条目为 IP_1.1.1.1，映射到地址中的地址条目为 SERVER，单击“确定”按钮，如图 7.1.11 所示。

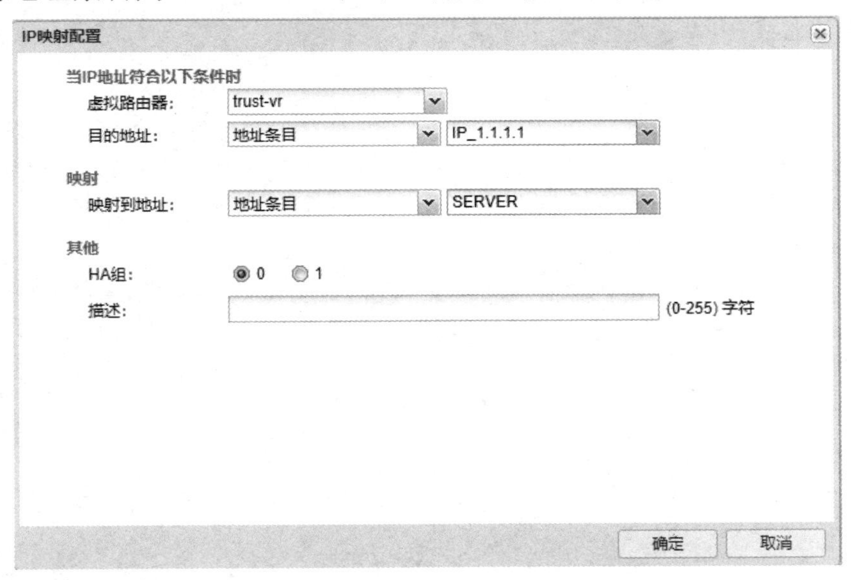

图 7.1.11　“IP 映射配置”对话框

（4）在主界面上选择“策略”→“安全策略”→“新建”选项，弹出“策略配置”对话框，新建一个放行 untrust 区域到 dmz 区域的安全策略，使外网可以访问 dmz 区域服务器，在“基本配置”选项卡中设置名称为 UnTrust→DMZ，源信息中的安全域为 untrust，目的安全域为 dmz，地址为 IP_1.1.1.1，服务为 HTTP，单击“确定”按钮，按图 7.1.12 所示设置策略一。

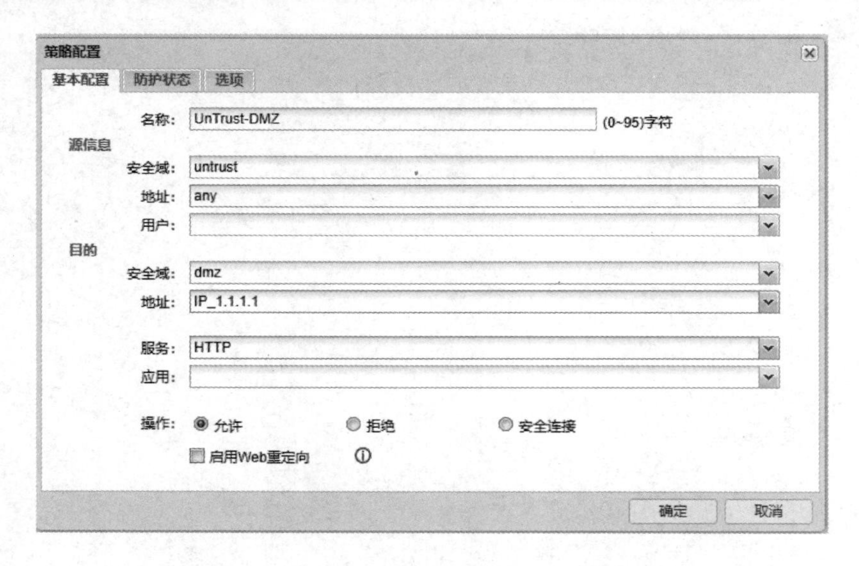

图 7.1.12　设置策略一

（5）按照上面的步骤，再新建一个放行 trust 区域到 dmz 区域的安全策略，使内网计算机可以公网地址访问 dmz 区域内的服务器，在“基本配置”选项卡中设置名称为 Trust-DMZ，源信息中的安全域为 trust，目的安全域为 dmz，地址为 IP_1.1.1.1，服务为 HTTP，单击“确定”按钮，按图 7.1.13 所示设置策略二。

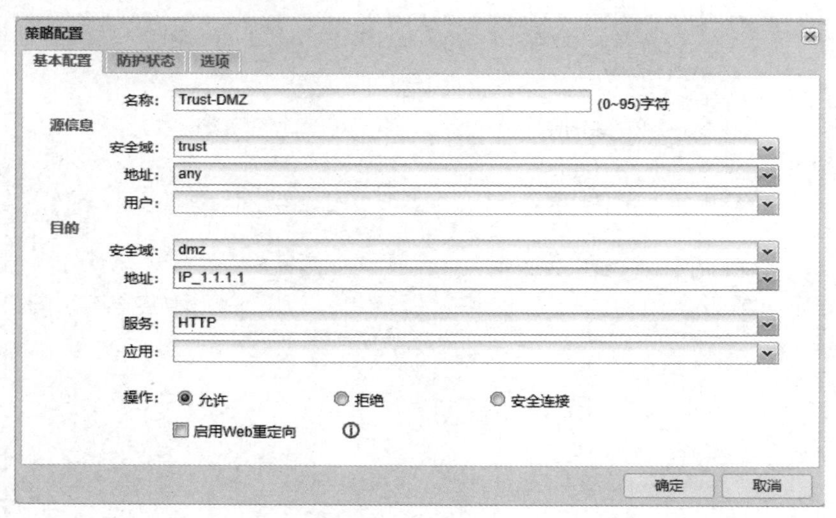

图 7.1.13　设置策略二

小贴士

（1）注意转换的方向和接口。

（2）注意需要配置的默认路由。

步骤 7：交换机限制。

为 S1 的 E1/0/5 端口设置端口带宽限制，出入口均限速 1Mbit/s。在 S1 的端口 10 上配置广播风暴抑制，允许通过的广播包数为每秒 2500 个。

① 为交换机 S1 上的 E1/0/5 端口打开端口带宽限制功能，出入口均限速 1Mbit/s。

```
S1(config)#interface e1/0/5                        //进入接口模式
S1(Config-If-Ethernet1/0/5)#bandwidth control 1 both
//设置带宽限制为出入 1Mbit/s
```

② 为交换机 S2 上的 E1/0/13 端口打开流量控制和广播风暴抑制，允许通过的广播报文为每秒 2500 个。

```
S2(config)#interface e1/0/13                       //进入接口模式
S2(Config-If-Ethernet1/0/13)#flow control          //打开流控功能
S2(Config-If-Ethernet1/0/13)#rate-violation broadcast 2500    //限制广播报文为每
秒 2500 个
```

步骤 8：备份配置文件。

STATION2 中已经搭建好了 TFTP 服务，将所有网络设备的配置文件通过 TFTP 服务备份到 STATION2 的 TFTP 服务器根目录中。

① 备份路由器配置文件（R2 同 R1）。

```
R1#copy startup-config tftp:                       //将配置文件备份到 TFTP 服务器
Remote-server ip address[]?192.168.1.129           //输入 TFTP 服务器地址
Destination file name[startup-config]?R1           //输入要保存的文件名称
R1#
TFTP:successfully send 3 blocks ,1493 bytes        //看到此行表示备份成功
```

② 备份交换机配置文件（SWITCHA 同 SWITCHB）。

```
S1#copy startup-config tftp://192.168.1.129
//将配置文件备份到 TFTP 服务器并保存名称为 S1
Confirm copy file[Y/N]:y                           //确认复制
Begin to send file, please wait...                 //开始发送文件，请等待
File transfer complete.                            //文件传输完毕
close tftp client.                                 //关闭 TFTP 客户端
```

小贴士

（1）路由器和 PC 使用交叉线相连。

（2）关闭 PC 上的防火墙。

（3）在实际工作中，通常使用日期或功能等标明配置文件。

步骤 9：配置路由器 IPSec VPN。

在 R1 和 R2 上分别建立 VPN 通道，要求使用 IPSec 协议的 ISAKMP 策略算法保护数据，

配置预共享密钥，建立 IPSEC 隧道的报文并使用 MD5 加密，将 IPSEC 变换集合定义为“esp-3des ah-md5-hmas”。两台路由器通过串口进行连接，R1 作为 DCE 端。

① 路由器 R1 的配置如下。

```
R1_config#ip access-list extended 101      //定义名为 101 的扩展 IP 访问控制列表
R1_Config -Ext-Nacl#permit ip 172.16.2.0 255.255.255.0 192.168.1.0 255.255.255.0
                                           //定义受保护的数据
R1_config#crypto isakmp policy 10          //定义 ISAKMP 策略，优先级为 10
R1_config_isakmp#authentication pre-share  //指定预共享密钥为认证方法
R1_config_isakmp#hash md5                  //指定 MD5 为协商的哈希算法
R1_config_isakmp#exit
R1_config#crypto isakmp key digital address 172.16.1.2 255.255.255.255
//配置预共享密钥为 digital，远端 IP 地址为 172.16.1.2
R1_config#crypto ipsec transform-set one esp-3des ah-md5-hmac
//定义名称为 one 的变换集，变换类型为 esp-3des ah-md5-hmac
R1_config_crypto_trans#exit
R1_config#crypto map my 10 ipsec-isakmp
//创建一个名为 my，序号为 10，指定通信为 ipsec-isakmp 的加密映射表
R1_config_crypto_map#set transform-set one//指定加密映射表使用的变换集合
R1_config_crypto_map#set peer 172.16.1.2   //在加密映射表中指定 IPSec 对端
R1_config_crypto_map#match address 101     //为加密映射表指定一个扩展访问列表
R1_config#interface s0/1                   //进入接口模式
R1_config_s0/1#physical-layer speed 64000  //设定 DCE 时钟频率为 64000
R1_config_s0/1#crypto map my        //将预先定义好的加密映射表集合运用到接口上
```

② 路由器 R2 的配置如下。

```
R2_config#ip access-list extended 101      //定义名为 101 的扩展 IP 访问控制列表
R2_Config -Ext-Nacl#permit ip 192.168.1.0 255.255.255.0 172.16.2.0 255.255.255.0
                                           //定义受保护的数据
R2_config#crypto isakmp policy 10          //定义 ISAKMP 策略，优先级为 10
R2_config_isakmp#authentication pre-share  //指定预共享密钥为认证方法
R2_config_isakmp#hash md5                  //指定 MD5 为协商的哈希算法
R2_config_isakmp#exi
R2_config#crypto isakmp key digital address 172.16.1.1 255.255.255.255
//配置预共享密钥为 digital，远端 IP 地址为 172.16.1.1
R2_config#crypto ipsec transform-set one esp-3des ah-md5-hmac
//定义名称为 one 的变换集，设置变换类型为 esp-3des ah-md5-hmac
R2_config_crypto_trans#exit
R2_config#crypto map my 10
//创建一个名为 my，序号为 10，指定通信为 ipsec-isakmp 的加密映射表
```

```
R2_config_crypto_map#set transform-set one//指定加密映射表使用的变换集合
R2_config_crypto_map#set peer 172.16.1.1   //在加密映射表中指定 IPSec 对端
R2_config_crypto_map#match address 101     //为加密映射表指定一个扩展访问列表
R2_config#interface s0/2                   //进入接口模式
R2_config_s0/2#crypto map my        //将预先定义好的加密映射表集合运用到接口上
```

小贴士

变换集合可以指定一个或两个 IPSec 安全协议（ESP、AH，或两者都有），以及和选定的安全协议一起使用的算法。如果想要提供数据保密性，那么可以使用 ESP 加密变换。如果想要提供对外部 IP 报头以及数据的验证，那么可以使用 AH 变换。如果使用 ESP 加密变换，那么可以考虑使用ESP验证变换或 AH 变换提供的变换集合的验证服务。如果想要具有数据验证功能（ESP 或 AH），那么可以选择 MD5 或 SHA 验证算法。SHA 算法比 MD5 更健壮，但速度更慢。

加密变换配置状态在执行了 crypto ipsec transform-set 命令之后，就将进入加密变换配置状态。在这种状态下，可以将模式改变到隧道模式或传输模式（目前神州数码路由器只支持 tunnel 模式）。在做完这些改变之后，输入“exit”即可返回全局配置模式。

步骤 10：配置 QoS 策略。

配置 QoS 策略，保证南厂区中的虚拟服务器能获得 1Mbit/s 以上的网络带宽。

```
R1_config#ip access-list standard qos      //定义名为 qos 的访问控制列表
R1_config_std_nacl# permit 172.16.2.2 255.255.255.255
R1_config_std_nacl#exit
R1_config#class-map server                 //定义名为 server 的类表匹配的列表为 qos
R1_config# match access-group qos
R1_config#policy-map qulity                //定义名为 qulity 的策略表
R1_config_pmap#class server
R1_config_pmap#bandwidth 1024              //关联类表 server 的带宽设定为 1Mbit/s
R1_config_pmap#interface g0/3              //进入接口模式
R1_config_g0/3#fair-queue                  //开启公平队列
R1_config_g0/3#service-policy qulity       //将策略表绑定到接口上
```

小贴士

（1）策略在应用前要先在接口开启公平队列，否则策略无法生效。

（2）应根据实际要求确定合适的 QoS 排队算法。

步骤 11：交换机组播设置。

在交换机上使用 DVMRP 方式开启组播，让 VLAN 10 和 VLAN 20 之间可以传送组播包。

① 在S1上开启组播。

```
S1(config)#ip dvmrp multicast-routing           //开启组播协议
S1(config)#interface vlan 10                    //进入VLAN 10接口
S1(Config-if-Vlan1)#ip dvmrp enable             //在VLAN接口上开启DVMRP协议
S1(Config-if-Vlan1)#interface vlan 10           //进入VLAN 10接口
S1(Config-if-Vlan10)#ip dvmrp enable            //在VLAN接口上开启DVMRP协议
```

② S2开启组播。

```
S2(config)#ip dvmrp multicast-routing           //开启组播协议
S2(config)#interface vlan 10                    //进入VLAN 10接口
S2(Config-if-Vlan1)#ip dvmrp enable             //在VLAN接口上开启DVMRP协议
S2(Config-if-Vlan1)#interface vlan 20           //进入VLAN 20接口
S2(Config-if-Vlan20)#ip dvmrp enable            //在VLAN接口上开启DVMRP协议
```

小贴士

DVMRP的一些重要特性：

（1）用于决定反向路径检查的路由交换，是以距离矢量为基础的路由协议（方式与RIP相似）。

（2）路由交换更新周期性的发生（默认为60秒）。

（3）TTL上限为32跳（而RIP是16跳）。

（4）路由更新包括掩码，支持CIDR。

❖ 项目资讯

1. VPN简介

VPN的英文全称是“Virtual Private Network”，即虚拟专用网。虚拟专用网被定义为通过一个公用网络（通常是因特网）建立的一个临时的、安全的连接，是一条穿过混乱的公用网络的安全的、稳定的隧道。使用这条隧道可以对数据进行加密，以达到安全使用互联网的目的。虚拟专用网是对企业内部网的扩展，它可以帮助远程用户、公司分支机构、商业伙伴及供应商同企业内部网建立可信的安全连接，并保证数据的安全传输。虚拟专用网可以用于移动用户不断增长的全球因特网的接入，从而实现安全连接；可以作为虚拟专用线路来实现企业网站之间的安全通信；还可以经济有效地连接商业伙伴和用户的安全外联网。VPN可以提供的功能有：防火墙、认证、加密、隧道化。

2. QoS简介

QoS（Quality of Service）即为服务质量。网络业务的服务质量包括传输的带宽、传送的时延、数据的丢包率等。在网络中，可以通过保证传输的带宽、降低传送的时延、降低数据的丢包率以及时延抖动等措施来提高服务质量。QoS 是一种网络安全机制，是用来解决网络延迟和阻塞等问题的技术。在正常情况下，如果网络只用于特定的无时间限制的应用系统，则不需要 QoS，如 Web 应用或 E-mail 设置等。但是对于关键应用和多媒体应用来说，Qos 就十分必要。当网络过载或拥塞时，QoS 能确保重要业务不被延迟或丢弃，同时保证网络的高效运行。

网络资源总是有限的，只要存在抢夺网络资源的情况，就会出现服务质量的需求。服务质量是相对网络业务来说的，在保证某类业务的服务质量的同时，可能就是在损害其他业务的服务质量。如在网络总带宽固定的情况下，如果某类业务占用的带宽越多，那么其他业务能使用的带宽就越少，这可能会影响其他业务的使用。因此，网络管理员需要根据各种业务的特点来对网络资源进行合理的规划和分配，从而使网络资源得到高效利用。

3．策略路由简介

策略路由是一种比基于目标网络进行路由更加灵活的数据包路由转发机制。在应用策略路由时，路由器会通过路由图决定如何处理需要路由的数据包，路由图指定了一个数据包的下一跳转发路由器。

在应用策略路由时，必须要创建并指定策略路由使用的路由图。一个路由图由很多条策略组成，每个策略都定义了一个或多个匹配规则和对应操作。在一个接口应用策略路由之后，路由器会对该接口接收到的所有数据包进行检查，不符合路由图中的任何一个策略的数据包都会按照通常的路由转发进行处理，符合路由图中某个策略的数据包将按照该策略定义的操作进行处理。策略路由可以使数据包按照用户指定的策略进行转发。对于某些管理目的，如 QoS 需求或 VPN 拓扑结构，则要求某些路由必须经过特定的路径才可以使用策略路由。如一个策略可以指定从某个网络发出的数据包只能被转发到某个特定的接口。

4．数据传输方式简介

IP 网络数据传输包括三种方式，即单播、组播和广播方式。

单播（Unicast）传输：在发送者和接收者之间实现点对点网络连接。如果一个发送者同时给多个接收者传输相同的数据，则必须相应地复制多份相同的数据包。如果有大量主机希望获得数据包的同一个备份，则将导致发送者工作负担加重、传送延迟以及网络拥塞；为保证一定的服务质量，则需要增加硬件和带宽。

组播（Multicast）传输：在发送者和接收者之间实现点对多点网络连接。如果一个发送者同时给多个接收者传输相同的数据，则只需复制一份相同的数据包。它提高了数据传送的效率，降低了骨干网络拥塞的可能性。

广播（Broadcast）传输：是指在 IP 子网内广播数据包，子网内部所有的主机都将收到这些数据包。广播意味着网络向子网中的每一个主机都投递一份数据包，不论这些主机是否“乐于”接收该数据包。所以广播的使用范围非常小，只在本地子网内有效，可以通过路由器和交换机等网络设备控制广播传输。

5．NAT 技术

NAT（Network Address Translation，网络地址转换）技术可以将 IP 数据报报头中的 IP 地址转换为另一个 IP 地址。

在实际应用中，NAT 主要用于实现私有网络访问外部网络的功能。使用少数公有 IP 地址代表多数私有 IP 地址的方式，有助于减缓可用 IP 地址空间枯竭的速度；同时给内部网络提供一种“隐私”保护，也可以按照用户的需要提供给外部网络一定的内网服务。NAT 的主要使用场合如下。

- 用少数公有 IP 地址代表多数私有 IP 地址访问外部网络。
- 为内部网络提供一种“隐私”保护。
- 按照用户的需要提供给外部网络一定的内网服务。
- 在防火墙上配置了 SNAT 之后，内部用户在访问外网时都隐藏了私有地址，如果需要将防火墙内部的一台服务器对外网用户开放，则必须在防火墙上配置 DNAT，将数据包在防火墙上做目的地址转换，让外网用户能访问该服务器。
- 由于公网地址有限，因此在申请线路时，运营商一般只分配一个或几个公网地址。但是将内部服务器设置成私有地址之后，需要将私有地址映射到公网，才可以使外网用户通过映射后的公网地址访问服务器。映射包括两种：一种为端口映射，只是映射需要的服务器端口；一种为 IP 映射，将私有地址和公网地址做一对一的映射。

❖ 项目验收

步骤 1：制作的所有线缆的线序是否正确，能否正常使用。

步骤 2：所有网络设备的配置文件是否都正确备份到了 TFTP 服务器中。

步骤 3：客户机是否正确获取了相应的 IP 地址。

步骤 4：生成树协议是否成功开启，能否实现聚合和主备链路的功能。

步骤 5：防火墙是否真正隐藏了内部网络地址，是否通过 NAT 方式正确访问了互联网。

❖ 项目小结

本项目介绍了中小型企业网络工程案例，综合考察了 VLAN、SVI、路由器 DHCP 服务配置、NAT、静态路由、防火墙、OSPF、PPP、策略路由等知识，有助于了解真实的企业网络工程的实施过程并提升综合水平。

项目实训　某高校网络建设

❖ 项目描述

新校区刚刚落成，需要你协助搭建校园的网络环境。请根据客户的功能需求，利用两台三层交换机和三台路由器搭建校园内部网络。

学校计划将一台三层交换机提供给实验室，用于接入计算机，将其命名为 Classroom；使用一台路由器模拟防火墙，将其命名为 Firewall；使用另一台三层交换机作为非军事区的管理交换机，将其命名为 DMZ。非军事区在内部网络和外部网络之间构造了一个安全地带，能更加有效地保护内部网络。学校能通过电信网和教育网两种方式接入因特网。使用一台路由器接入电信网，将其命名为 TelCom；使用另一台路由器接入教育网，将其命名为 Edu。按拓扑结构制作网线并连接各设备，在 Firewall 与 TelCom 之间，以及 Firewall 与 Edu 之间使用串口线连接。

网络互联的拓扑结构如图 7.1.14 所示，请按图示要求完成相关网络设备的连接并满足相关的项目要求。

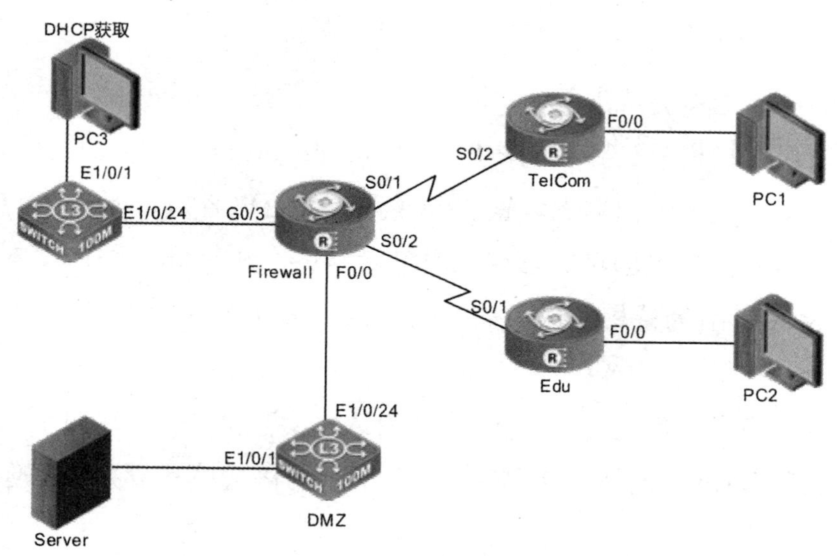

图 7.1.14　网络互联拓扑结构

网络地址规划如下。

（1）教学楼内有多媒体实验室、网络实验室、程序实验室和办公室四种房间需要接入网络，每种房间最多有 50 个信息点。计划使用 192.168.37.0/24 划分多个子网（可以使用第一个子网和最后一个子网），以便对每个房间的网络进行管理。每个子网的网关使用最后一个有效地址。将你的设计方案按照表 7.1.2 所示的格式填写。

表 7.1.2　教学楼子网规划表

房　　间	地址范围	子网掩码	网关地址
多媒体实验室			
网络实验室			
程序实验室			
办公室			

（2）实验室交换机与防火墙之间使用 10.1.2.0/30 网段连接。

（3）DMZ 区域使用 172.16.53.0/24 作为接入网段，最后一个有效地址作为网关接口。DMZ 交换机与防火墙之间使用 10.1.2.4/30 网段连接。

（4）将电信路由 TelCom 的以太网端口的地址设置为 61.145.126.79/24。电信路由与防火墙之间使用 10.1.2.8/30 网段连接。

（5）将教育网路由 Edu 的以太网端口的地址设置为 202.192.168.43/24。教育网路由与防火墙之间使用 10.1.2.12/30 网段连接。

❖ 项目要求

（1）根据网络拓扑结构完成连接。

（2）在两台三层交换机上为特权用户增加密码：enablepass，并以加密方式存储。

（3）在各三层交换机和路由器上设置 Telnet 登录，用户名为 test，密码为 test，密码以明文方式存储。路由器中的登录验证方法名为系统默认的名称，此方法使用本地数据库进行验证。在路由器 Firewall 上为特权用户添加密码：eablepass，并以明文方式存储，用户级别为最高级。

（4）在实验室交换机中创建各个实验室的 VLAN，并将 1～20 端口平均分配给各个实验室使用。请你将划分 VLAN 的情况按照表 7.1.3 所示的格式填写，并按照你的设计在交换机中完成配置。

表 7.1.3　教学楼交换机 VLAN 划分

功能描述	Vlan 号	Vlan 描述	端口范围
多媒体实验室		MMLab	
网络实验室		NetLab	
程序实验室		PgLab	
办公室		Office	
上连端口		to-Firewall	

（5）实验室交换机的每个端口只能接入一台计算机。如果发现违规，则丢弃未定义地址的数据包。

（6）在网络内部中，使用 DHCP 来分配各实验室的 IP 地址，在实验室交换机上按照划分的 VLAN 地址范围配置 DHCP，让连接到实验室交换机的计算机能从 DHCP 服务器中分配到有效、合适的地址。

（7）在 DMZ 交换机上关闭 TCP 端口 135、139，关闭 UDP 端口 137、138。

（8）除上连端口外，DMZ 交换机的各个端口只能连接计算机，不能连接其他交互设备。

（9）在 Firewall 上配置过滤，不能访问迅腾公司（60.28.14.158）、猫猫网（60.217.241.7）和寻宝网（123.129.244.180）的网页。

（10）在 Telcom 上配置 NAT，使内部网络可以通过电信出口访问互联网。

（11）在 Server 上配置 Web 服务器，用来发布用户制作的网站。在 Edu 路由器上配置端口映射，使教育网中的用户可以通过 202.192.168.43 访问建设完成的网站。

（12）在完成配置之后，将各设备的配置文件捕获成 TXT 格式并保存。

❖ 项目评价

本项目综合应用了本书中比较重要的基础知识，包括从项目 1 至项目 6 的内容。对于网络设备的学习，基础知识是关键，所以必须要将这些知识点掌握熟练。本项目对学生巩固基础，提高动手能力和综合素质都有很好的帮助。

根据实际情况填写项目实训评价表。

项目实训评价表

	内　容		评　价		
	学 习 目 标	评 价 项 目	3	2	1
职业能力	根据拓扑结构正确连接设备	能区分 T568A、T568B 标准			
		能制作美观实用的网线			
		能合理使用网线			
	根据拓扑结构完成设备命名与基本配置	能正确命名			
		能正确配置相关 IP 地址			
		能合理划分 VLAN			
	Telnet 连接成功，Console 接口密码设置正确	能进行 Telnet 连接			
		能设置 Console 接口密码			
	根据需要设置路由器之间安全连接	能对接口封装链路协议			
		能设置安全验证方式			
		验证方法名设置正确			

续表

	内容		评价		
	学习目标	评价项目	3	2	1
职业能力	路由设置合理可用	动态路由配置合理			
		网关指定正确			
	DHCP 配置合理	客户端能正确获取到 IP 地址、网关和 DNS			
		租约时间配置正确			
	设备安全性设置合理	端口绑定成功			
		最大安全地址数配置正确			
		访问控制列表设置恰当			
	合理使用地址转换	服务器能被访问			
		接口映射正确			
		inside、outside 指定合理			
		能查看到地址映射表中的转换条目			
	正确保存配置文件	能捕获配置文件			
通用能力	交流表达的能力				
	与人合作的能力				
	沟通能力				
	组织能力				
	活动能力				
	解决问题的能力				
	自我提高的能力				
	创新能力				
综合评价					

反侵权盗版声明